高职高专电子商务专业规划教材

SQL Server 数据库应用项目化教程

第 2 版

主 编 陈义文

副主编 张福堂 余以胜

参 编 梁 珊 黄志成 吕喜峰

机 械 工 业 出 版 社

SQL Server 数据库应用是高职高专经济管理类专业一门专业技能课程，也是一门整合数据库理论、数据库操作技术与数据库开发应用为一体的课程。它涵盖经济管理领域的学生在将来工作中可能涉及的各种数据库应用技能，该门课程的学习对于提高学生的职业能力具有重要的作用。

本课程以真实工作任务及其工作过程为依据，以 SQL Server 2016 为数据库平台设计了一个图书管理系统项目，进行教学内容的整合与序化，以工程项目“图书管理系统”贯穿全过程，通过指导学生完成一系列的实际工作任务来达到课程的教学目标，重点培养学生解决实际问题的能力，实现了能力训练项目化、课程结构模块化、理论与实践教学一体化。

本书教学内容适量，难易程度适中，适合高职高专电子商务、会计电算化、物流管理、市场营销等经济管理类专业学生作为教材，也可以供其他相关专业学生作为教材和学习参考用书。

为方便教学，本书配备电子课件等教学资源。凡选用本书作为教材的教师均可登录机械工业出版社教育服务网 www.cmpedu.com 免费下载。咨询请致电 010-88379375，QQ：945379158。

图书在版编目（CIP）数据

SQL Server 数据库应用项目化教程/陈义文主编. —2 版. —北京：机械工业出版社，2018.12
高职高专电子商务专业规划教材
ISBN 978-7-111-61215-5

Ⅰ. ①S… Ⅱ. ①陈… Ⅲ. ①关系数据库系统—高等职业教育—教材 Ⅳ. ①TP311.138

中国版本图书馆 CIP 数据核字（2018）第 243651 号

机械工业出版社（北京市百万庄大街 22 号　邮政编码 100037）
策划编辑：孔文梅　　责任编辑：孔文梅　张美杰　张潇杰
责任校对：陈　越　佟瑞鑫　　封面设计：鞠　杨
责任印制：张　博
北京华创印务有限公司印刷
2019 年 1 月第 2 版第 1 次印刷
184mm×260mm · 18 印张 · 438 千字
0 001—3 000 册
标准书号：ISBN 978-7-111-61215-5
定价：39.80 元

凡购本书，如有缺页、倒页、脱页，由本社发行部调换
电话服务
服务咨询热线：010-88379833
读者购书热线：010-88379649
网络服务
机 工 官 网：www.cmpbook.com
机 工 官 博：weibo.com/cmp1952
教育服务网：www.cmpedu.com
金 书 网：www.golden-book.com

前 言

SQL Server 数据库在经济管理领域的应用越来越广泛，作为高职高专院校财经类专业的学生，熟练掌握数据库应用技能已成为职业能力培养的一项重要内容。

本书将数据库理论、数据库操作技术与数据库开发应用整合为一体，以数据库操作为主，模拟了一个真实的工程项目“图书管理系统”的数据库设计与维护工作任务。本书以 SQL Server 2016 为教学平台，按照“建立数据库—使用数据库—管理数据库—开发数据库系统”这样一个由简单到复杂、由易到难的工作过程开展教学，将整个项目分解为若干个相互关联的子项目，每个子项目又划分为若干工作任务，每项任务充分体现相应的知识要点与能力要求，通过指导学生完成一系列的实际工作任务来达到职业能力培养目标，重点培养学生解决实际问题的能力。每个项目还包含“能力拓展”部分，给学生留出足够的拓展空间，引导学生自主学习与深入学习。

本书以学生实践操作为主，要求任务全部在实训室完成。本书力争从总体上做到整合教学内容，实现教学内容项目化；以任务为驱动，实现课程结构模块化；强化实践操作，实现理论与实践教学一体化。

本书是编者在总结近几年教学经验的基础上，根据高职教育的职业性、实践性和开放性的要求进行编写的。本书不仅讲解了 SQL Server 2016 的基本操作、数据管理和维护、用户和安全管理等内容，还介绍了 SQL Server 2016 的 Transact-SQL 语言，以及利用 ASP.NET 工具开发动态网站的方法和技术。其中项目三中的“SQL Server 自动化管理”可作为选学内容。

本书由陈义文副教授任主编，张福堂教授和余以胜副教授任副主编。全书由陈义文和张福堂统稿。项目一由张福堂编写；项目二由余以胜编写；项目三的任务一由梁珊编写，任务二和任务三由黄志成编写；项目四由陈义文编写；吕喜峰参加了部分内容的编写工作。

本书于 2018 年 4 月进行了修订，SQL Server 的版本升级到了 2016 版，适用 2008～2016 中间所有版本。在修订的过程中同时修正了教材中少量的编写错误和排版错误。

在本书的编写中，作者参阅了大量文献资料，在此向提供帮助的各位同人表示感谢。

由于编者水平有限，书中难免出现疏漏和不当之处，敬请广大读者和同人给予批评指正。

本教材配有电子课件等教师用配套教学资源，凡使用本教材的教师均可登录机械工业出版社教育服务网 www.cmpedu.com 下载。咨询可致电：010-88379375，QQ：945379158。

编 者

目　录

项目一

创建图书管理数据库

- 任务一　安装和使用 SQL Server 2016
- 任务二　创建图书管理数据库
- 任务三　创建和维护图书管理数据表
- 任务四　维护数据完整性
- 任务五　创建和管理索引

1

任务一

安装和使用 SQL Server 2016

能力目标

- 能够进行 SQL Server 2016 的安装。
- 能够熟练启动、停止 SQL Server 服务。
- 能够注册服务器。
- 能够初步掌握 SQL Server Management Studio 的使用。

知识目标

- 熟悉数据库的基本概念。
- 熟悉 SQL Server 2016 的系统需求和版本信息。
- 熟悉 SQL Server 2016 的常用工具。

任务导入

每座图书馆都有许多图书，过去人们都是采用图书卡片的人工管理方式。也就是说，把图书的基本信息记录在卡片上，人们通过卡片进行借阅和管理。在今天看来，这种方式已经非常落后了。我们到任何一座图书馆都会发现，现在已经普遍使用数据库进行管理。因为数据库管理方式能够明显减少数据冗余，实现数据共享，并提高数据的独立性；数据库系统为用户提供了方便的用户接口，同时提供了数据完整性、安全性等控制功能，数据库管理方式已经成为当前数据管理的基本方式。通过进一步了解会发现，有的图书馆使用的是 Access 或 Visual FoxPro 小型数据库，有的图书馆使用的是 Microsoft SQL Server 数据库，甚至还有的使用 Oracle、Sybase 等其他数据库。其中，美国微软公司的 SQL Server 是一种性价比较好的数据库管理系统，目前在中小型企业中应用较为广泛。基于这种考虑，我们主要学习 SQL Server 数据库管理系统。本节重点学习 SQL Server 2016 的安装和使用，以便为后续学习奠定一个良好的基础。具体任务有：

（1）安装 SQL Server 2016。

（2）熟悉 SQL Server Management Studio 的功能和使用方法。

（3）在 SQL Server 中注册服务器。

（4）启动、停止 SQL Server 服务。

相关知识

一、SQL Server 简介

1. SQL Server 概述

SQL Server 是美国微软公司推出的关系数据库管理系统。早在 1988 年，微软公司就与 Sybase 公司合作，共同开发了运行于 OS/2 上的联合应用程序 SQL Server。1993 年，SQL Server 被移植到 Windows 操作系统，形成了 SQL Server 4.2 桌面数据库，它能够满足小部门数据存储和处理的需求，数据库与 Windows 集成，界面易于使用并广受欢迎。1994 年，微软公司与 Sybase 公司终止合作关系后独立开发了 SQL Server 6.5、SQL Server7.0 和 SQL Server 2000 数据库。

在 SQL Server 2000 的基础上，微软公司于 2016 年开发了 SQL Server 2016，增加了许多新的功能，使其成为一个能够用于大型联机事务处理、数据仓库和电子商务等方面的数据库平台，也是一个能够用于数据集成、数据分析和报表解决方案的商业智能（BI）平台。SQL Server 2016 扩展了 SQL Server 的性能，增强了其可靠性、可用性、可编程性和易用性，并为系统管理员、普通用户带来了强大的集成工具，使用户可以更方便、快捷地管理数据库、设计开发应用程序。

SQL Server 有以下两种工作模式：

（1）客户机/服务器（C/S）工作模式　客户机/服务器工作模式，即服务器用来存储数据库，该服务器可以被多台客户机访问，数据库应用的处理过程分布在客户机和服务器上。它使用 Transact-SQL 语言在服务器与客户机间传送请求和应答。SQL Server 把工作负荷分解成在服务器上的任务和在客户机上的任务。客户机应用程序负责商业逻辑和向用户提供数据，并通过网络与服务器通信。服务器管理数据库和分配可用的服务器资源。

（2）浏览器/服务器（B/S）工作模式　SQL Server 在与 XML 结合下支持实现浏览器/服务器工作模式，它也是当前广泛采用的一种工作模式。在 B/S 模式下数据库和应用程序均存放在服务器端。客户端主要通过浏览器和网络就可以连接到 Web 服务器浏览网页、查询信息和操作数据库，几乎不用升级和安装软件。

2. SQL Server 2016 的组成

SQL Server 是一个全面的、集成的、端到端的数据解决方案，它为企业中的用户提供了一个安全、可靠和高效的平台，用于企业数据管理和商业智能应用。SQL Server 2016 为 IT 专家和信息工作者带来了强大的工具，同时，减少了在从移动设备到企业数据系统的多平台上创建、部署、管理及使用企业数据和分析应用程序的复杂度。通过全面的功能集、现有系统的集成性以及对日常任务的自动化管理能力，SQL Server 2016 为不同规模的企业提供了一个完整的数据解决方案。表 1-1 显示了 SQL Server 2016 数据平台的组成架构。

表 1-1　SQL Server 2016 数据平台的组成架构

<table>
<tr><td rowspan="8">开发工具
（Business Intelligence Development Studio）</td><td>办公</td><td>企业协同解决方案</td><td>第三方应用</td></tr>
<tr><td colspan="2">数据库引擎（Database Engine）</td><td rowspan="7">管理工具（Management Tools）</td></tr>
<tr><td colspan="2">集成服务（Integration Services）</td></tr>
<tr><td colspan="2">分析服务（Analysis Services）</td></tr>
<tr><td colspan="2">报表服务（Reporting Services）</td></tr>
<tr><td colspan="2">通知服务（Notification Services）</td></tr>
<tr><td colspan="2">复制服务（Replication Services）</td></tr>
<tr><td colspan="2">关系型数据库（Relational Database）</td></tr>
</table>

SQL Server 2016 数据平台主要包括以下组成部分：

（1）数据库引擎（Database Engine）　数据库引擎是用于存储、处理和保护数据的核心服务。SQL Server 2016 提供了一种更加安全、可靠、可伸缩性强且具有高可用性的关系型数据库引擎，提升了数据库的性能且支持结构化和非结构化（XML）数据。SQL Server 2016 的数据库引擎是通过 SQL Server 服务实现的。

数据库引擎主要完成以下工作：

① 设计并创建数据库以保存系统所需的关系表或 XML 文档。

② 提供访问和更改数据库中存储数据的途径，包括可实现网站或处理数据的应用程序、实用工具。

③ 为企业或客户部署实现的系统。

④ 提供日常管理支持以优化数据库的性能。

（2）复制服务（Replication Services）　复制是在多个数据库之间和多个数据库对象之间进行数据的复制和分发，并且在复制和分发过程中保持数据同步和一致性的技术。

使用复制可以将数据通过局域网、广域网、拨号连接、无线连接和 Internet 分发到不同位置，包括远程用户或移动用户。

（3）分析服务（Analysis Services）　分析服务是一种核心服务，可支持对业务数据的快速分析，以及为商业智能应用程序提供联机分析处理（OLAP）和数据挖掘功能。

（4）集成服务（Integration Services）　集成服务是用于生成企业级数据集成和数据转换解决方案的平台，可以支持数据仓库和企业范围内数据集成的抽取、转换和加载功能。集成服务可以解决复杂的业务问题。

（5）报表服务（Reporting Services）　报表服务是基于服务器的报表平台，提供来自关系和多维数据源的综合数据报表，可创建、管理和发布传统的、可打印的报表和交互的、基于 Web 的报表。

（6）通知服务（Notification Services）　通知服务是用于开发、生成和发送通知的应用程序的平台，也是运行这些应用程序的引擎。可以使用通知服务生成并向大量订阅方及时发送个性化的消息，还可以向各种各样的应用程序和设备传递消息。

（7）全文检索　SQL Server 包含对 SQL Server 数据表中基于纯字符的数据进行全文查询所需的功能。使用全文检索可以快速、灵活地为存储在 SQL Server 数据库中的文本数据基于关键字的查询创建索引。在 SQL Server 2016 中，全文检索用于提供企业级搜索功能。

（8）管理工具（Management Tools）　SQL Server 包含的集成管理工具可用于高级数据库管理和优化，同时又与其他工具，如 Microsoft 操作管理器（MOM）和系统管理服务器

（SMS）紧密集成在一起。标准数据访问协议大大减少了 SQL Server 和现有系统间数据集成的时间。此外，构建于 SQL Server 内的本机 Web Service 确保了和其他应用程序及平台的互操作能力。

（9）开发工具（Business Intelligence Development Studio） SQL Server 为数据库引擎、数据抽取、转换和装载（ETL）、数据挖掘、OLAP 和报表提供了与 Microsoft Visual Studio 相集成的开发工具，以实现端到端的应用程序开发能力。SQL Server 中每个主要的子系统都有自己的对象模型和应用程序接口（API），能够以任何方式将数据系统扩展到不同的商业环境中。

二、SQL Server 2016 的版本和安装要求

1. SQL Server 2016 的版本和组件

SQL Server 2016 共有 5 个版本，分别是企业版（Enterprise Edition）、标准版（Standard Edition）、简易版（Express Edition）和网页版（Web Edition）、开发版（Development Edition）。SQL Server 2016 的不同版本用于满足企业和个人的不同需求。

（1）企业版　企业版性能最高，可用性、管理性最强，互操作性最好。支持 32 位和 64 位系统，支持超大型企业进行联机事务处理，能够进行高度复杂的数据分析，具有数据仓库系统和网站所需的性能要求。作为高级版本，企业版提供了全面的高端数据中心功能，性能极为快捷、虚拟化不受限制，还具有端到端的商业智能——可为关键任务工作负荷提供较高服务级别，支持最终用户访问深层数据。

（2）标准版　标准版适合中小型企业使用。支持 32 位和 64 位系统，标准版的集成商业智能和高可用性功能可以为企业提供支持其运营所需的基本功能，包括电子政务、数据仓库和业务流解决方案所需的基本功能。

（3）简易版　简易版是入门级的免费数据库，是学习和构建桌面及小型服务器数据驱动应用程序的理想选择。它是独立软件供应商、开发人员和热衷于构建客户端应用程序的人员的最佳选择。

SQL Server Express LocalDB 是 Express 的一种轻型版本，该版本具备所有可编程性功能，但在用户模式下运行，并且具有快速的零配置安装和必备组件要求较少的特点。

（4）网页版　SQL Server 对于为从小规模至大规模 Web 资产提供可伸缩性、经济性和可管理性功能的 Web 宿主和 Web VAP 来说，Web 版本是一项总拥有成本较低的选择。

（5）开发版　开发版使开发人员可以在 SQL Server 上生成任何类型的应用程序，适合创建和测试应用程序的人员使用。开发版的功能与企业版完全相同，只是许可方式不同，只能用于开发和测试系统，不能在生产环境中使用。

2. SQL Server 2016 的系统需求

安装和运行 SQL Server 2016 需要一定的硬件环境和软件操作系统环境来支持。

（1）硬件要求　安装和运行 SQL Server 2016 的硬件要求如表 1-2 所示。

处理器需要 Pentium IV 兼容处理器或更高速度的处理器，处理器速度在 1.4GHz 以上，建议 2GHz 或更快的 CPU。内存至少要有 1GB，建议 4GB 或者更大的内存。SQL Server 2016 自身将占用 6GB 以上的硬盘空间。同时，还需要在硬盘上留有备用的空间，以满足 SQL Server 和数据库的扩展所需。另外，还至少需要为安装和开发过程中所用到的临时文件准

备 1.66GB 的硬盘空间。

表 1-2　SQL Server 2016 对处理器和内存的要求

SQL Server 版本	企业版/开发版/标准版	简　易　版
处理器类型	Pentium IV 或更高速兼容处理器	Pentium IV 或更高速兼容处理器
处理器速度	最低 1.4GHz，建议 2.0GHz 或更高	最低 1.4GHz，建议 2.0GHz 或更高
内存（RAM）	最小 1GB，建议 4GB 或更大	最小 512MB，建议 1GB 或更大

（2）操作系统要求　作为微软家族的重要成员，SQL Server 2016 只能运行在视窗操作平台。SQL Server 2016 可以运行在 Windows Server 2012 及更高版本上，或者运行在所有 Windows 8 及更高版本上。如表 1-3 所示。

表 1-3　SQL Server 2016 对操作系统的要求

操 作 系 统	企业版	开发版	标准版	网页版	简易版
Windows 8	不支持	支持	支持	不支持	支持
Windows 10	不支持	支持	不支持	不支持	支持
Windows Server 2012	不支持	支持	支持	支持	支持
Windows Server 2012 R2	支持	支持	支持	支持	支持
Windows Server 2016	支持	支持	支持	支持	支持

（3）Internet 要求　32 位版本和 64 位版本的 SQL Server 2016 对 Internet 的要求相同。表 1-4 列出了 SQL Server 2016 对 Internet 的要求。

表 1-4　SQL Server 2016 对 Internet 的要求

组　　件	要　　求
Internet 软件	安装 SQL Server 2016 需要 Microsoft Internet Explorer 8.0 或更高版本
Internet 信息服务（IIS）	安装 SQL Server 2016 Reporting Services（SSRS）需要 IIS 6.0 或更高版本
ASP.NET 2.0	安装和运行 Reporting Services 还需要 ASP.NET 2.0

三、SQL Server 2016 的常用工具

1. SQL Server 2016 的配置工具

配置类工具负责完成与 SQL Server 数据相关的配置工作。依次选择【开始】→【程序】→【Microsoft SQL Server 2016】→【配置工具】，即可查看 SQL Server 提供的全部配置工具，如图 1-1 所示。该工具是用于减少 SQL Server 的服务数或组件数的一种方法，以帮助保护 SQL Server，避免出现安全缺口。

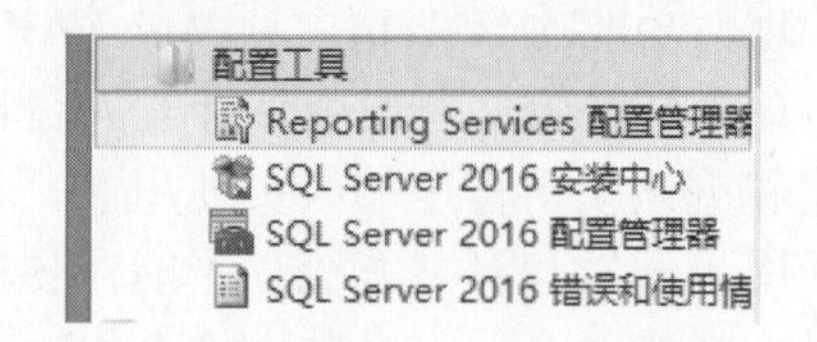

图 1-1　SQL Server 2016 提供的配置工具

在这些配置工具中，【SQL Server 2016 配置管理器】用于配置 SQL Server 服务和网络连接；【SQL Server 2016 错误和使用情况报告】用于将出现在 SQL Server 中的错误通过网络发布给 Microsoft；【SQL Server 2016 安装中心】便于数据库管理人员安装、修改、添加相关程序；【Reporting Services 配置管理器】用于配置 SQL Server 2016 的报表服务。

作为网络数据库，SQL Server 服务器的管理和控制是典型的客户机/服务器结构。SQL Server 提供了包括 SQL Server、SQL Server Analysis Services 等在内的各种服务。不论是在本地，还是在远程，为了对这些服务进行控制，必须首先配置 SQL Server 服务器。Microsoft 为管理员提供的 SQL Server 配置管理器和 SQL Server 外围应用配置器都可以用于 SQL Server 服务器的配置管理。

2. SQL Server 2016 的性能工具

依次选择【开始】→【程序】→【Microsoft SQL Server 2016】→【性能工具】，即可查看 SQL Server 提供的全部性能工具，如图 1-2 所示。

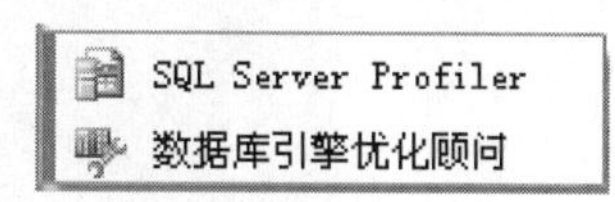

图 1-2　SQL Server 2016 提供的性能工具

在这些性能工具中，【SQL Server Profiler】是用来捕获数据库服务器在运行过程中产生的事件的工具。探查的事件可以是连接服务器、登录系统、执行 Transact-SQL 语句等操作。这些事件可以保存在一个跟踪文件中。【数据库引擎优化顾问】工具可以完成帮助用户分析工作负荷、提出创建高效率索引的建议等功能。使用数据库引擎优化顾问，用户不必详细了解数据库的结构就可以选择和创建最佳的索引、索引视图、分区等。

3. SQL Server Management Studio

SQL Server Management Studio 是用来访问、配置和管理 SQL Server 数据库的最重要的集成化工具。这是一种易于使用且直观的工具，通过它可以访问 SQL Server 数据库服务器提供的所有服务，包括访问数据库的基本服务—— SQL Server 服务以完成数据的查询和更新功能，访问 SQL Server 提供的其他服务，如 DTS 服务、SQL Server Agent 服务以及 SSIS 服务等，因此，通常也将其称为 SQL Server 管理工具集。SQL Server Management Studio 取代了 SQL Server 早期版本的企业管理器和查询分析器，为用户提供了一个更加方便的工作环境。它可用于以下几个方面：

（1）服务器控制台管理（取代了企业管理器和查询分析器）。

（2）查询分析（SQL 查询和 MDX 多维度查询）。

（3）来自关系引擎和 Analysis Services 的分析事件。

（4）“分型记录仪”和“捕获重放”功能，可以自动捕获服务器事件，以有效地进行问题诊断。

4. 命令提示实用工具

SQL Server 2016 除了提供 SQL Server Management Studio 等图形化管理工具外，还提供了许多命令行工具程序，如大量导出导入数据的 bcp.exe，分析性能的 dta.exe，与 SSIS 相关的 dtexec.exe、dtutil.exe，与 Reporting Services 相关的 rs.exe、rsconfig.exe、rskeymgmt.exe，以及利用命令提示符执行 Transact-SQL 语法的工具程序 sqlcmd.exe 等。使用这些命令可以同 SQL Server 2016 进行交互。

在 Windows 操作系统中依次选择【开始】→【程序】→【附件】→【命令提示符】命令，打开如图 1-3 所示的【命令提示符】环境。

在【命令行提示符】环境中输入命令“sqlcmd/? ”，按回车键，将显示与 sqlcmd 命令使用方法相关的信息。

在【命令行提示符】环境中输入并执行命令 sqlcmd，进入 sqlcmd 环境。在该环境下可以通过 Transact-SQL 语句查询当前数据库服务器中存在的所有数据库，也可以执行相关脚本语句。

```
管理员: C:\Windows\system32\cmd.exe
C:\Users\Administrator>sqlcmd/?
Microsoft (R) SQL Server 命令行工具
版本 14.0.1000.169 NT
版权所有(C) 2017 Microsoft Corporation。保留所有权利。

用法: Sqlcmd              [-U 登录 ID]          [-P 密码]
  [-S 服务器]             [-H 主机名]           [-E 信任连接]
  [-N 加密连接][-C 信任服务器证书]
  [-d 使用数据库名称] [-l 登录超时值]     [-t 查询超时值]
  [-h 标题]           [-s 列分隔符]     [-w 屏幕宽度]
  [-a 数据包大小]         [-e 回显输入]         [-I 允许带引号的标识符]
  [-c 命令结束]             [-L[c] 列出服务器[清除输出]]
  [-q "命令行查询"]   [-Q "命令行查询" 并退出]
  [-m 错误级别]         [-V 严重级别]     [-W 删除尾随空格]
  [-u unicode 输出]     [-r[0|1] 发送到 stderr 的消息]
  [-i 输入文件]           [-o 输出文件]          [-z 新密码]
  [-f <代码页> | i:<代码页>[,o:<代码页>]] [-Z 新建密码并退出]
  [-k[1|2] 删除[替换]控制字符]
  [-y 可变长度类型显示宽度]
  [-Y 固定长度类型显示宽度]
  [-p[1] 打印统计信息[冒号格式]]
  [-R 使用客户端区域设置]
  [-K 应用程序意向]
  [-M 多子网故障转移]
  [-b 出错时中止批处理]
  [-v 变量 = "值"...]  [-A 专用管理连接]
  [-X[1] 禁用命令、启动脚本、环境变量[并退出]]
  [-x 禁用变量替换]
  [-j 打印原始错误消息]
  [-g 启用列加密]
  [-G 使用 Azure Active Directory 进行身份验证]
  [-? 显示语法摘要]

C:\Users\Administrator>
```

图 1-3　sqlcmd 命令使用方法

5. SQL Server 联机丛书

Microsoft 专门为 SQL Server 数据库系统提供了一套非常完整的联机帮助文档（SQL Server Books Online，简称 BOL），并作为 SQL Server 数据库系统的子系统。BOL 向 SQL Server 用户提供了完整的 SQL Server 参考文档，便于 SQL Server 数据库的使用者根据自己的需要进行查询和检索。

用户需要先添加 BOL，再开始使用。依次选择【开始】→【程序】→【SQL Server 2016】→【文档和社区】→【管理帮助设置】，就可以打开【Help Library 管理器】对话框，如图 1-4 所示。

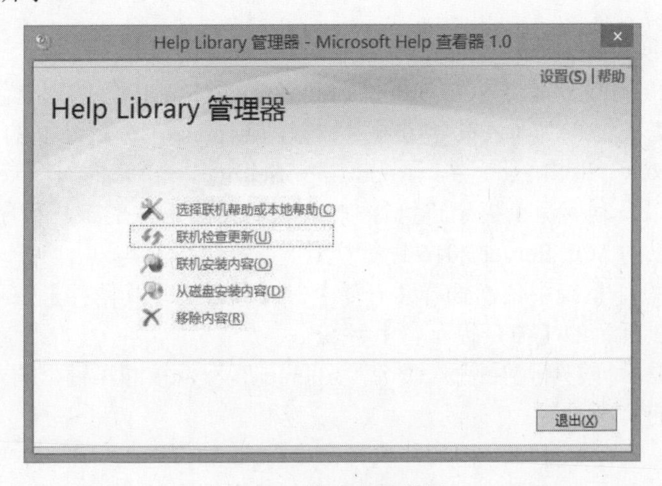

图 1-4　管理帮助设置

联机更新后，进入【SQL Server Management Studio】，依次选择【帮助】→【添加和移除帮助内容】，打开如图 1-5 所示的【Help 查看器】，在这里可以添加并查看【SQL Server 2012 联机丛书】。

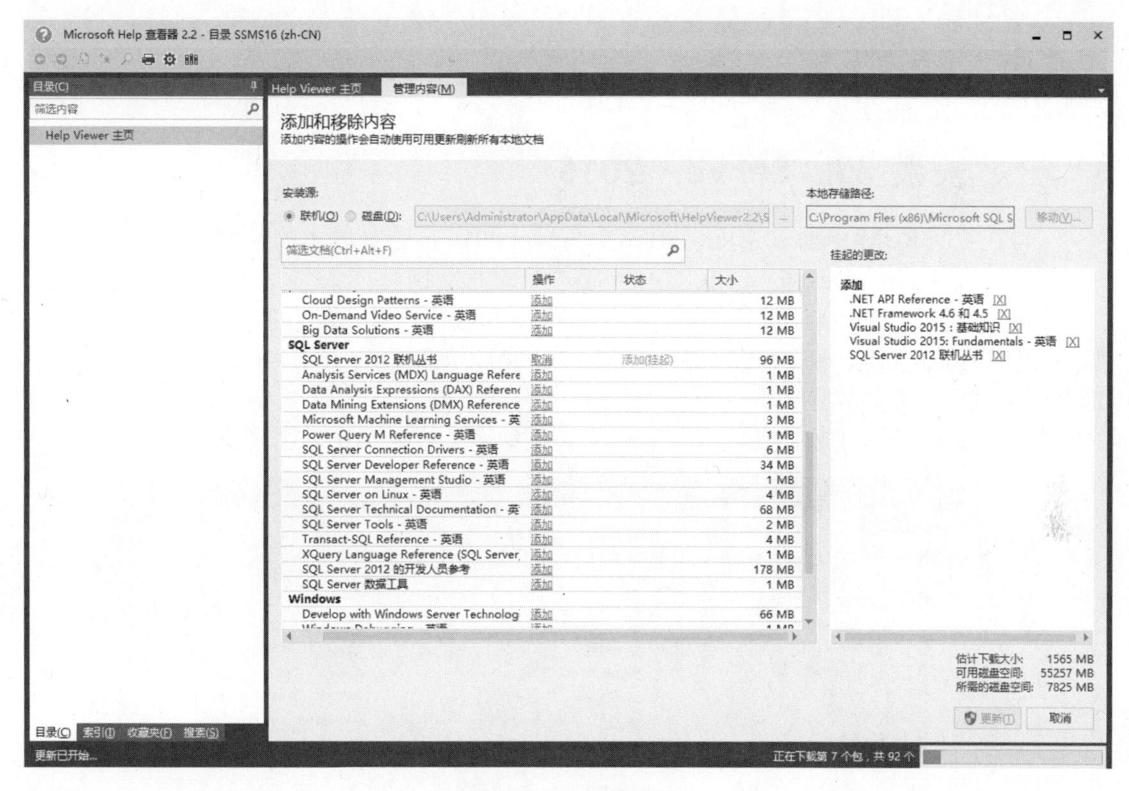

图 1-5　Help 查看器

四、SQL Server 2016 的配置

SQL Server 2016 系统安装之后，需要配置服务和服务器，对系统功能和参数进行选择、设置和调整，以使系统更好地发挥作用。对 SQL Server 2016 的配置包括两方面的内容：配置服务和配置服务器。

1. 配置服务

配置服务主要用来管理 SQL Server 2016 服务的启动状态以及使用何种账户启动。SQL Server 2016 提供了服务配置工具 SQL Server Configuration Manager，打开后可以看到与 SQL Server 2016 相关的服务，通过属性窗口即可进行配置（详见后面的任务实施）。

除了使用 SQL Server Configuration Manager 外，还可以使用系统方法，即通过控制面板的【服务】对话框也可以完成对 SQL Server 2016 服务的配置。

2. 配置服务器

配置服务器是为了充分利用 SQL Server 2016 的系统资源、设置 SQL Server 2016 服务器默认行为的过程。配置服务器包括注册服务器，启动、停止、暂停服务器，以及服务器属性配置等工作。合理地配置服务器选项，可以加快服务相应请求的速度，充分利用系统资源，提高系统的工作效率。在 SQL Server 2016 系统中，可以使用 SQL Server Management Studio 进行服务器配置，也可以使用 sp_configuret 系统存储过程或 SET 语句来配置。

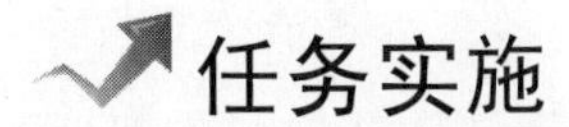

任务实施

一、安装 SQL Server 2016

（1）在 CD-ROM 中插入 Microsoft SQL Server 2016 所选择版本的光盘，启动安装程序。

建议学生机安装 Development Edition 版本，即开发版。

如果是使用 CD-ROM 进行安装，并且安装进程没有自动启动，就打开 Windows 资源管理器并双击 autorun.exe（位于 CD-ROM 根目录）。如果没有使用 CD-ROM 进行安装，则双击可执行的安装程序。

也可以使用硬盘安装，硬盘安装文件夹效果如图 1-6 所示。双击可执行文件 setup。

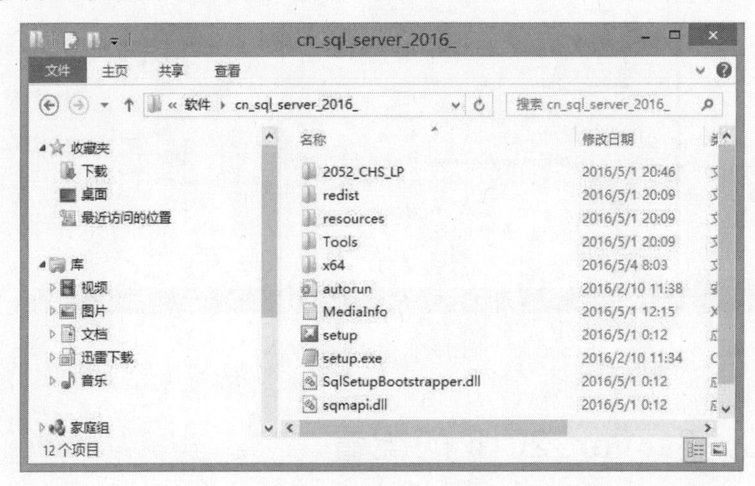

图 1-6　硬盘安装文件夹

（2）进入安装中心，如图 1-7 所示，选择【安装】项。从这里可以看出，SQL 引擎功能和 SSMS 已经独立分开安装了。【全新 SQL Server 独立安装或向现有安装添加功能】用于安装引擎功能，【安装 SQL Server 管理工具】用于安装 SSMS。单击【全新 SQL Server 独立安装或向现有安装添加功能】开始安装。

（3）出现如图 1-8 所示的【全局规则】对话框，一直【下一步】，然后是如图 1-9 所示的【产品密钥】对话框，继续【下一步】。

（4）在出现的【许可条款】对话框中勾选【我接受许可条款】，如图 1-10 所示。

（5）单击【下一步】按钮，开始进行【功能选择】，如图 1-11 所示。功能选择里可以全选，或部分选择。有些需要联网才能安装。

（6）在如图 1-12 所示的【实例配置】对话框中，一般选择【默认实例】。实例就是虚拟的 SQL Server 2016 服务器。SQL Server 2016 允许在同一台计算机上安装多个实例，每一个实例必须有一个属于它的唯一的名字。SQL Server 2016 的默认实例是 MSSQLSERVER。新安装

的程序选择“默认实例”。若要安装新的实例，则选择“命名实例”，然后在文本框中输入唯一的实例名。

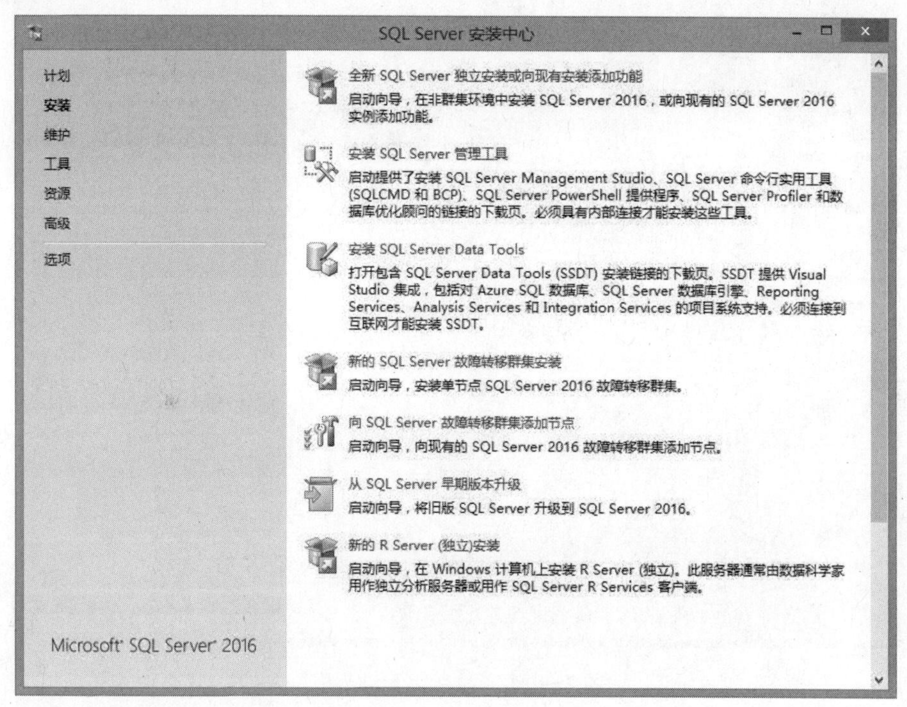

图 1-7　安装中心

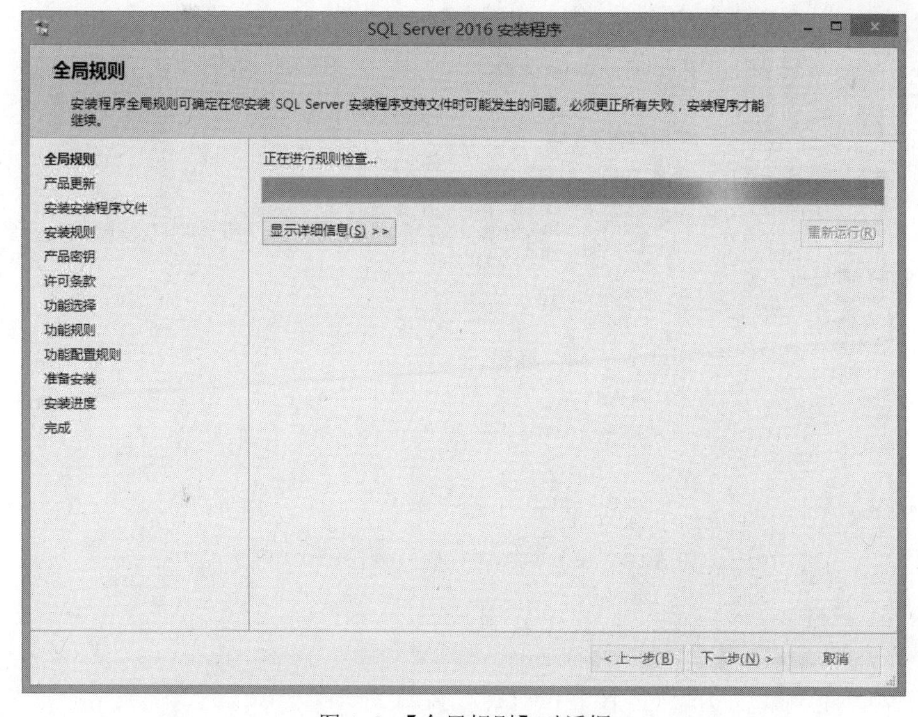

图 1-8　【全局规则】对话框

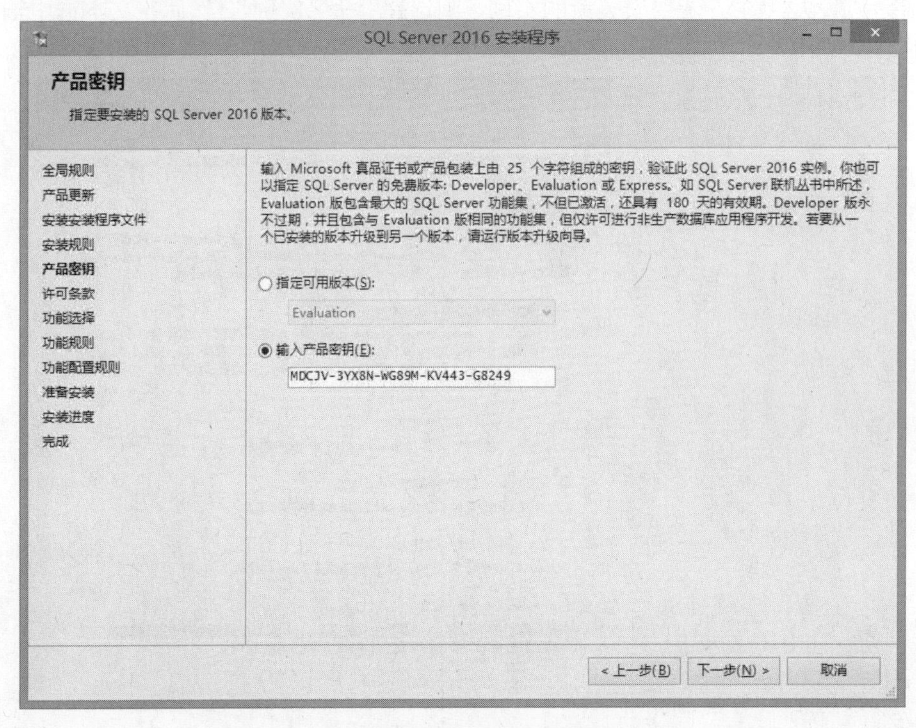

图 1-9 【产品密钥】对话框

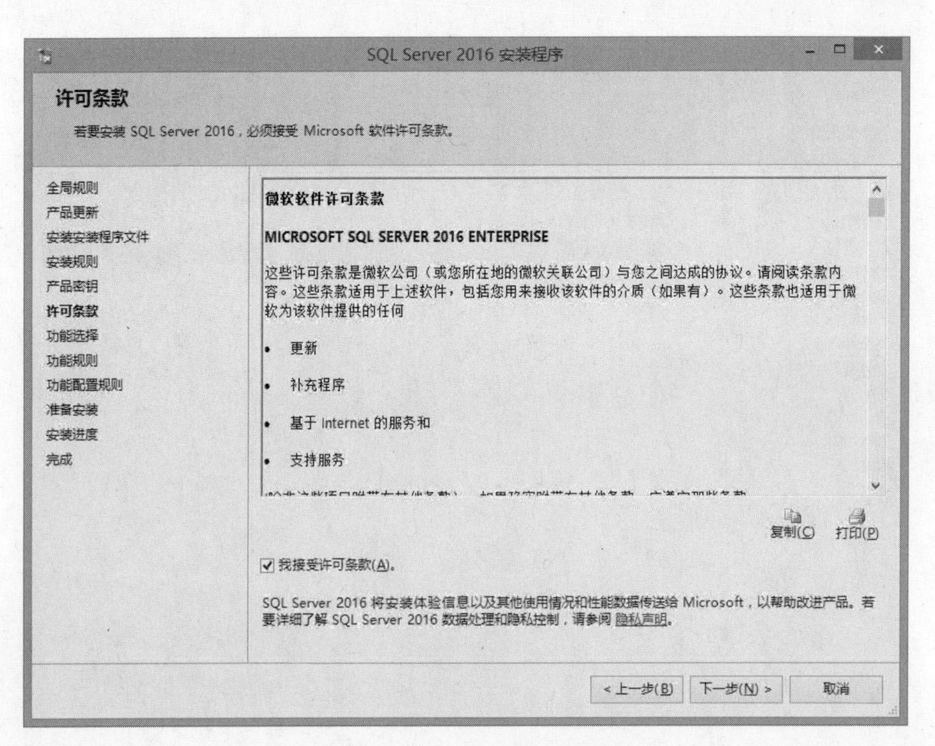

图 1-10 【许可条款】对话框

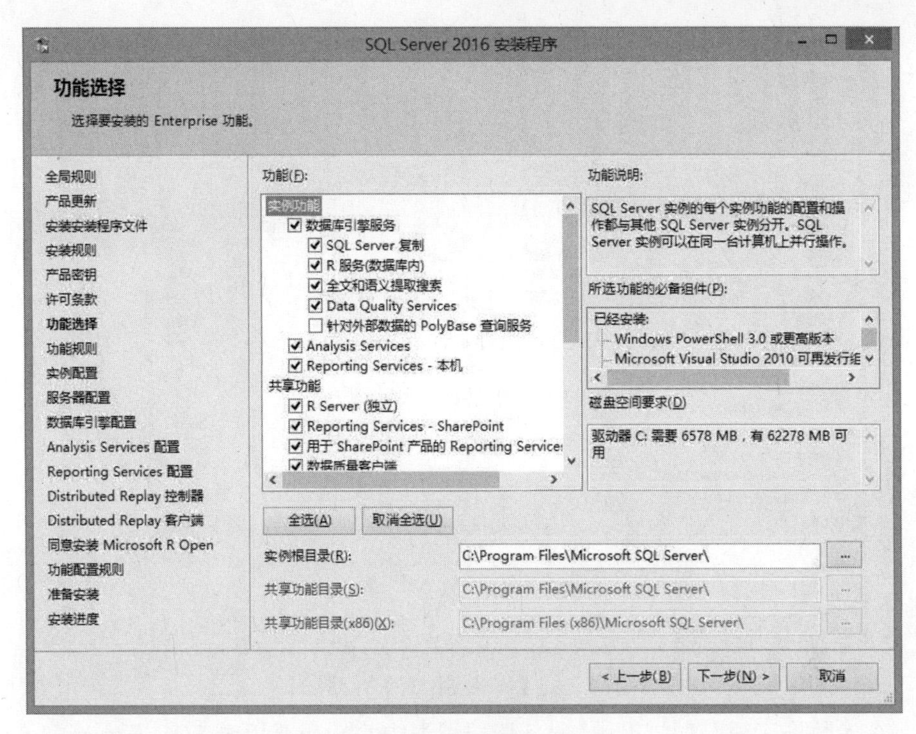

图 1-11 【功能选择】对话框

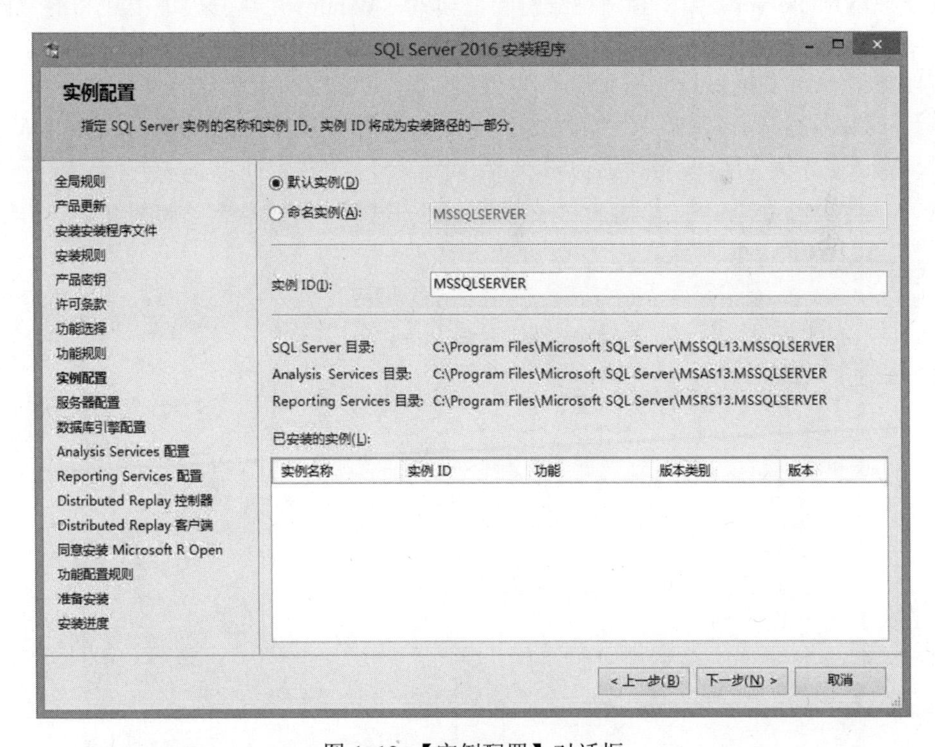

图 1-12 【实例配置】对话框

（7）下一步是如图 1-13 所示的【服务器配置】对话框。可以不做任何修改，直接进入下一步。

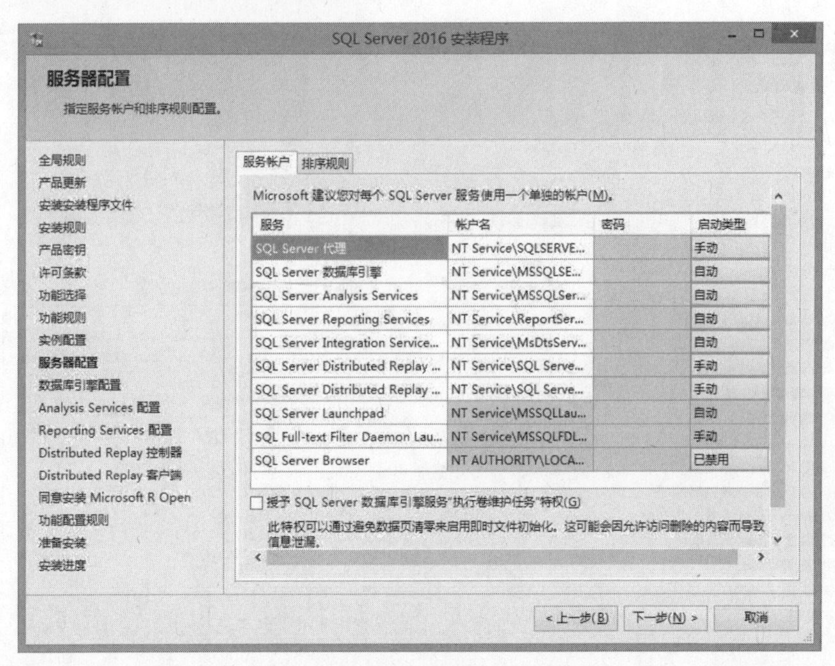

图 1-13 【服务器配置】对话框

（8）在【数据库引擎配置】-【服务器配置】中，选择要用于 SQL Server 安装的身份验证模式。SQL Server 2016 有两种身份验证模式：Windows 身份验证模式和混合模式。Windows 身份验证模式表明将使用 Windows 的安全机制维护 SQL Server 的登录；混合模式则表明或者使用 Windows 的安全机制，或者使用 SQL Server 定义的登录 ID 和密码。如果选择【混合模式】，则必须输入并确认 SQL Server 系统管理员（sa）的密码。选择【Windows 身份验证模式】时，可以【添加当前用户】，如图 1-14 所示。

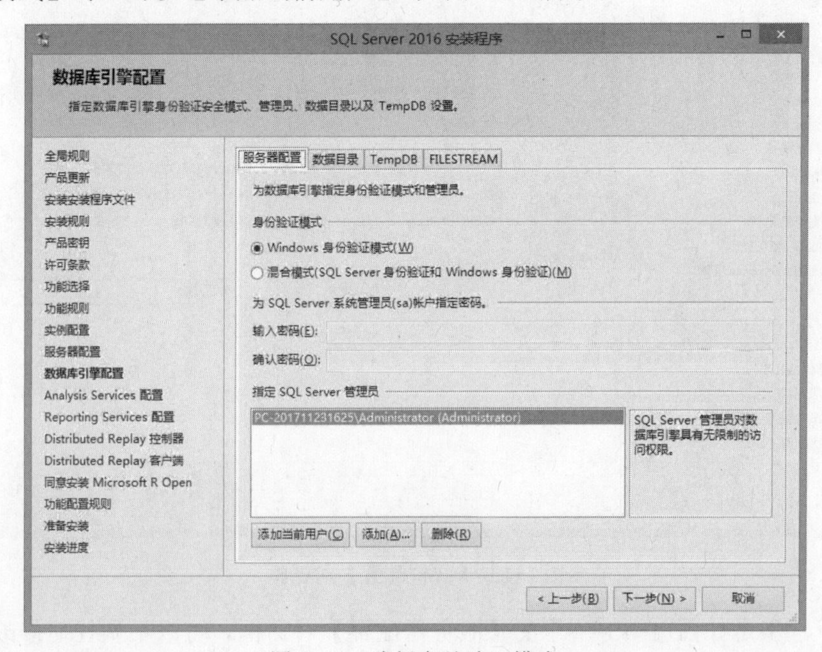

图 1-14 选择身份验证模式

（9）在【数据库引擎配置】对话框中，还可以设置【数据目录】和【TempDB】的相关数据，这里 TempDB 的设置是新的改进，提供了很多选项。如图 1-15 所示。然后单击【下一步】。

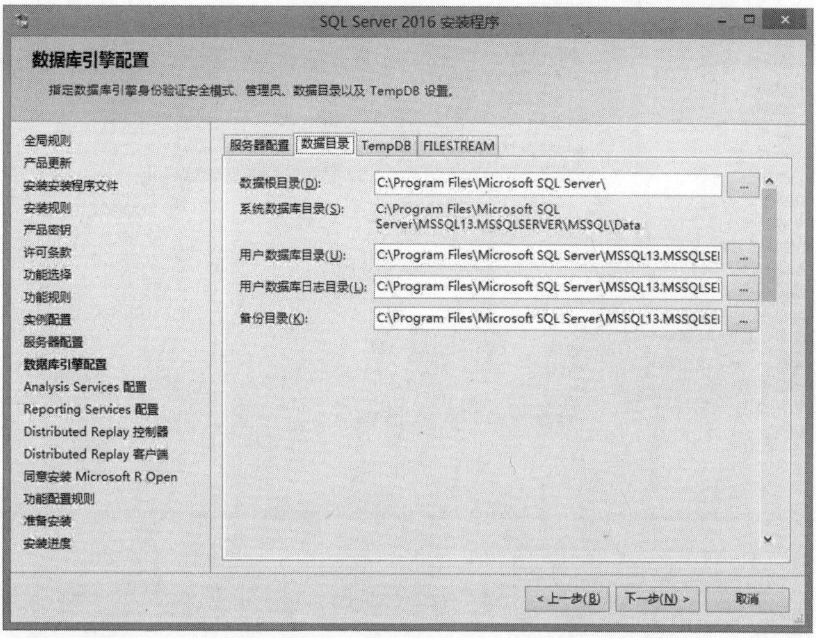

a）

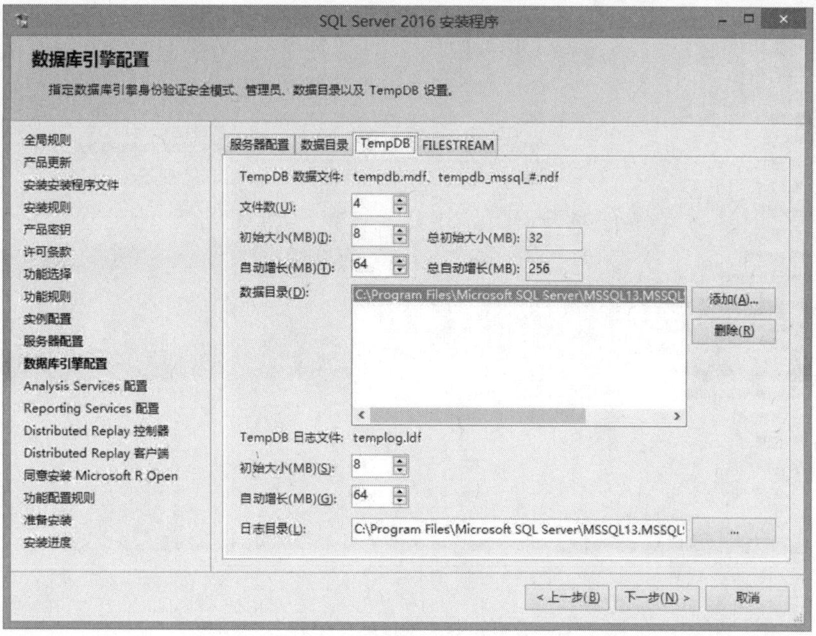

b）

图 1-15　数据库引擎配置

（10）在如图 1-16 所示的【Analysis Services 配置】对话框中，单击【添加当前用户】，然后下一步。

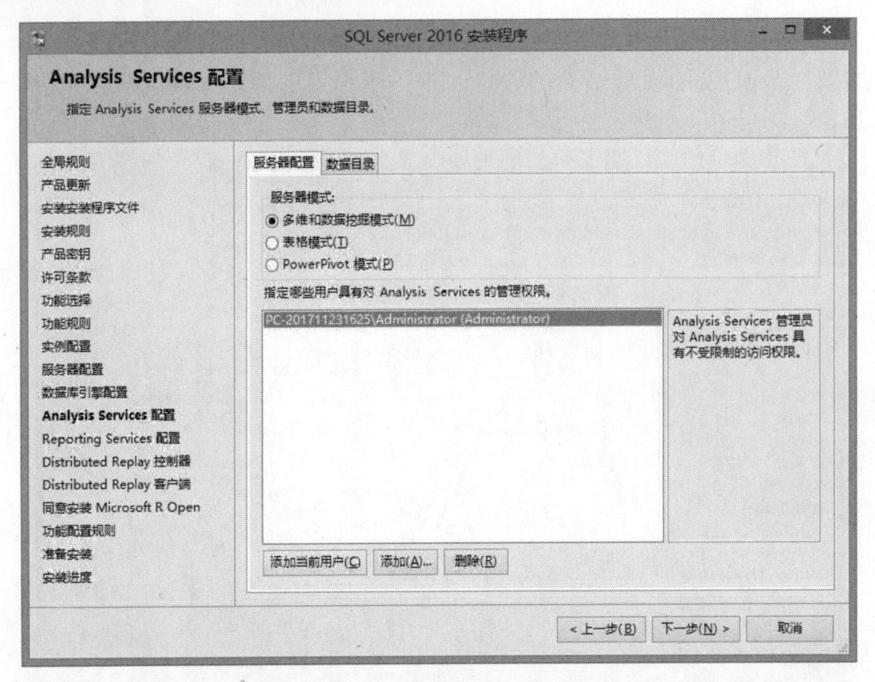

a)

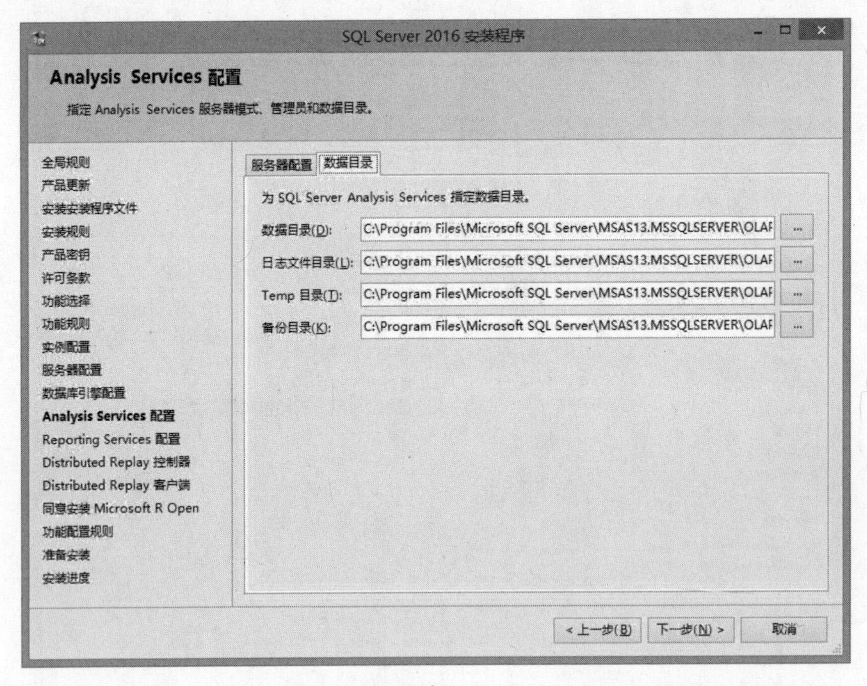

b)

图 1-16 【Analysis Services 配置】对话框

（11）在如图 1-17 所示的【Reporting Services 配置】对话框中，推荐使用默认设置。

（12）接下来是如图 1-18 所示的【Distributed Replay 控制器】和【Distributed Replay 客户端】配置，都使用默认设置。

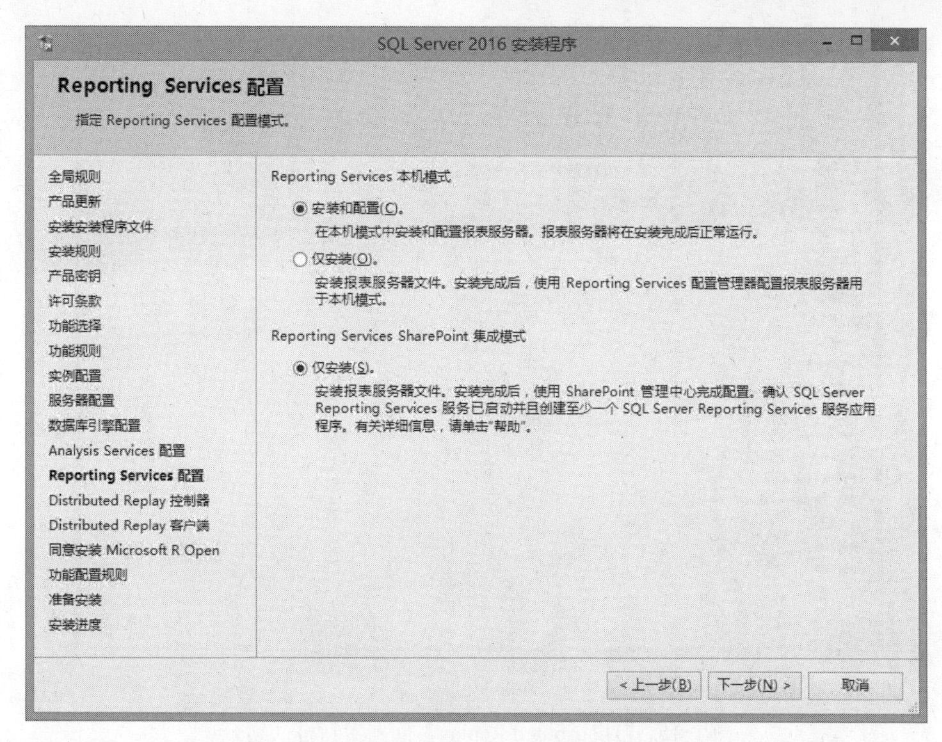

图 1-17 【Reporting Services 配置】对话框

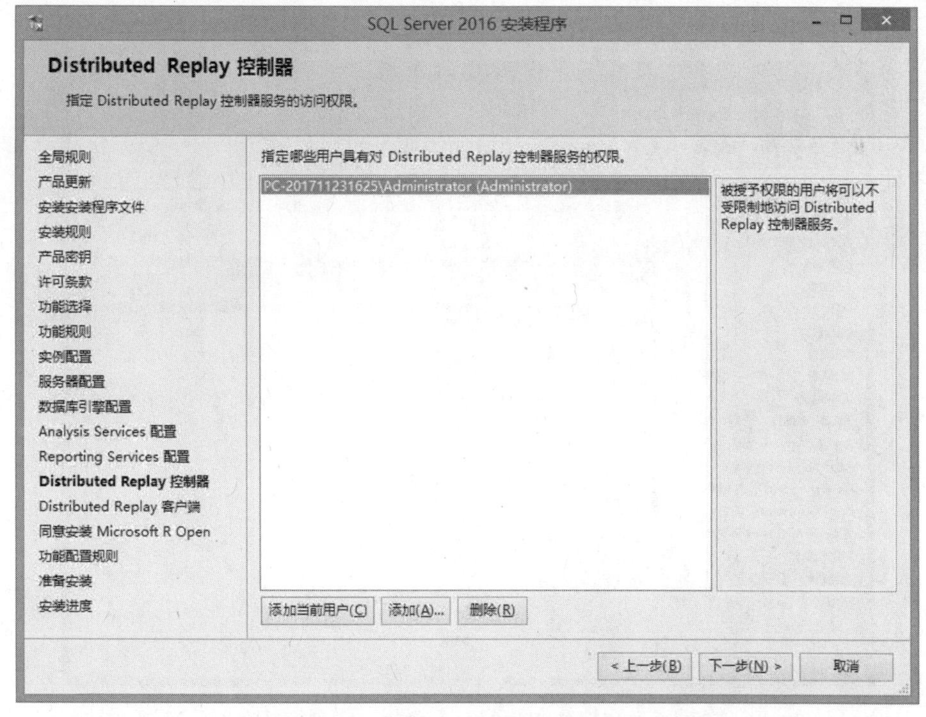

a）

图 1-18 【Distributed Replay】配置对话框

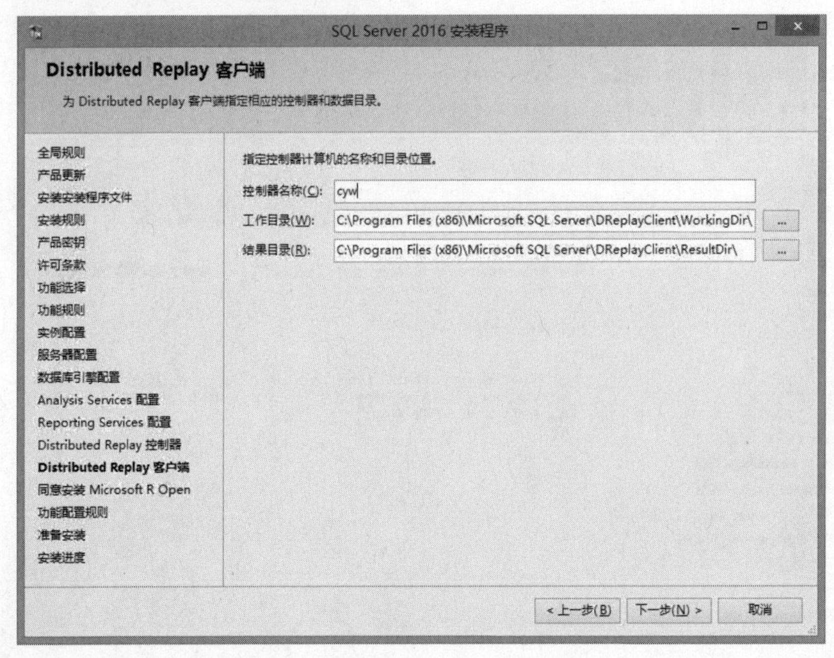

b)

图 1-18 【Distributed Replay】配置对话框（续）

（13）如图 1-19 所示的【同意安装 Microsoft R Open】的协议授权，点【接受】后，进入下一步。

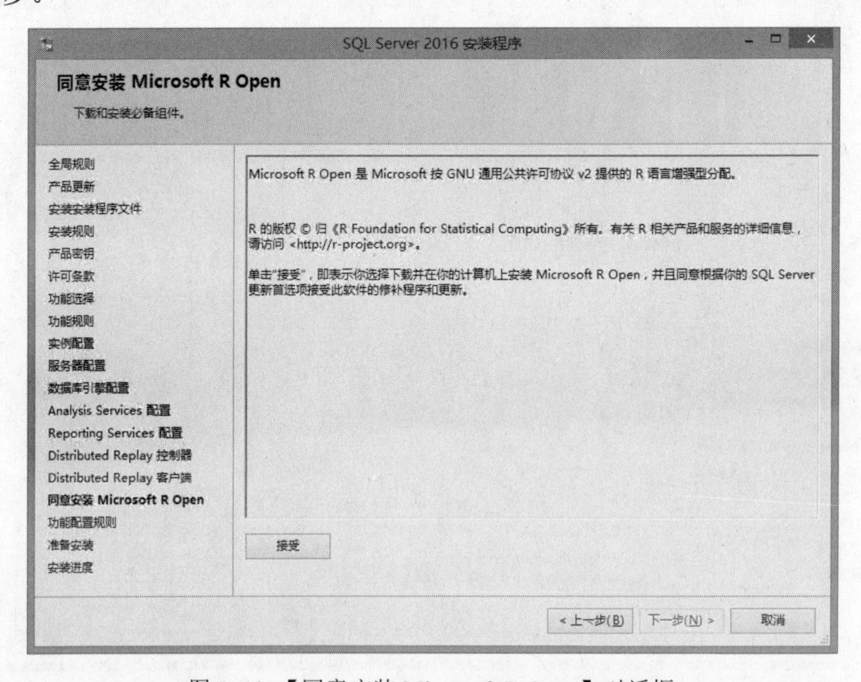

图 1-19 【同意安装 Microsoft R Open】对话框

（14）最后安装确认页面，会显示如图 1-20 所示的所有安装配置信息，单击【安装】开始安装进程。安装完毕后，单击【关闭】按钮退出安装。

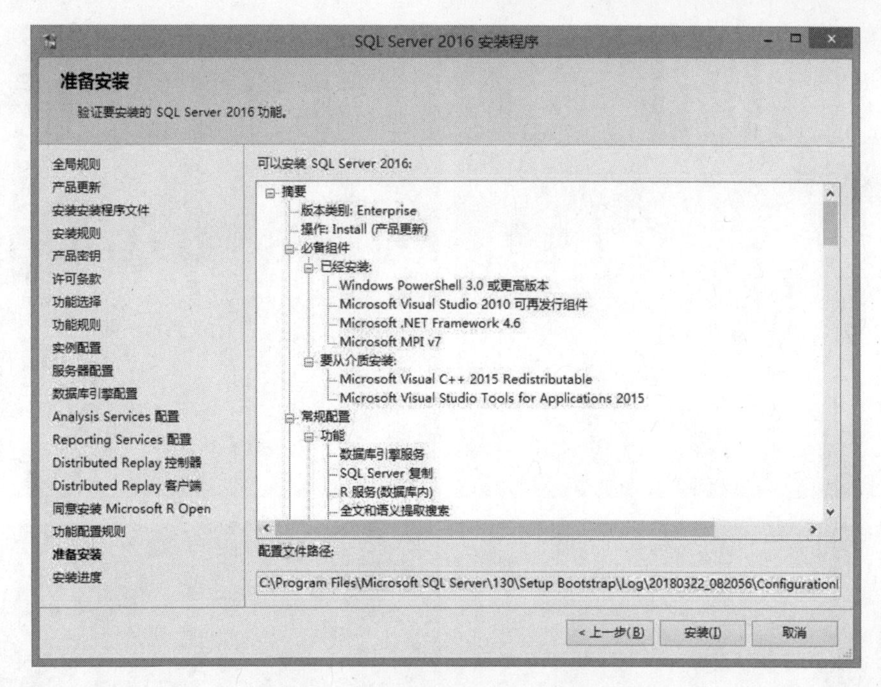

图 1-20 【准备安装】对话框

（15）接下来安装 SSMS。SSMS 没有集成到 SQL Server 安装包里，需要用户自己去官网下载安装。选择如图 1-21 所示的版本下载。

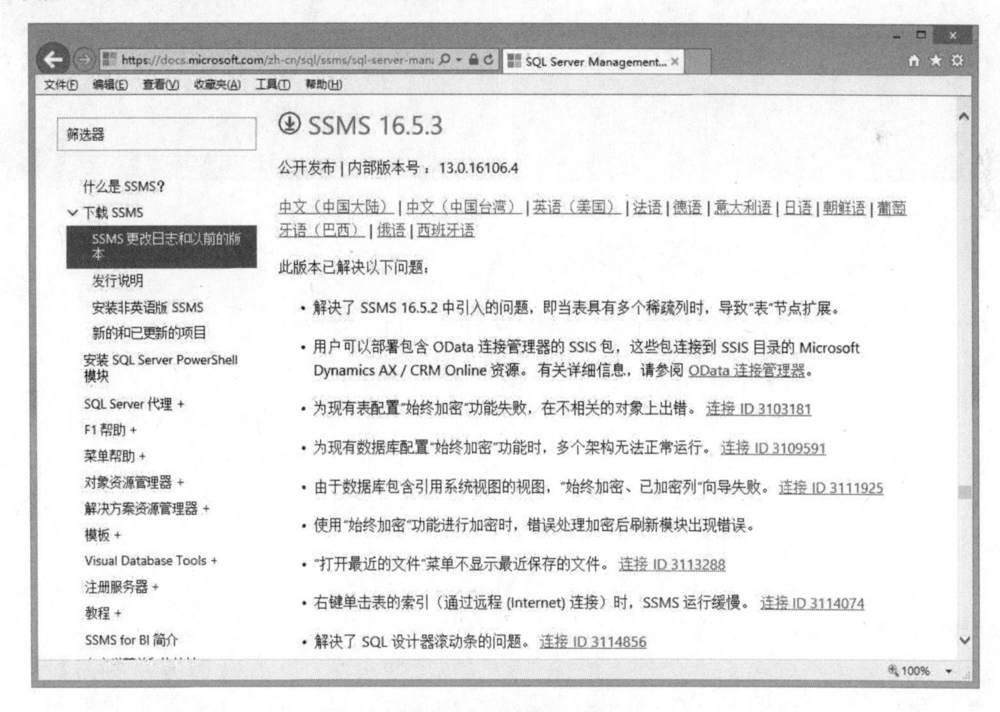

图 1-21 下载 SSMS

（16）按图 1-22 的步骤安装，然后重新启动。

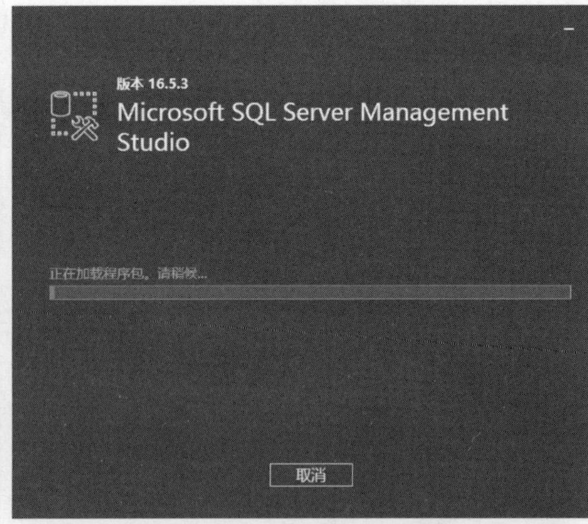

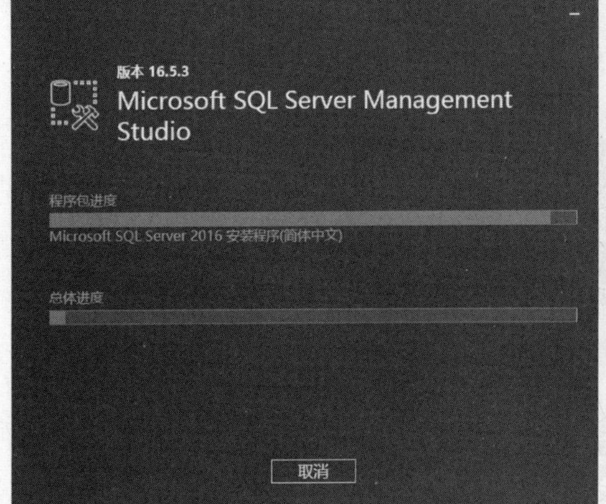

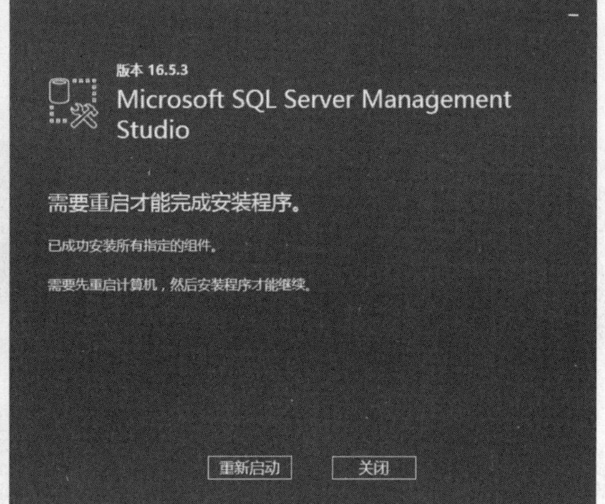

图 1-22　安装 SSMS

二、使用 SQL Server Management Studio

1. 启用 SQL Server Management Studio

在使用 Microsoft SQL Server 2016 客户端的时候，必须与 Microsoft SQL Server 2016 服务器连接才能对数据库中的数据进行操作管理。客户端连接到服务器有两种情况：一种是连接到本地服务器，另一种是通过网络连接到其他服务器。启动 SQL Server Management Studio 的过程首先是连接到服务器的过程。

（1）依次选择【开始】→【程序】→【Microsoft SQL Server 2016】→【SQL Server Management Studio】，打开【连接到服务器】对话框，如图 1-23 所示。

（2）将【服务器类型】下拉列表框保持为“数据库引擎”。在【服务器名称】下拉列表框中可以显示出本机的 SQL Server 服务器名，如果要连接到网络上的其他服务器，可以输入“服务器名\实例名”来连接，也可以在下拉列表框中选择【浏览更多】选项，在弹出的对话框中可以在【本地服务器】或【网络服务器】选项卡中进行选择。

图 1-23　【连接到服务器】对话框

（3）在【身份验证】下拉列表框中可选择身份验证方式。有两种连接认证方式，一种是使用 Windows 身份验证，在这种方式下，只要是 Windows 的合法用户，SQL Server 服务器即允许他们连接访问；另一种是使用 SQL Server 身份验证，在这种方式下，需要输入用户账户和密码。然后单击【连接】按钮，若用户账户和密码正确就可以连接到数据库服务器上了。

2. SQL Server Management Studio 的组成

SQL Server Management Studio 窗口如图 1-24 所示。默认情况下，SQL Server Management Studio 由【对象资源管理器】和【摘要】窗格组成。SQL Server Management Studio 还提供了【模板资源管理器】、【解决方案资源管理器】以及【Web 浏览器】窗格。在【标准】工具栏中还包含了用于实现各类查询的查询工具按钮。另外，【查询编辑器】也是 SQL Server Management Studio 提供的一个主要工具，用于以命令方式实现数据库数据的查询和更新操作。

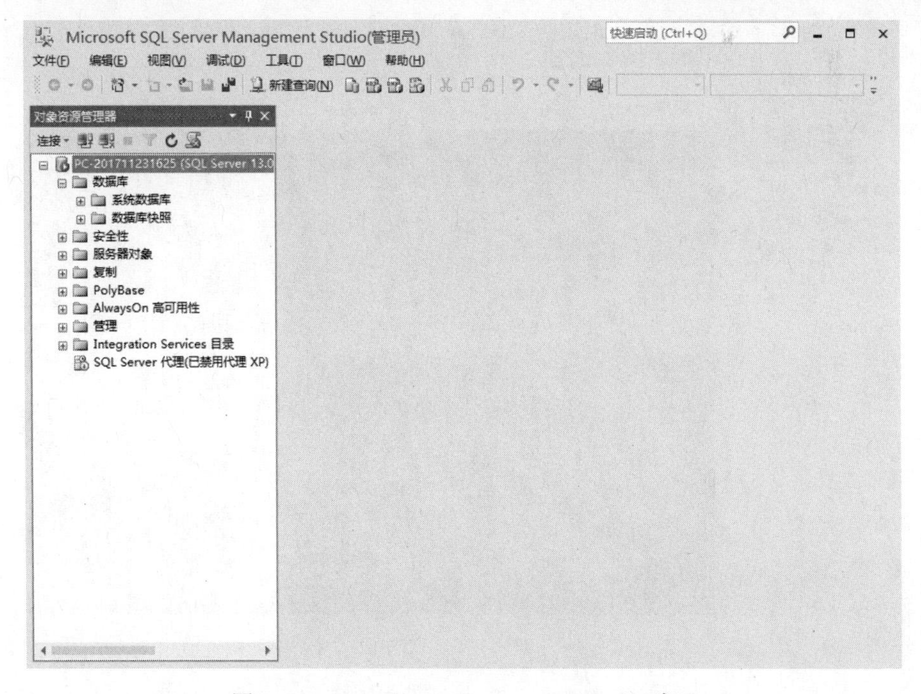

图 1-24　SQL Server Management Studio 窗口

（1）对象资源管理器　对象资源管理器以树形目录形式详细列出了数据库实例中的所有对象、所有的安全条目以及关于 SQL Server 的许多其他方面，因此使用频繁。例如，要使用数据库就需要单击【数据库】文件夹。对象资源管理器为 SQL Server 数据库用户提供了【连接】、【断开】、【停止】、【刷新】和【筛选】5 个按钮，用于实现相应的操作。

单击【连接】按钮，可以选择需要连接的服务器类型。

单击【断开】按钮，可以断开当前连接的服务器。

单击【停止】按钮，可以停止当前的对象资源管理器操作。

单击【刷新】按钮，可以查看进行了更新和维护操作的数据库对象。

单击【筛选】按钮，可以设置相应的查询条件来显示所需要的符合条件的数据库对象。

（2）模板资源管理器　模板资源管理器为数据库管理和开发人员创建各个数据库对象节点提供了相应的模板，使得创建各类数据库对象变得更加简洁和方便。例如，可以使用数据库模板创建一个数据库。

（3）解决方案资源管理器　为了与 Microsoft 的另一个主流开发套件 Microsoft Visual Studio 2005 在风格上保持一致，Microsoft 在其 SQL Server Management Studio 中为用户提供了解决方案资源管理器。它主要用于管理与一个脚本工程相关的所有项目，即将那些在逻辑上同属于一种应用处理的各种类型的脚本组织在一起。解决方案是对象、T-SQL 或称为存储过程的特殊程序在其他项之间的便利的分组。

默认情况下，解决方案资源管理器并没有被打开，用户需要通过菜单栏中的【视图】命令来打开解决方案资源管理器。

（4）Web 浏览器　Web 浏览器主要用于方便数据库用户浏览 Microsoft SQL Server 官方网站。图 1-25 为 Web 浏览器窗格。

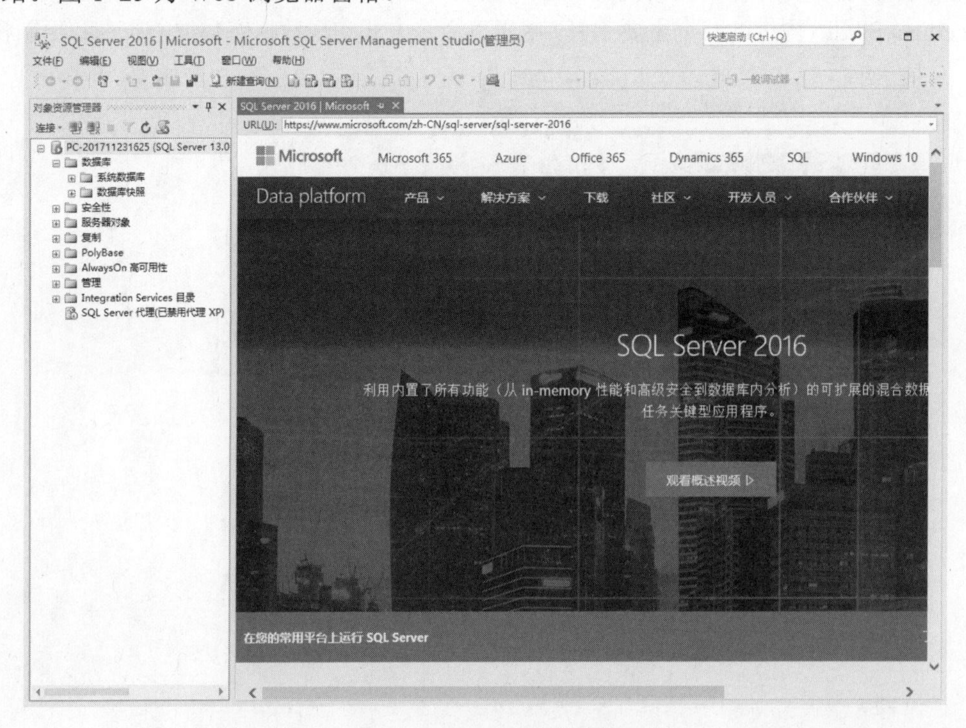

图 1-25　Web 浏览器窗格

（5）摘要　SQL Server Management Studio 摘要页所在的区域称为文档窗格（Document Area）。对象资源管理器中的所有节点都有其摘要，它类似于 Windows 资源管理器，可以在各项之间导航，获取节点中对象详情的摘要信息。

3．查询编辑器的使用

SQL Server Management Studio 提供的另一个主要工具是【查询编辑器】，通过查询编辑器（Query Editor），可以实现对 SQL Server 数据库中数据的检索和更新操作。

查询编辑器可用于编写和执行程序代码。代码可以是对象，也可以是用来操作数据的命令，甚至可以是完整的任务（如备份数据）。查询编辑器通过编程方式创建动作，达到与拖放或使用向导一样的效果。

通过单击【标准】工具栏中的【新建查询】按钮，或者通过选择【文件】→【新建】→【数据库引擎查询】命令，即可打开一个空白的查询编辑器，如图 1-26 所示。

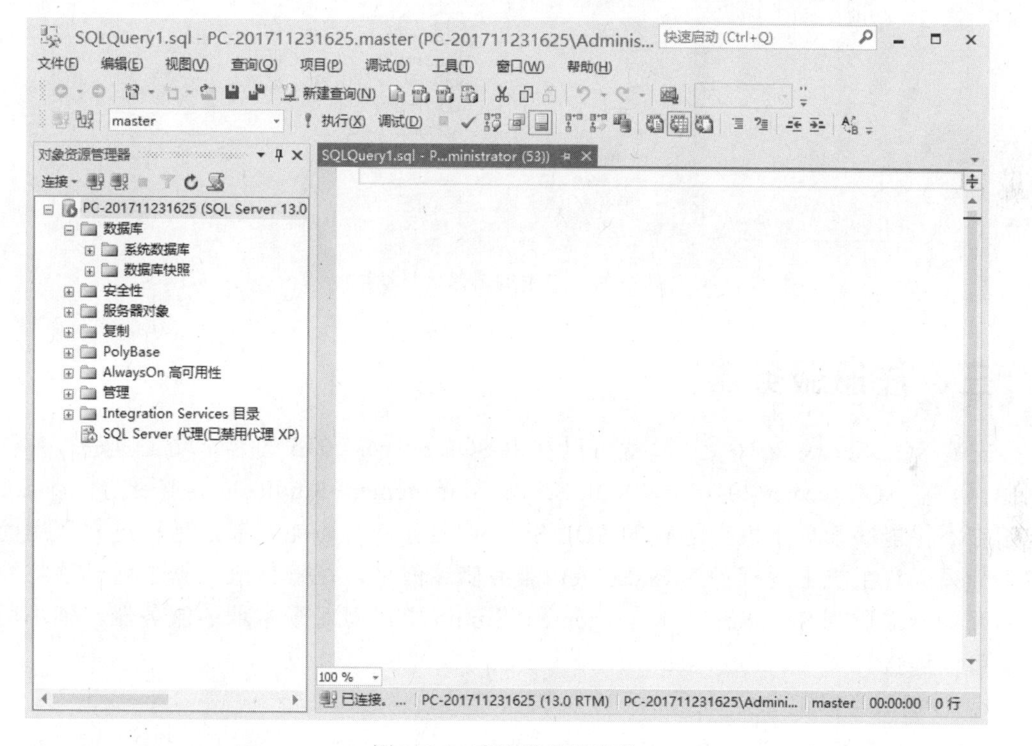

图 1-26　查询编辑器窗格

在 SQL Server Management Studio 查询窗口的【查询】菜单中，有三个选项用于显示查询结果。也可以在窗口空白处右击打开【查询】快捷菜单，其中的【将结果保存到】快捷菜单中包括【以文本格式显示结果】、【以网格显示结果】和【将结果保存到文件】三个选项，用户可根据需要加以选择。

在查询编辑器中输入要执行的 Transact-SQL 查询脚本，如要查看 SQL Server 2016 的数据库 master 中 spt_values 表的内容，可以在查询编辑器中输入下面的 Transact-SQL 语句：

```
SELECT * FROM dbo.spt_values
```

然后单击菜单栏中的【执行】按钮，窗口中显示出执行的结果，如图 1-27 所示。

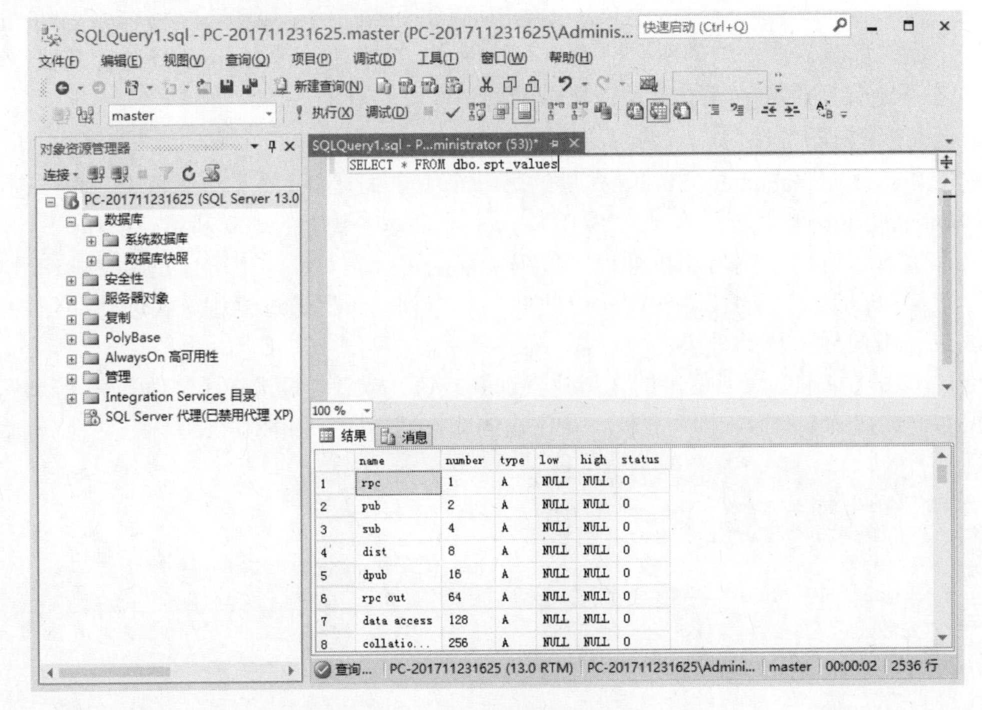

图 1-27　查询编辑器执行结果

三、注册服务器

安装 SQL Server 2016 之后，就可以利用 SQL Server 2016 的客户端工具进行各种数据操作。在 SQL Server 2016 中，SQL Server Management Studio 是最重要的管理工具。使用它不仅能够管理本机上运行的 SQL Server 服务器，还能够通过远程过程调用的方法来管理远程主机上运行的 SQL Server 服务器。但是，在管理服务器之前必须将被管理的服务器注册到 SQL Server Management Studio 中，而对于本地的服务器，则不用注册就可以连接。

1．注册服务器组

注册服务器组是指为了在 SQL Server Management Studio 中登记服务器时可以把服务器加入一个指定的服务器组中，这样方便管理。

具体的操作如下：

（1）从 SQL Server 2016 程序组中打开 SQL Server Management Studio。

（2）在窗口中单击【已注册的服务器】按钮，或者选择【视图】→【已注册的服务器】命令，打开【已注册的服务器】窗口。

（3）在【已注册的服务器】窗口内右击，如图 1-28 所示，在弹出的快捷菜单中选择【本地服务器】→【新建服务器组】命令，系统弹出【新建服务器组属性】对话框。

（4）在【新建服务器组属性】对话框中输入注册服务器组名称以及描述后（如图 1-29 所示）单击【确定】按钮。在【已注册的服务器】窗口即可看到新创建的服务器组。

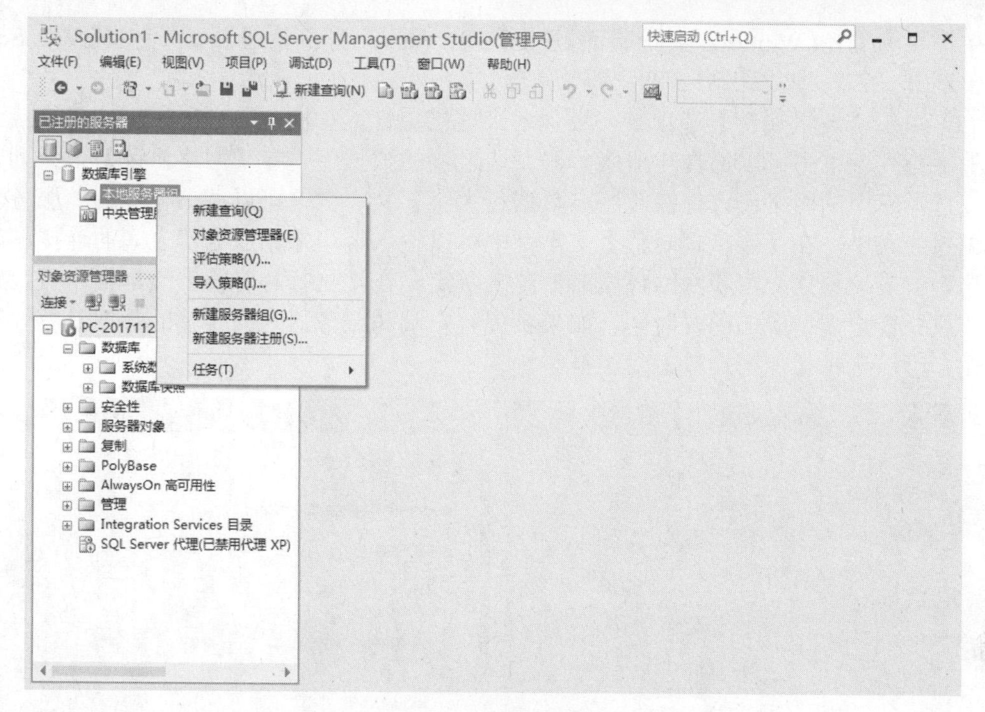

图 1-28　新建服务器组

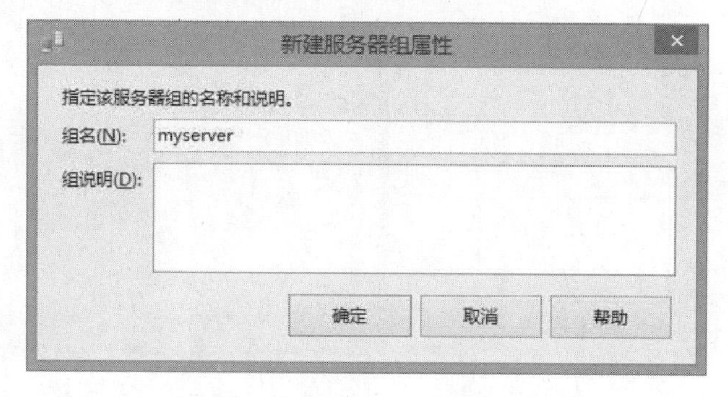

图 1-29 【新建服务器组属性】对话框

2．注册服务器

注册服务器就是在 SQL Server Management Studio 中登记服务器，然后把服务器加入一个指定的服务器组中。

具体的操作如下：

（1）从 SQL Server 2016 程序组中打开 SQL Server Management Studio。

（2）在菜单中单击【视图】→【已注册的服务器】按钮，系统弹出【已注册的服务器】窗口。

（3）在【已注册的服务器】窗口内展开【数据库引擎】→【本地服务器组】，然后右击，在弹出的快捷菜单中选择【新建服务器注册】命令，系统弹出【新建服务器注册】对话框，如图 1-30 所示。

（4）在该对话框【常规】选项卡中输入所注册的服务器名称。在【身份验证】下拉列表框中需要确定是【Windows 身份验证】还是【SQL Server 身份验证】，如果选择【SQL Server 身份验证】，还需要输入用户名和密码。

（5）单击【连接属性】选项卡，设置各个连接属性，如图 1-31 所示。在【连接到数据库】下拉列表框中可以选择注册服务器默认连接的数据库。在【网络协议】下拉列表框中可以选择应用的网络协议。在【网络数据包大小】文本框中可以调节客户端和服务器之间数据包的大小。在【连接超时值】文本框中可以输入客户端和服务器之间的连接超时时间，这个值应该根据应用和网络环境的情况来决定。在【执行超时值】文本框中可以设置服务器执行客户端请求的超时时间。如果希望客户端和服务器之间传输的数据具有较高的安全性，可以选中【加密连接】复选框。

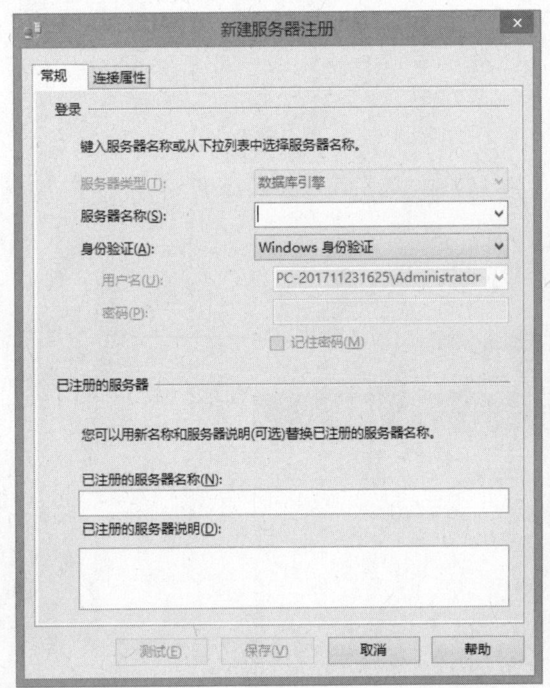

图 1-30 【新建服务器注册】对话框

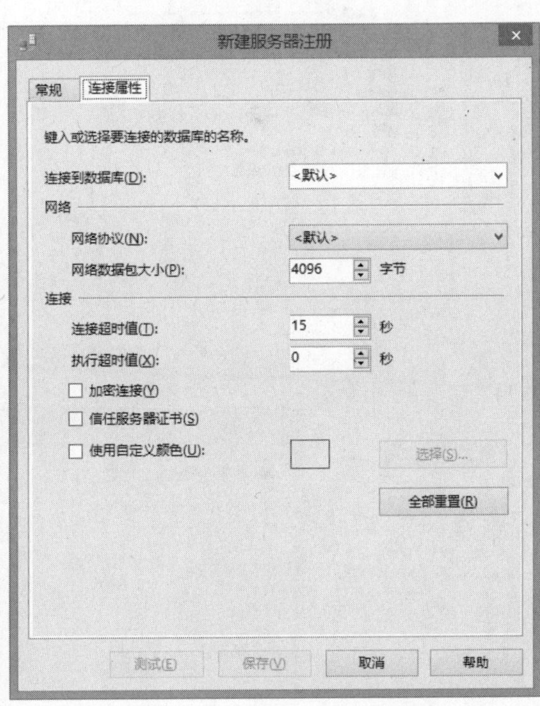

图 1-31 选择【连接属性】选项卡

（6）单击【测试】按钮，以检验服务器连接是否成功。

（7）单击【保存】按钮，开始注册服务器。从窗口中可看到服务器放置在已创建的服务器组中。

3．服务器的启动、暂停和停止

SQL Server 2016 服务器是提供数据存储和数据管理服务的重要设施，它主要由数据库引擎和数据库两部分组成。服务器的日常管理工作包括服务器的注册、启动、暂停、关闭和配置等。只有 SQL Server 中的服务器正常启动后，用户才能执行相应的操作，如系统登录、任务调度等。对服务器的管理可以有多种方式，包括在 Windows 操作系统中进行管理，利用 SQL Server 配置管理器进行管理，以及在 SQL Server 管理平台（SQL Server Management Studio）中进行管理。这里主要介绍在 SQL Server 管理平台中启动和关闭服务器。

在 SQL Server Management Studio 中选中相应的服务器，右击服务器名，在弹出的快捷菜单中选择【启动】、【停止】、【暂停】或【重新启动】选项，如图 1-32 所示，即可

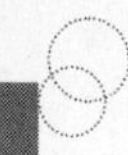

对该服务器执行启动、停止和暂停操作。

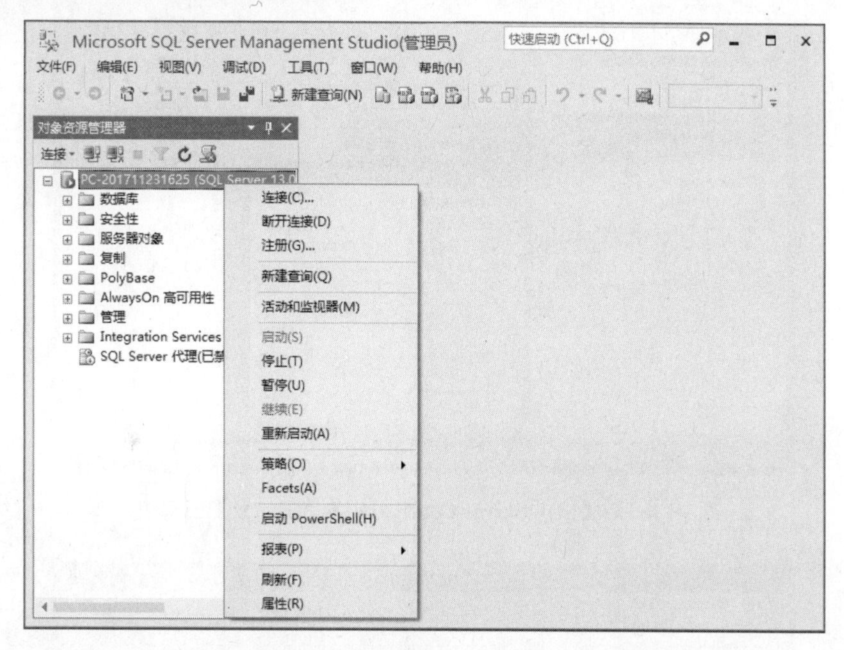

图 1-32 在 SQL Server Management Studio 窗口启动、停止服务器

需要注意的是，在对远程服务器进行配置时，必须有足够的权限，一般要有远程计算机的 Administrator 管理员账号的权限才可以对远程服务器进行配置。

能力拓展

1. 配置服务器

SQL Server 2016 安装完成后，其服务器端组件是以“服务”的形式在计算机系统中运行的，“服务”是一种在后台运行的应用程序。运行的服务不在桌面上显示，而在后台完成需要的操作。由于默认启动的服务自始至终都在运行，每个服务都会占用一些服务器的资源，因此，通常的做法是把不用的服务设为禁用，偶尔使用的设置设为手动启动，核心引擎服务设置设为自动启动。

在 SQL Server 2016 的服务中，有些服务默认是自动启动的，有些服务默认是停止的。可以使用服务器配置管理器（SQL Server Configuration Manager）对服务的启动模式进行设置。

（1）依次选择【开始】→【程序】→【Microsoft SQL Server 2016】→【配置工具】→【SQL Server 2016 配置管理器】命令，打开【SQL Server Configuration Manager】窗口。单击左侧“SQL Server 服务”，右侧窗格中出现 SQL Server 的各种服务，如图 1-33 所示。

（2）如果要启动、停止、暂停或重新启动 SQL Server 服务，可以右击服务器名称，在弹出的快捷菜单中选择相应选项，如图 1-34 所示。暂停与停止的区别是：暂停服务器是在关闭数据库之前进行，暂停服务器后，连接客户已经提交的任务会继续执行，而新的用户连接请求被拒绝。

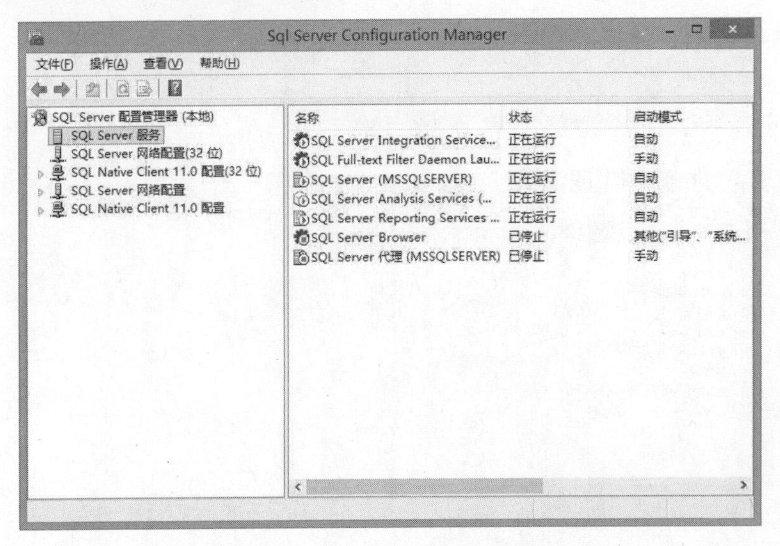

图 1-33 【SQL Server Configuration Manager】窗口

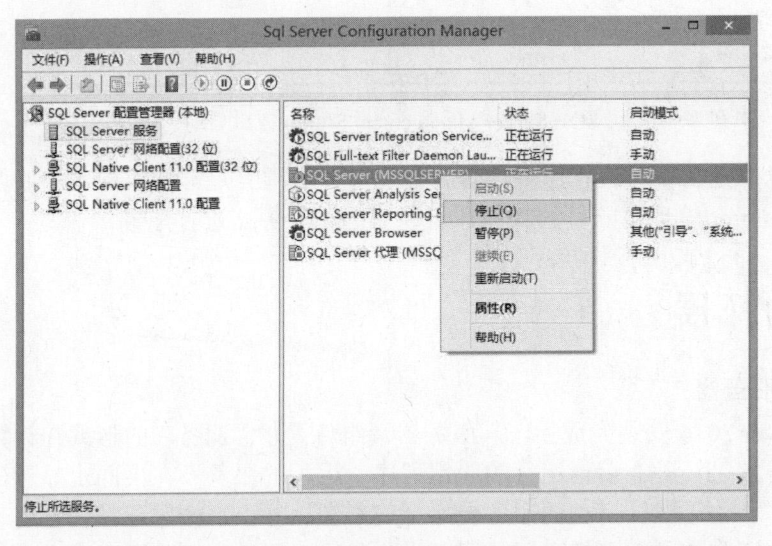

图 1-34 在【SQL Server Configuration Manager】窗口中停止服务

（3）在窗口中右击【SQL Server（MSSQLSERVER）】，在弹出的快捷菜单中选择【属性】命令，系统打开【SQL Server（MSSQLSERVER）属性】对话框，如图 1-35 所示。

（4）在【登录】选项卡中可以更改服务的登录身份。如果选中【本账户】单选按钮，可以直接输入登录的账户名称和密码，也可以单击【浏览】按钮，查看系统中已经定义的用户账户。如果选中【内置账户】单选按钮，可以在下拉列表框中选择内置账户的类型。

本地系统：此账户是对本地计算机具有管理员权限的预定义本地账户。

本地服务：预定义的本地账户。可以对本机进行访问，同时能够访问允许匿名访问的网络资源。

网络服务：预定义的本地账户。使用该账户不仅可以访问本地计算机，而且可以访问经过身份验证的用户有权访问的远程服务器上的资源。

（5）在【服务】选项卡中，【启动模式】有【自动】、【手动】和【已禁止】三种。将【启动模式】设置为【自动】，自动启动选项，如图 1-36 所示。

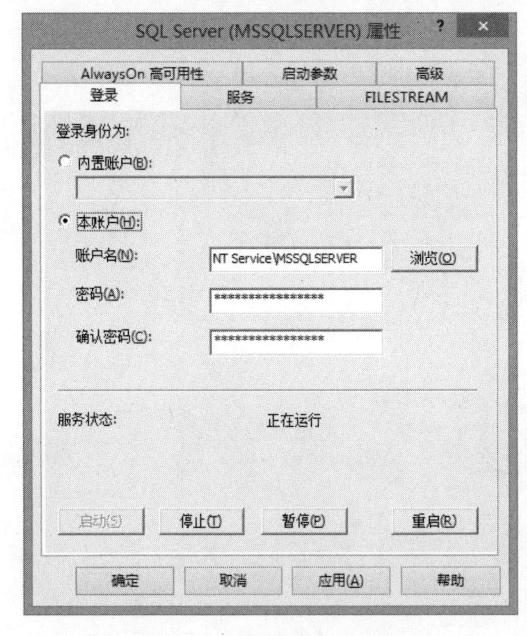

图 1-35　选择【登录】选项卡

图 1-36　选择【服务】选项卡

（6）依次单击【应用】和【确定】按钮完成设置。

（7）使用同样方式设置 SQL Server 自动启动。

（8）将 SQL Server Analysis Services、SQL Server Reporting 设置为禁用。

（9）设置 SQL Server Integration Services 和 SQL Server 代理服务为手动。

（10）关闭窗口，重新启动计算机使配置生效。

2. 配置服务器常用属性

在 SQL Server 2016 中，提供了对服务器属性的配置功能，这样有助于 SQL Server 2016 的高效使用。对服务器属性配置主要包括 8 个部分：常规、内存、处理器、安全性、连接、数据库设置、高级和权限。下面对部分配置进行介绍。

（1）内存设置　SQL Server 2016 的内存设置对其运行性能有着显著的影响。对 SQL Server 2016 的内存设置主要有两个方面：一方面是设置可用的最大内存值和最小内存值；另一方面是是否强制操作系统保留物理内存空间。

① 打开 SQL Server Management Studio，在【对象资源管理器】窗口中右击要配置的服务器名，在弹出的快捷菜单中选择【属性】选项，打开【服务器属性】窗口，如图 1-37 所示。

② 在【服务器属性】窗口中单击【内存】选项卡，弹出如图 1-38 所示的窗口。

③ 在【服务器属性（内存）】窗口，【最小服务器内存】为 0，该设置有利于在 SQL Server 程序空闲时节省内存。【最大服务器内存】为 2G，实际上是计算机的物理内存大小。由于操作系统和其他应用程序也会占用内存，因此应降低【最大服务器内存】的值。【每次查询占用的最小内存】值一般为计算机物理内存的 1/4，在 SQL Server 程序运行过程中，

用户如果觉得程序运行速度慢，可以人工增大这个数值。

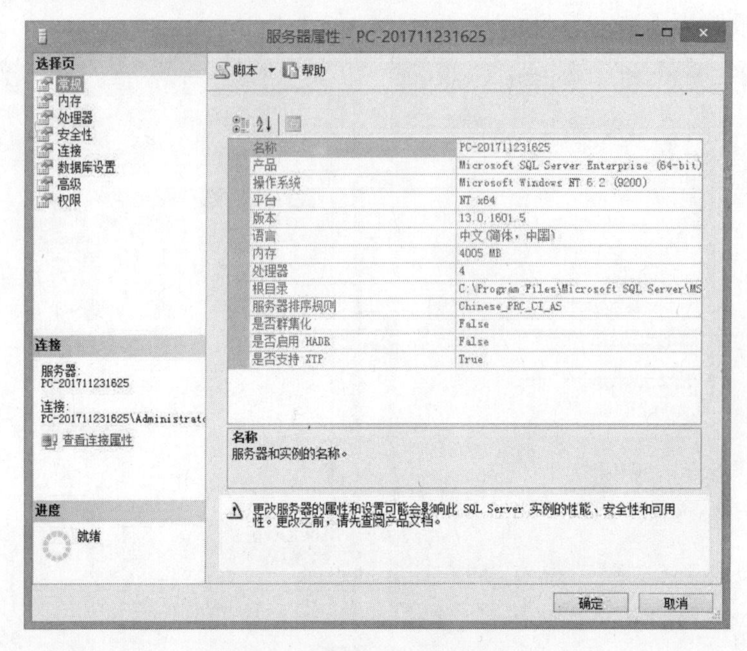

图 1-37 【服务器属性】窗口

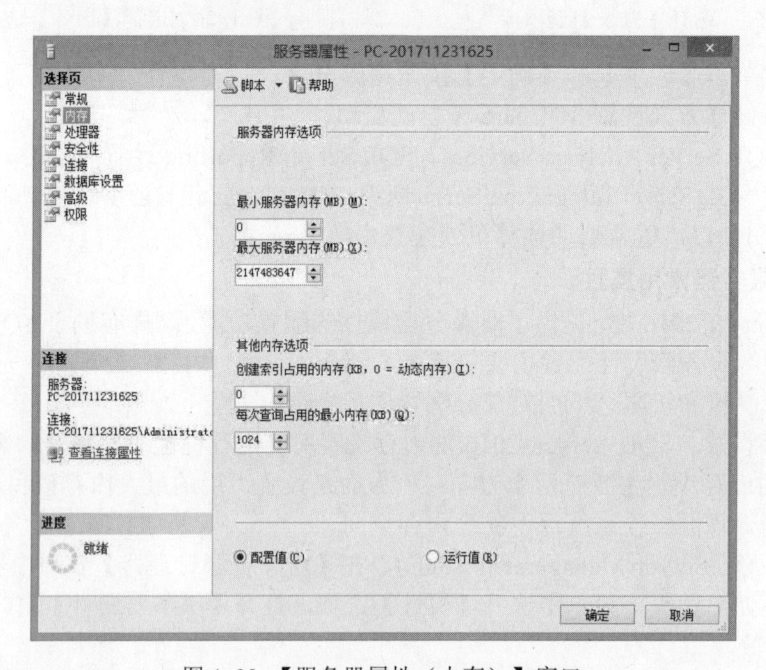

图 1-38 【服务器属性（内存）】窗口

（2）更改服务器认证方式 【服务器属性】窗口的【安全性】用于查看、修改服务器身份验证方式。更改后通常需要重新启动服务，如果从 Windows 验证模式改到混合验证模式，不会自动启用 SA 账户，如果要使用 SA 账户，则需要执行带有 enable 选项的 Alter Login 命令。

① 在【服务器属性】窗口中单击【安全性】选项卡，打开如图 1-39 所示的窗口。

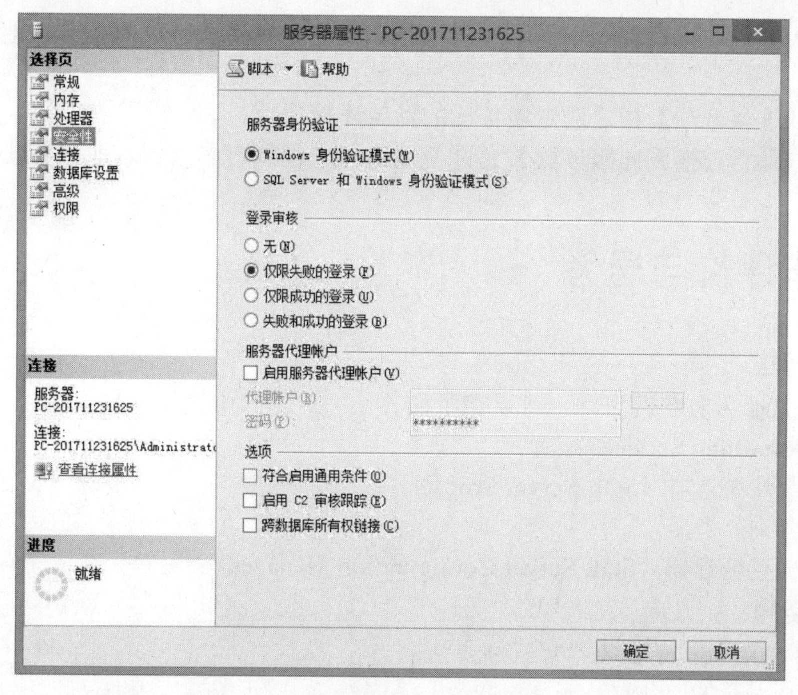

图 1-39 【服务器属性（安全性）】窗口

② 在【服务器身份验证】中选择【SQL Server 和 Windows 身份验证模式】单选按钮。

（3）服务器连接设置 通过使用【服务器属性】窗口【连接】选项卡，用户可以配置与服务器连接期间有关可能发生的事情的各个选项。

① 在【服务器属性】窗口中单击【连接】选项卡，弹出如图 1-40 所示的窗口。

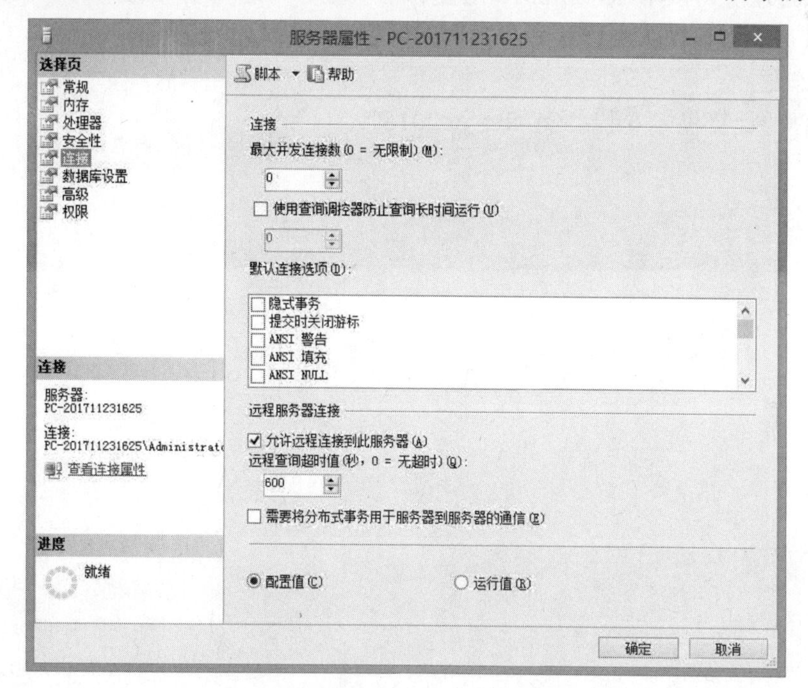

图 1-40 【服务器属性（连接）】窗口

②【最大并发连接数】默认值为 0，表示是无限的并发用户可以连接到本地 SQL Server 服务器。

③【默认连接选项】指定选定服务器的默认连接选项。

④【允许远程连接到此服务器】允许使用远程过程调用连接到本地服务器。

工作评价与思考

一、选择题

1．设置某个服务自动启动，可以在下面（　　）工具中操作实现。

A．Reporting Services 配置

B．事件探查器（SQL Server Profiler）

C．查询分析器

D．配置管理器（SQL Server Configuration Manager）

二、填空题

1．启动 SQL Server 服务器有三种方法：＿＿＿＿＿＿、＿＿＿＿＿＿和＿＿＿＿＿＿。

2．SQL Server 的服务有＿＿＿＿＿、＿＿＿＿＿、＿＿＿＿＿＿和＿＿＿＿＿＿等多种。

3．SQL Server 的身份验证模式有＿＿＿＿＿＿＿＿和＿＿＿＿＿＿＿＿＿。

三、问答题

1．SQL Server Management Studio 的主要用途是什么？

2．SQL Server 配置管理器可以进行哪些操作？

3．什么是服务，SQL Server 2016 主要有哪些服务，这些服务的作用是什么？

4．什么是实例？默认实例和命名实例的区别是什么？

四、操作题

试着在你的计算机中安装 SQL Server 2016。

任务二

创建图书管理数据库

能力目标

- 能够使用 SQL Server Management Studio 创建数据库。
- 能够使用 Transact-SQL（简称 T-SQL）语言创建数据库。
- 能够对数据库查看属性以及进行修改、收缩、删除、分离与附加等操作。

知识目标

- 掌握 SQL Server 数据库的逻辑结构和物理结构。
- 熟悉 Transact-SQL 语言的基本知识。
- 熟悉 SQL Server Management Studio 的使用。

任务导入

某学校图书馆有许多藏书，为了有效地进行管理，需要建立一个图书管理系统。而创建图书管理系统的一项重要工作就是建立图书管理数据库。我们的任务就是按照需要建立一个名字叫做 Library 的图书管理数据库，具体工作任务如下：

（1）创建一个名为 Library 的图书管理数据库，并为它创建一个主数据文件 Library_Data 和一个日志文件 Library_log，存放在 D 盘指定文件夹（该文件夹应事先创建）下，主数据文件初始大小是 5MB，扩展文件时按 10%的幅度增长，没有限制大小。

（2）向图书管理数据库增加一个数据文件，文件名为 Library_Data2，初始大小为 5MB，最大为 50MB，每次自动增长 5MB，该文件也存放在 D 盘指定文件夹下，并将 Library_Data 的初始大小修改为 10MB。

（3）删除图书管理数据库中的数据文件 Library_Data2。

（4）创建一个数据库，各项参数设置采用系统默认值，然后再将其删除。

（5）查看 Library 数据库的属性，注意观察该数据库的所有者及所包含的数据库文件和事务日志文件的设置。

（6）分离 Library 数据库，将其保存在自己的作业文件夹中。

相关知识

一、数据库概述

1．数据库和数据库管理系统的概念

（1）数据库　数据库是存储在计算机系统内的一个通用化的、综合性的、有结构的、可共享的数据集合，具有较小的数据冗余和较高的数据独立性、安全性和完整性。数据库的创建、运行和维护是在数据库系统的控制下实现的，并可以为各种用户共享。

数据库是一个应用的数据存储和处理的系统，它存储的是一个应用领域的有关数据的集合，它独立于开发平台，处于应用系统的后台，能通过共享提供给各种应用或用户使用，并能提供数据完整性控制、安全性控制和并发控制功能。它通常由专门的系统进行管理，管理数据库的系统称为数据库管理系统。

数据库用户通常可以分为两类：一类是批处理用户，也称为应用程序用户，这类用户使用程序设计语言编写应用程序，对数据进行检索、插入、删除和修改等操作，并产生数据输出；另一类是联机用户，或称为终端用户，终端用户使用终端命令或查询语言直接对数据库进行操作，这类用户通常是数据库管理员或系统维护人员。

（2）数据库管理系统　数据库管理系统是一个管理数据库的软件（Data Base Management System，DBMS）。它是数据库系统的核心。DBMS 为用户提供方便的用户接口，帮助和控制每个用户对数据库进行的各种操作。它还提供数据库的定义和管理功能。整个数据库的创建、运行和维护都是在数据库管理系统的控制下实现的。SQL Server 2016 就是一个数据库管理系统。

2．数据库系统的概念

数据库系统是在数据库管理系统支持下运行的一类计算机应用（软件）系统（Database System，DBS）。一个数据库系统通常由 4 部分组成，即数据库、应用程序、数据库管理系统和用户。在一般的数据库系统中，使用通用的数据库管理系统，而数据库和应用程序需要由用户（开发人员）开发。

3．数据库系统的模型

数据库中的数据是高度结构化的，数据库系统的模型是描述数据库中的数据结构形式的。现有的数据库系统模型主要有三种，即层次模型、网状模型和关系模型。目前最常用的数据库都是关系型的。

（1）层次模型　层次模型数据库是以记录为节点构成的树，它把客观事物抽象为一个严格的自上而下的层次关系。在层次关系中，只存在一对多的实体关系，每一个节点表示一个记录类型，节点之间的连线表示记录之间的联系（只能是父子关系），如图 2-1 所示。

层次模型具有以下特点：

① 有且仅有一个根节点无双亲。

② 其他节点有且仅有一个双亲。

（2）网状模型　与层次数据模型相似，网状数据模型也是以记录为数据的存储单元。网状模型是一种去掉层次模型中的两个限制的数据模型，即允许多个节点没有双亲节点，

允许节点有多个双亲节点。图 2-2 是一个典型的网状数据模型。

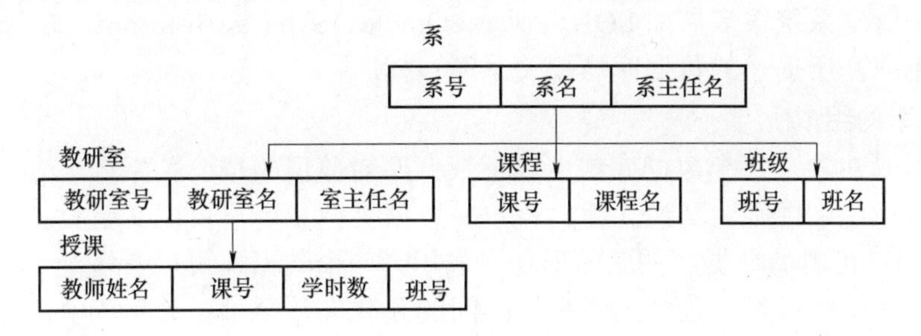

图 2-1 层次数据模型实例

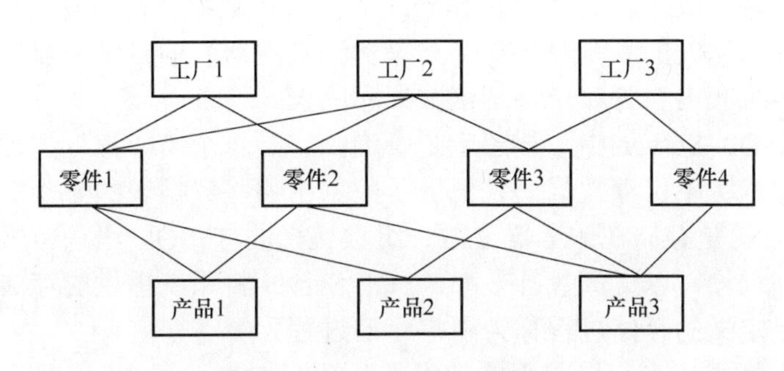

图 2-2 网状数据模型实例

（3）关系模型 关系数据模型是以集合论中的关系（Relation）概念为基础发展起来的数据模型，是用二维表格结构表示的数据模型。

在关系数据模型中，字段称为属性（Attribute），字段的值即为属性值，由属性的集合描述记录，记录称为元组（Tuple），元组的集合称为关系（Relation）或实例（Instance）。从二维表格直观地看，表格的行即为元组，表格的列即为属性。

不同的数据通过不同的二维表格存储，各表之间通过关键字段相关联，构成一定的关系。关系模型既能反映属性之间的一对一关系，也能反映属性之间的一对多和多对多关系，图 2-3 是一个典型的关系模型。

供应厂表S

厂编号	厂名	地址
S01	A厂	广州市
S02	B厂	长春市
S03	C厂	上海市

零件表P

零件号	零件名	规格	存放位置
P01	螺钉	ϕ30	广州
P02	螺母	ϕ22	长春
P03	螺母	ϕ40	上海
P04	螺母	ϕ60	长春

仓库表SP

厂编号	零件号	仓储量
S01	P01	200
S01	P02	200
S02	P03	300
S02	P01	100
S02	P02	200
S03	P02	400

图 2-3 关系模型实例

由关系模型组成的数据库称为关系型数据库，关系型数据库是目前最为流行的数据库，关系型数据库管理系统很多，如 SQL Server、Oracle、Sybase、Informix、Dbase、DB2 等。在以后的叙述中，所提及的数据库均指关系型数据库。

4．数据库的组成

（1）数据库对象　每个数据库都由以下数据库对象所组成：关系图、表、视图、存储过程、用户、角色、规则、默认、用户自定义数据类型和用户自定义函数。

① 关系图：可看做数据库的“图形化”表示，一个数据库可以有多个关系图，也可没有关系图。关系图中可显示包含的表和表之间的关联，甚至可在关系图中定义新的表。

② 表：数据库存放数据的地方，SQL Server 中的表可分为用户表和系统表。用户表是数据库用户创建的表，系统表则是 SQL Server 为了维护数据库而自动创建的表，因此，不要随意修改或删除数据库的系统表。在【对象资源管理器】的目录树窗口中选中数据库下的“表”项目，即可在内容窗口中显示该数据库的表。

③ 视图：在 SQL Server 中，视图就是查询，它是一个“虚拟”的数据表。视图的使用和表相同，但它本身不保存数据，只记录了数据由哪些数据表的哪些字段组成。

④ 存储过程：就是存储在服务器上的一组预编译的 T-SQL 语句。需要经常执行的任务就可定义成存储过程，以提高执行效率。SQL Server 将系统提供的存储过程称为系统存储过程，用户自己定义的存储过程称为用户存储过程。

⑤ 用户：是对数据库有存取权限的使用者；角色是由一个或多个具有相同权限的用户组成的数据库对象。一个数据库可以有多个角色，每个角色可以有不同的使用权限。当数据库中的角色获得某个权限时，角色中的每个用户都同时具有了这个权限。

⑥ 规则：用于检验字段数据有效性，如限制字段数据大于等于 0。

⑦ 默认：用于设置字段的默认值。将默认应用到字段时，如果表中的字段没有指定数据，则使用默认值作为字段数据。

⑧ 用户自定义数据类型：用户根据需要自己定义的数据类型。

⑨ 用户自定义函数：用户根据需要自己定义的函数。

⑩ 全文目录：用于保存数据库中创建的全文索引目录，全文索引是指为实现字符串数据查询而保存的关键词，以及这些词在特定字段中的位置信息。

（2）数据库文件　数据库的存储结构分为逻辑存储结构和物理存储结构两种。

数据库的逻辑存储结构是指数据库是由哪些性质的信息所组成。实际上，SQL Server 的数据库是由诸如表、视图、索引等各种不同的数据库对象所组成。

数据库的物理存储结构是讨论数据库文件是如何在磁盘上存储的。数据库在磁盘上是以文件为单位存储的。SQL Server 2016 将数据库映射为一组操作系统文件，每个数据库文件至少要包含一个数据文件和一个日志文件。数据文件又可分为主数据文件和次要数据文件。

① 主数据文件（Primary Database File）：主数据文件用来存放数据，它是所有数据库文件的起点（包含指向其他数据库文件的指针）。每个数据库都必须包含也只能包含一个主数据文件。主数据文件的默认扩展名为.mdf。例如，图书管理系统的主数据文件名为“Library_data.mdf”。

② 次要数据文件（Secondary Database File）：次要数据文件也用来存放数据。一个数据库中，可以没有次要数据文件，也可以拥有多个次要数据文件。次要数据文件的默认扩

展名为.ndf。设置次要数据文件的好处：一是采用主、辅数据文件来存储数据可以无限制地扩充而不受操作系统文件大小的限制；二是可以将文件保存在不同的硬盘上，提高了数据处理的效率。

以上两种文件在以后的章节中统一称为数据文件。数据文件是 SQL Server 2016 中实际存放所有数据库对象的地方。正确设置数据文件是创建 SQL Server 数据库过程中最为关键的一个步骤，一定要仔细处理。由于所有的数据库对象都存放在数据文件中，所以，数据文件的容量要仔细斟酌。设置数据文件容量的时候，一方面要考虑到未来数据库使用中可能产生的对数据容量的需求，以便为后来增加存储空间留有余地。但另一方面，由于越大的数据文件就需要 SQL Server 腾出越多的空间去管理它，因此，数据文件也不宜设置过大。

③ 日志文件（Transaction Log）：日志文件用来存放事务日志，每个数据库都有一个相关的事务日志，事务日志记录了 SQL Server 所有的事务和由这些事务引起的数据库的变化。由于 SQL Server 是遵守先写日志再进行数据库修改的数据库管理系统，所以，在数据库中数据的任何变化写到磁盘之前，这些改变先在事务日志中做了记录。

每个数据库至少有一个日志文件，也可以拥有多个日志文件。日志文件的默认扩展名为 .ldf，日志文件的大小至少是 512KB。例如，图书管理系统的日志文件名为“Library_log.ldf”。

日志文件是维护数据完整性的重要工具。如果由于某种不可预料的原因使得数据库系统崩溃，但保留有完整的日志文件，那么数据库管理员仍然可以通过日志文件完成数据库的恢复与重建。

（3）文件组　为了更好地实现数据文件的组织，从 SQL Server 5.0 开始引入了文件组（File Group）的概念，即可以把各个数据文件组成一个组，对它们的整体进行管理。通过设置文件组，可以有效地提高数据库的读写速度。例如：有三个数据文件分别存放在三个不同的物理驱动器上（C 盘、D 盘、E 盘），将这三个文件组成一个文件组。在创建表时，可以指定将表创建在文件组上，这样该表的数据就可以分布在三个盘上。当对该表执行查询操作时，可以并行操作，大大提高了查询效率。

SQL Server 2016 提供三种文件组类型，分别是主文件组（Primary）、用户定义文件组（User_defined）和默认文件组（Default）。

① 主文件组：包含主数据文件和所有没有被包含在其他文件组里的次要数据文件。数据库的系统表都被包含在主文件组里。

② 用户定义文件组：指由用户创建的文件组，用户在创建和修改数据库时可以用指定数据文件的文件组。它包含所有在使用 CREATE DATABASE 或 ALTER DATABASE 时使用 FILE GROUP 关键字来进行约束的文件。

③ 默认文件组：容纳所有在创建时没有指定文件组的表、索引以及 text、ntext、image 数据类型的数据。任何时候都只能有一个文件组被指定为默认文件组。数据库创建后，如果没有使用 ALTER DATABASE 语句进行修改，主文件组就是默认文件组。

在创建数据库文件组时，必须遵循以下规则：

- 一个文件或文件组只能被一个数据库使用。
- 一个数据库文件只能属于一个文件组。
- 日志文件不能被加入文件组中，即文件组只包含主数据文件和次要数据文件。

二、Transact-SQL 语言简介

SQL 是结构化查询语言（Structured Query Language）的英文缩写，它最早由雷蒙德·博伊斯（Raymond Boyce）和唐纳德·钱伯林（Donald Chamberlin）提出，经 IBM 的数据库管理系统 System R 的实现，逐步发展成为关系型数据库的标准语言。1986 年，美国国家标准局（ANSI）的数据库委员会批准了 SQL 作为关系数据库的美国标准，并公布了 SQL 标准文本（简称 SQL-86）。1987 年，国际标准化组织（ISO）也通过了这一标准。此后经过不断的修改、扩充和完善，公布了 SQL-89、SQL-92 和 SQL-99（亦称 SQL3）等版本。

1. SQL 语言的特点

（1）高度非过程化　SQL 是非过程化的语言，使用 SQL 语言进行数据操作，只需提出要做什么，无须指明怎么做，大大减轻了用户负担，提高了数据独立性。

（2）面向集合的操作方式　SQL 语言采用集合操作方式，操作对象、查找结果都可以是元组的集合（记录集），一次插入、更新操作的对象等也可以是元组的集合。

（3）综合统一　SQL 语言集数据定义、数据操纵、数据查询和数据控制等功能于一体，语言风格统一，可以独立完成数据库生命周期中的全部活动，包括定义关系模式，建立数据库，插入、删除、更新数据，查询、维护、数据库重构和数据库安全性控制等一系列操作要求，为数据库应用开发提供了良好的环境。

（4）支持客户机/服务器（Client/Server）和浏览器/服务器（Browser/Server）结构　C/S 和 B/S 结构是目前计算机应用系统的发展趋势和常用的结构，SQL 语言可以应用于建立 C/S 和 B/S 结构的数据应用系统。

（5）简洁直观　SQL 语言类似于人类的自然语言，因而容易学习和掌握，编写的程序简单直观，易于维护。

2. Transact-SQL 语言

Transact-SQL（简称 T-SQL）是微软对 SQL 语言的具体实现和扩展，具有 SQL 的主要特点，同时增加了变量、运算符、函数、流程控制语句、事务控制语句和注释等语言要素，使其功能更加强大。通过 T-SQL 语言可以完成对 SQL Server 数据库的各种操作，进行数据库应用开发。T-SQL 语言是一种交互式的查询语言，具有功能强大、简单易学的特点，它既可以在 SQL Server 中直接执行，也可以嵌入其他高级程序设计语言中使用。

T-SQL 语言主要由以下 4 部分组成：

（1）数据定义语句（DDL）　用于创建和修改数据库结构的语句，包括 CREATE、DROP、ALTER 等语句。

（2）数据操纵语句（DML）　用于数据查询、插入、修改和删除等操作语句，包括 SELECT、INSERT、UPDATE 和 DELETE 等语句。

（3）数据控制语句（DCL）　用于控制数据库的访问权限和控制游标，包括 GRANT 和 REVOKE 等语句。

（4）附加的语言要素　附加的语言要素是为了编写脚本而增设的语言要素，包括变量、运算符、函数、流程控制语句、事务控制语句和注释等。

三、有关数据库管理的 T-SQL 语句

在 SQL Server 中，既可以利用图形方式建立数据库，也可以使用 T-SQL 语言建立数据库。

1．建立数据库的命令语句 CREATE DATABASE

语法格式：

```
ON  [PRIMARY]
 [(NAME=logical_file_name,
   FILENAME='os_file_name'
   [,SIZE=size]
   [,MAXSIZE={max_size|UNLIMITED}]
   [,FILEGROWTH=growth_increment] ])[,…n]
   [,FILEGROUP filegroup_name]
LOG ON
   [ (NAME=logical_file_name,
   FILENAME='os_file_name'
   [,SIZE=size]
   [,MAXSIZE={max_size|UNLIMITED}]
   [,FILEGROWTH=growth_increment]] )[,…n]
<filegroupspec>::=FILEGROUP filegroup_name <filespec> [,…n]
```

参数说明：

- database_name：数据库的名称，最长为 128 个字符。
- ON：指定存放数据库的数据文件信息。
- PRIMARY：该选项是一个关键字，指定主文件组中的文件。
- LOG ON：指定生成事务日志文件的地址和文件长度。
- NAME：指定数据库的逻辑名称，这是在 SQL Server 系统中使用的名称，是数据库在 SQL Server 中的标识符。
- FILENAME：指定数据文件的物理文件名，包括路径和文件名称。
- SIZE：指定数据库的初始容量大小，默认为 1MB。
- MAXSIZE：指定操作系统文件可以增长到的最大尺寸，如果没有指定，则文件可以不断增长直到充满硬盘。
- FILEGROWTH：指定文件每次增加容量的大小，当指定数据为 0 时，表示文件不增长。
- UNLIMITED：指明<filespec>中定义的文件的增长无容量限制。

注意：数据库对象的名称即为其标识符。SQL Server 2016 中的所有内容都可以有标识符。对象标识符是在定义对象时创建的。常规标识符的格式规则要求第一个字符必须是下列字符之一：Unicode 标准 3.2 所定义的字母，包括拉丁字符 a～z 和 A～Z、其他语言的字母符号、下画线（_）、@符号或者数字符号（#）。不允许嵌入空格或其他特殊字符。

2．修改数据库的命令语句 ALTER DATABASE

使用 T-SQL 语句修改数据库，需要使用 ALTER DATABASE 命令，其语法格式如下：

```
ALTER DATABASE databasename
    {ADD FILE<filespec>[,…n] [to filegroup filegroupname]
    |ADD LOG FILE <filespec>[,…n]
    |REMOVE FILE logical_file_name [with delete]
    |MODIFY FILE <filespec>
    |MODIFY NAME=new_databasename
    |ADD FILEGROUP filegroup_name
    |REMOVE FILEGROUP filegroup_name
    |MODIFY FILEGROUP filegroup_name {filegroup_property|name= new_filegroup_name } }
```

参数说明：

- ADD FILE：指定要添加新的数据文件。
- ADD LOG FILE：指定添加新的日志文件。
- REMOVE FILE：从数据库系统表中删除文件描述并删除物理文件。只有在文件为空时才能删除。
- ADD FILEGROUP：指定要添加的文件组。
- REMOVE FILEGROUP：从数据库中删除文件组并删除该文件组中的所有文件。只有在文件组为空时才能删除。
- MODIFY FILE：指定要更改给定的文件，更改选项包括 FILENAME、SIZE、FILEGROWTH 和 MAXSIZE。一次只能更改这些属性中的一种。必须在<filespec>中指定 NAME，以标识要更改的文件。如果指定了 SIZE，那么新文件必须比文件当前大小要大。只能为 tempdb 数据库中的文件指定 FILENAME，而且新名称只有在 Microsoft SQL Server 重新启动后才能生效。
- MODIFY NAME：重命名数据库。
- MODIFY FILEGROUP：修改指定文件组的属性。

3．打开数据库的命令语句 USE

语法格式：

```
USE 数据库名
```

4．删除数据库的命令语句 DROP DATABASE

使用 T-SQL 语句删除数据库，需要使用 DROP DATABASE 语句，语法如下：

```
DROP   DATABASE   数据库名   [,…n]
```

5．收缩指定数据库命令语句 DBCC SHRINKDATABASE

语法格式：

```
DBCC SHRINKDATABASE
    ( database_name [ , target_percent ]
    [ , { NOTRUNCATE | TRUNCATEONLY } ]
    )
```

参数说明：

- database_name：要收缩的数据库名称。数据库名称必须符合标识符的规则。
- target_percent：数据库收缩后的数据库文件中所要的剩余可用空间百分比。
- NOTRUNCATE：导致在数据库文件中保留所释放的文件空间。如果未指定，将所释放的文件空间释放给操作系统。
- TRUNCATEONLY：导致将数据文件中的任何未使用的空间释放给操作系统，并将文件收缩到上一次所分配的大小，从而缩小文件，而不移动任何数据。不要试图重新定位未分配页的行。使用 TRUNCATEONLY 时，忽略 target_percentis。

6．收缩文件命令语句 DBCC SHRINKFILE

语法格式：

```
DBCC SHRINKFILE
  ( { file_name | file_id }
  { [ , target_size ]
  | [ , { EMPTYFILE | NOTRUNCATE | TRUNCATEONLY } ]
  }
  )
```

参数说明：

- file_name：已收缩文件的逻辑名称。文件名必须符合标识符的规则。
- file_id：要收缩文件的标识（ID）号。若要获得文件 ID，则使用 FILE_ID 函数或在当前数据库中搜索 sysfiles。
- target_size：用兆字节表示的所要收缩的文件大小（用整数表示）。如果没有指定，DBCC SHRINKFILE 将文件缩小到默认文件大小。

如果指定 target_size，DBCC SHRINKFILE 将试图将文件收缩到指定大小。将要释放的文件部分中的已使用页，将重新定位到保留的文件部分中的可用空间。DBCC SHRINKFILE 不会将文件收缩到小于存储文件中的数据所需要的大小。

- EMPTYFILE：将所有数据从指定文件中迁移到同一文件组中的其他文件。Microsoft SQL Server 不再允许将数据放在用于 EMPTYFILE 选项的文件上。该选项允许使用 ALTER DATABASE 语句除去文件。
- NOTRUNCATE：导致将释放的文件空间保留在文件中。
- TRUNCATEONLY：导致文件中的任何未使用的空间释放给操作系统，并将文件收缩到上一次分配的大小，从而缩小文件，而不移动任何数据。

任务实施

一、创建图书管理数据库 Library

打开 SQL Server Management Studio 的“数据库”目录，可以看到 SQL Server 2016 中的系统数据库和示例数据库。

在开发应用程序时，用户应创建一个新的数据库，这样便于维护和调用。创建数据库的过程实际上就是为数据库设计名称、定义数据库所占用的存储空间和数据库存放位置的过程。这也是 SQL Server 2016 复制模板数据库到一个新数据库名的过程，这个过程复制模板数据库中的所有条目（表、视图、存储过程、触发器、用户自定义数据类型、用户自定义函数、索引、规则、默认值等）。

创建数据库通常有两种方式：一种是使用 SQL Server Management Studio 创建，另一种是使用 Transact-SQL 语句创建。

1. 使用 SQL Server Management Studio 创建数据库

在创建数据库之前应考虑好谁将成为数据库的拥有者、数据库的名称、数据库的大小，以及数据库文件存放的位置等。

（1）依次选择【开始】→【程序】→【Microsoft SQL Server 2016】→【SQL Server Management Studio】命令，打开 SQL Server Management Studio 窗口。

（2）在【连接到服务器】对话框中，设置服务器类型、服务器名称和身份验证方式，并单击【连接】按钮，连接到 SQL Server 2016 数据库实例，如图 2-4 所示。

注意：这里服务器类型选择【数据库引擎】，服务器名称选择你所使用的服务器名称，身份验证选择【Windows 身份验证】。

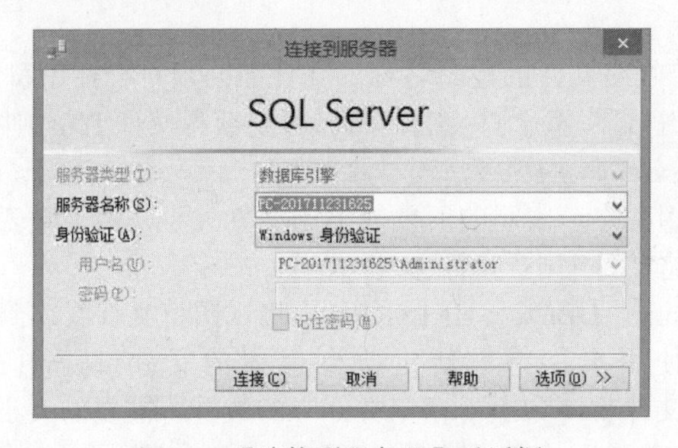

图 2-4 【连接到服务器】对话框

（3）将【对象资源管理器】窗格的树形结构展开，选择【数据库】节点并右击，在弹出的快捷菜单中选择【新建数据库】命令，如图 2-5 所示。

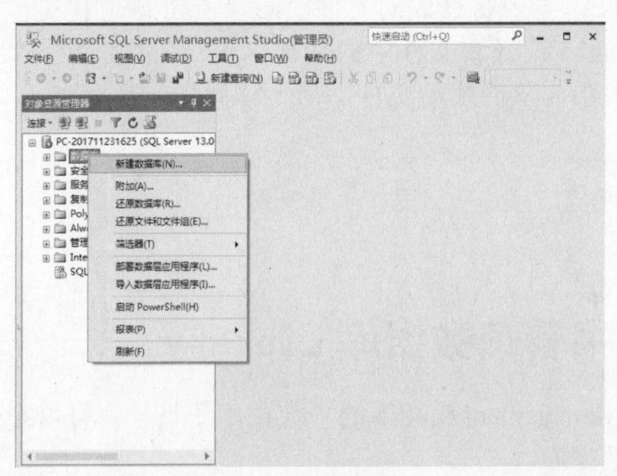

图 2-5 在 SQL Server Management Studio 中创建数据库

（4）【新建数据库】窗口有【常规】、【选项】、【文件组】三个选项卡，在【常规】选项卡上的【数据库名称】文本框中输入数据库的名称“Library”，系统自动生成数据文件Library.mdf和日志文件Library_log.ldf，并设定了文件类型、文件组名称、初始大小、自动增长方式和存储路径，如图2-6所示。

注意：所有的数据文件都会拥有两个文件名，即逻辑文件名和物理文件名。逻辑文件名是在Transact-SQL语句中引用数据库文件时所使用的名称。系统生成的数据文件即为逻辑文件名，在数据库中逻辑文件名必须是唯一的。物理文件名是包括路径在内的数据库文件名（在Windows操作系统中使用）。

数据文件和日志文件的初始大小、自动增长方式和存储路径都是可以改变的。

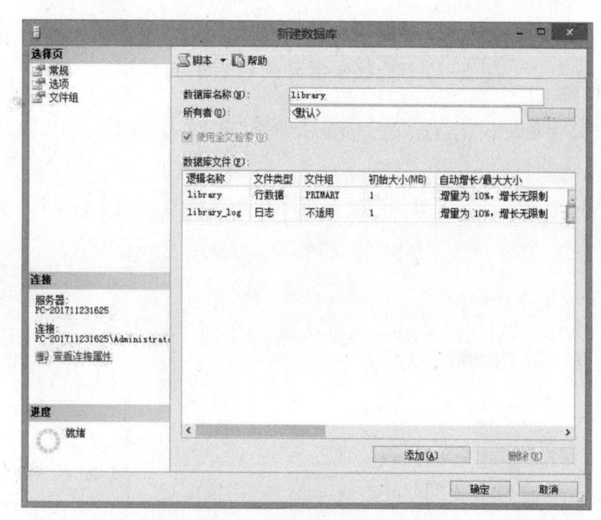

图2-6 【新建数据库】窗口

文件属性可以按照如下的描述进行选择。

① 指定文件如何增长。

- 当需要更多的数据空间时，若要允许当前的文件增长，选中【启用自动增长】复选框。
- 若指定文件按固定步长增长，选择【按MB】单选按钮，并指定一个值。
- 若指定文件按当前大小的百分比增长，选择【按百分比】单选按钮，并指定一个值。

② 指定文件大小的限制。

- 若允许文件按需求增长，选择【不限制文件增长】单选按钮。
- 若指定允许文件增长到的最大值，选择【限制文件增长（MB）】单选按钮，并指定一个值。

③ 改变文件的存储路径。

数据文件和日志文件的存储路径默认保存在Microsoft SQL Server的“MSSQL\data”文件夹下，如果需要存放在指定的文件夹下如“D:\TSGL”，则需要事先建立该文件夹，然后单击存储路径的【...】按钮，从中进行选择。

（5）在【所有者】下拉列表框中可以选择数据库的所有者，数据库的所有者是对数据库有完全操作权限的用户。默认值表示当前登录Windows系统的是管理员账户。可以更改所有者，单击【...】按钮，打开【选择数据库所有者】对话框，再单击【浏览】按钮，在打开的【查找对象】对话框中选择登录对象 sa 作为数据库的所有者，如图 2-7 所示。

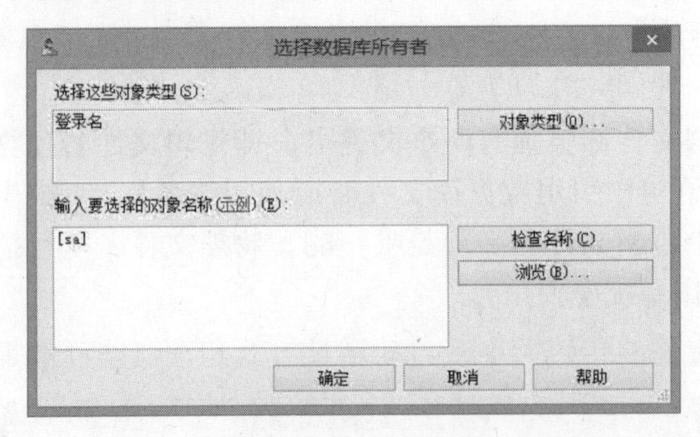

图 2-7 【选择数据库所有者】对话框

（6）可以打开【选项】选项卡，选择排序规则和恢复模式。也可以打开【文件组】选项卡，添加新的文件组。

（7）单击【确定】按钮，在【数据库】的树形结构中可以看到新建的数据库 Library。数据库的名称最长为 128 个字符，不区分大小写。如图 2-8 所示。

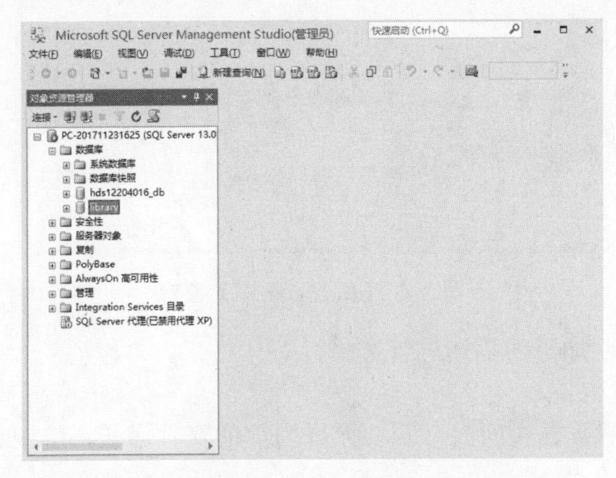

图 2-8　创建了一个新的数据库 Library

2. 使用 CREATE DATABASE 创建数据库

CREATE DATABASE 语句是 Transact-SQL 创建数据库的方法。CREATE DATABASE 语句在执行过程中自动创建数据文件和日志文件。具体操作方法如下：

（1）打开 SQL Server Management Studio 窗口。

（2）在【标准】工具栏上单击【新建查询】按钮，系统弹出 SQL 编辑器窗口，如图 2-9 所示。

（3）在光标处开始输入创建数据库的 T-SQL 语句。

（4）单击工具栏中的【调试】按钮，检查语法错误，如果通过，在结果窗口中显示“命令已成功完成”提示信息。

（5）单击【执行】按钮，则 SQL 编辑器提交 T-SQL 语句，然后发送到服务器，并返回执行结果。在查询窗口中会看到相应的提示信息。刷新【对象资源管理器】后可以看到已建立的数据库。

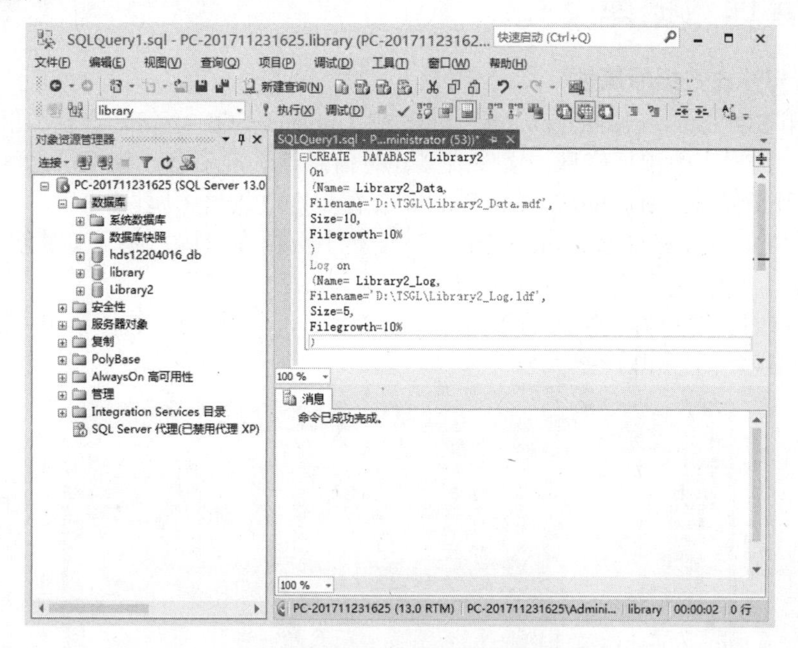

图 2-9 用命令方式创建数据库

【训练 2-1】在查询编辑器窗口中创建 Library2 数据库。

```
CREATE  DATABASE  Library2
On
(Name= Library2_Data,
Filename='D:\TSGL\Library2_Data.mdf',
Size=10,
Filegrowth=10%
)
Log on
(Name= Library2_Log,
Filename='D:\TSGL\Library2_Log.ldf',
Size=5,
Filegrowth=10%
)
```

执行这个例子，将在 D 盘 TSGL 文件夹下（该文件夹前面已经建立）创建主数据文件 Library2_Data.mdf 和日志文件 Library2_log.ldf，主数据文件的初始大小为 10MB，按百分比方式增长，每次增长 10%。服务器返回结果如下：

```
命令已成功完成。
```

作为练习，请在 D 盘 ls 文件夹下创建主数据文件为 xsgl.mdf 和日志文件为 xsgl.ldf，主数据文件的初始大小为 2MB，按百分比方式增长，每次增长 10%的 xsgl 数据库。

二、管理数据库

1. 查看与修改数据库属性

可以利用 SQL Server Management Studio 或 Transact-SQL 语句来查看和修改数据库的各种信息，如数据库的常规信息、文件或文件组信息、选项信息、权限信息等。

（1）使用 SQL Server Management Studio 查看和修改数据库属性

① 启动 SQL Server Management Studio，连接上数据库实例，展开【对象资源管理器】中的树形目录，定位到要修改的数据库上。

② 用鼠标右击要查看或修改的数据库，如 Library，在弹出的快捷菜单上选择【属性】命令，就会出现如图 2-10 所示的属性窗口。

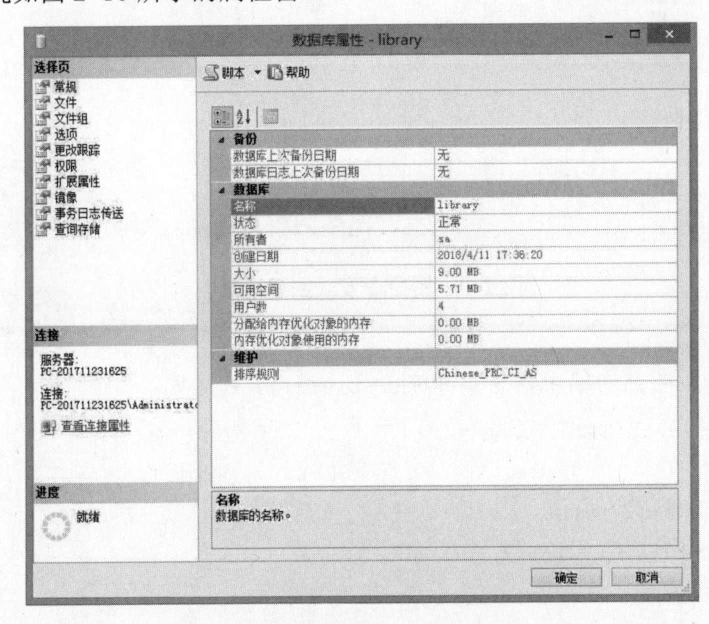

图 2-10 【数据库属性-Library】窗口

在【常规】选项卡中，列示了数据库的名称、所有者、创建日期、文件大小等信息。在【文件】选项卡中可以看到已创建的数据文件和日志文件。

③【常规】选项卡中列示的数据库基本信息是不能修改的。但是【文件】、【文件组】、【选项】、【权限】等其他选项卡对数据库中的许多信息可以进行修改和设置。

- 可以在【文件】和【文件组】选项卡中修改和增加数据库的数据文件和日志文件，包括修改数据库的所有者、更改数据库文件的大小和自动增长值等。
- 可以在【选项】选项卡中设置和修改数据库的排序规则和故障恢复模式。
- 可以在【权限】选项卡中查看和设置数据库安全对象的权限。

【训练 2-2】在 Library 数据库中添加一个辅助数据文件。

在【数据库属性-Library】对话框中单击【文件】选项卡，然后单击【添加】按钮，此时就增加了一个辅助数据文件，如图 2-11 所示。输入该文件的名称，确定该文件的大小、增长方式以及存储路径。单击【确定】按钮，完成辅助数据文件的添加工作。

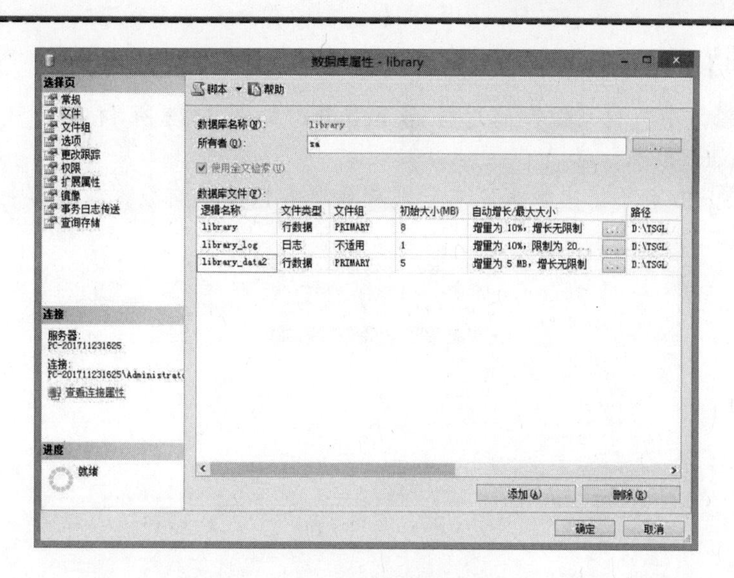

图 2-11 添加辅助数据文件

（2）使用 Transact-SQL 语句查看和修改数据库属性

① 启动 SQL Server Management Studio，打开 SQL 编辑器窗口。

② 在 SQL 编辑器窗口中使用 T-SQL 语句查看和修改数据库。

【训练 2-3】使用 ALTER DATABASE 命令修改数据库名称 Library 为 xsmanage。

```
ALTER DATABASE library2
MODIFY   NAME = xsmanage
```

在查询编辑器中输入以上语句，执行效果如图 2-12 所示。

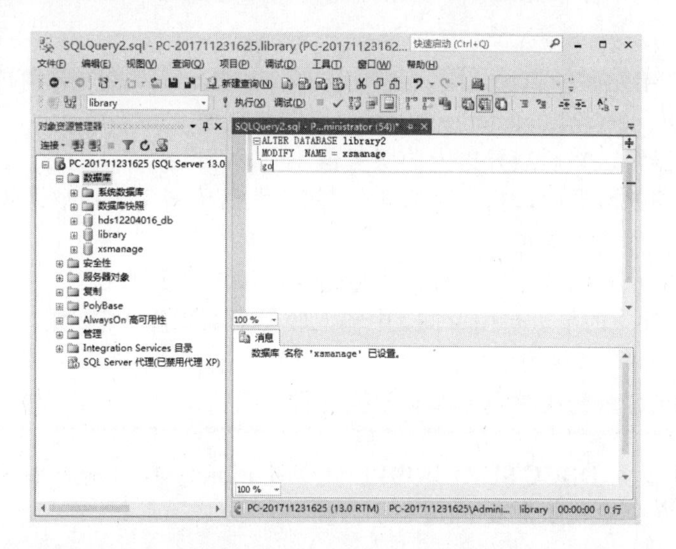

图 2-12 使用 ALTER DATABASE 命令修改数据库名称

【训练 2-4】利用系统存储过程 sp_helpdb 查看 Library 数据库的信息。

在查询编辑器中执行系统存储过程 sp_helpdb，如图 2-13 所示。

```
sp_helpdb  library
```

如果 sp_helpdb 后不给出数据库名，则查看服务器上所有数据库的信息。

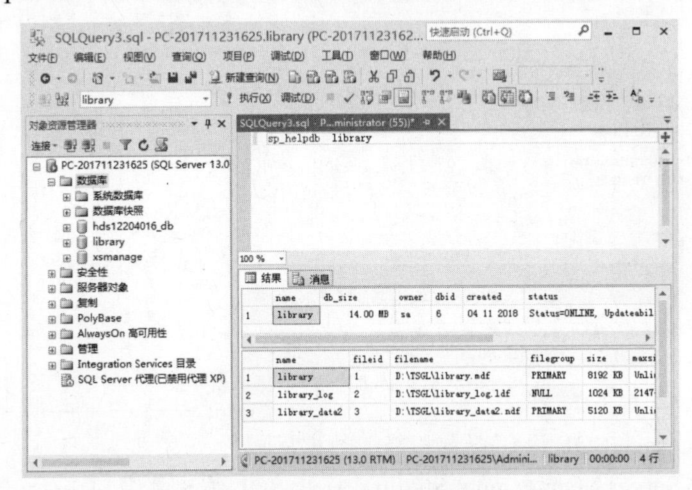

图 2-13　利用存储过程查看数据库 Library 的信息

2．收缩数据库

SQL Server 允许压缩数据库中的每个文件，以删除未使用的页。当数据库中没有数据的时候，用户可以直接修改文件的属性改变其占用空间，但当数据库中有数据的时候，这样做会破坏数据。

注意：数据库压缩并不能把一个数据库压缩到比它创建时还小，即使数据库中的数据都删除了也不行。

可以设置为按给定时间自动压缩，也可以手工压缩。手工压缩有两种方式：

（1）使用 SQL Server Management Studio 压缩数据库

① 展开服务器组，然后展开指定的服务器。

② 右击要收缩的数据库，指向【所有任务】，然后单击【收缩数据库】命令。

③ 要指定数据库的收缩量。

④ 如果要收缩个别的数据库文件，则单击【收缩文件】命令。

在“收缩后文件中的最大可用空间”中输入收缩后数据库中剩余的可用空间量。以“数据库大小，可用空间”值作为依据。

（2）使用 DBCC 语句压缩数据库和数据文件

【训练 2-5】使用 DBCC SHRINKFILE 命令将 Library 数据库文件缩小到 1MB。

在查询编辑器中输入如下命令：

```
USE library
Go
DBCC SHRINKFILE (library,1)
```

3. 分离与附加数据库

（1）分离数据库　当用户数据库需要更改到同一台计算机的不同 SQL Server 2016 实例时，或者需要移动用户数据库时，就需要将数据库从当前实例中分离出来，然后再附加到其他实例中。分离数据库的具体步骤如下：

① 打开 SQL Server Management Studio 并连接到数据库实例。

② 在【对象资源管理器】窗口中展开数据库实例下的数据库项。

③ 选中需要分离的数据库，并右击。

④ 在弹出的快捷菜单中选择【任务】→【分离】命令，打开【分离数据库】对话框，如图 2-14 所示。

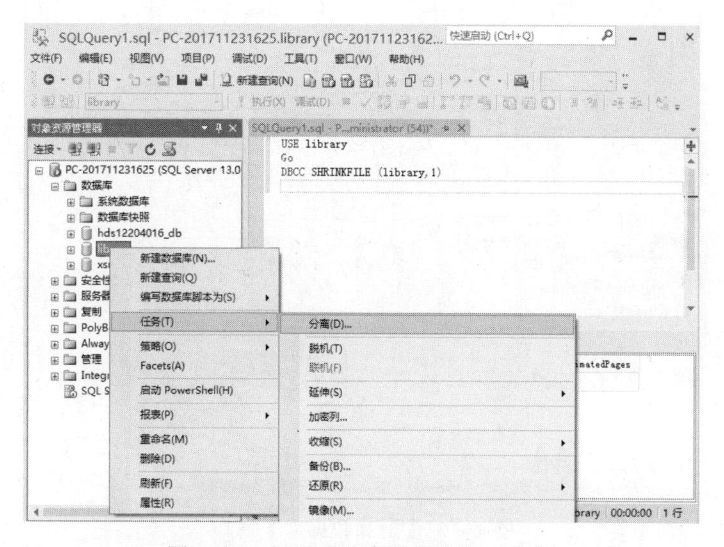

图 2-14　打开【分离数据库】对话框

要分离的数据库列表框中的数据库名称栏中显示了所选数据库的名称。在列表框中还有其他数据项。

⑤ 默认情况下，分离操作将在分离数据库时保留过期的优化统计信息；如果要更新现有的优化统计信息，可启用【更新统计信息】复选框。

⑥ 在【状态】栏中如果显示“未就绪”，则【消息】栏将显示有关数据库的超链接信息。在可以分离数据库之前，必须启用【删除连接】复选框来断开与所有活动链接的连接。若强行分离，则会出现错误提示，如图 2-15 所示。

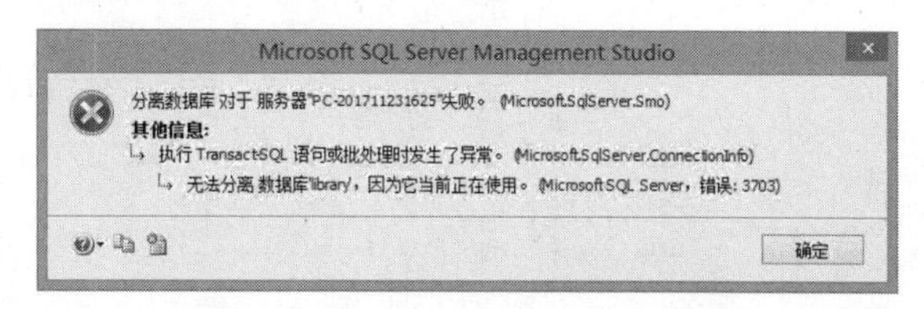

图 2-15　在数据库连接状态下分离数据库的错误提示

⑦ 如果【状态】栏显示“就绪”，表示可以正常分离。设置完毕后，单击【确定】按钮。分离成功后，在【对象资源管理器】中将不会出现被分离的数据库。

（2）附加数据库　在 SQL Server 中，用户可以在数据库实例上附加被分离的数据库。

附加时数据库引擎会启动数据库。通常情况下，附加数据库时会将数据库重置为分离时的状态。附加数据库的具体步骤如下：

① 打开 SQL Server Management Studio 并连接到数据库实例。

② 在【对象资源管理器】窗口中选中数据库实例下的数据库项，并右击。

③ 在弹出的快捷菜单中选择【附加数据库】命令，打开【附加数据库】窗口，如图 2-16 所示。

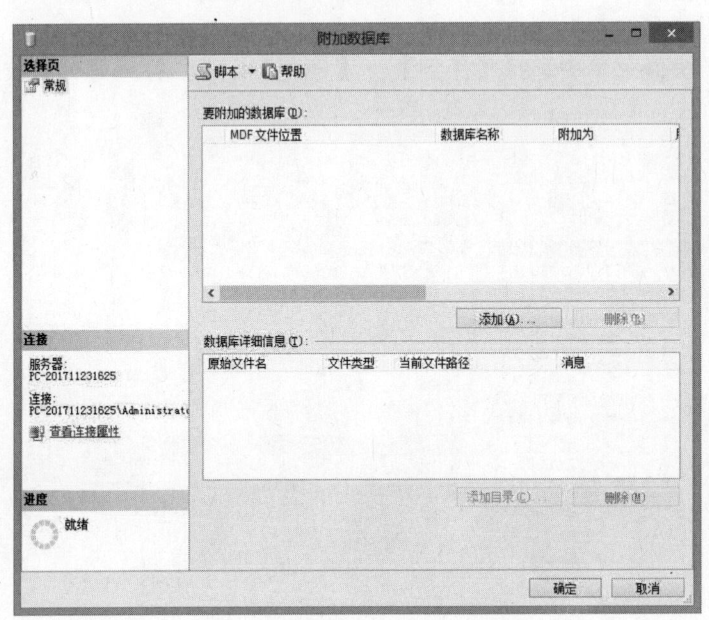

图 2-16 【附加数据库】窗口

④ 在【附加数据库】窗口中，单击【添加】按钮，打开【定位数据库文件】对话框，如图 2-17 所示。

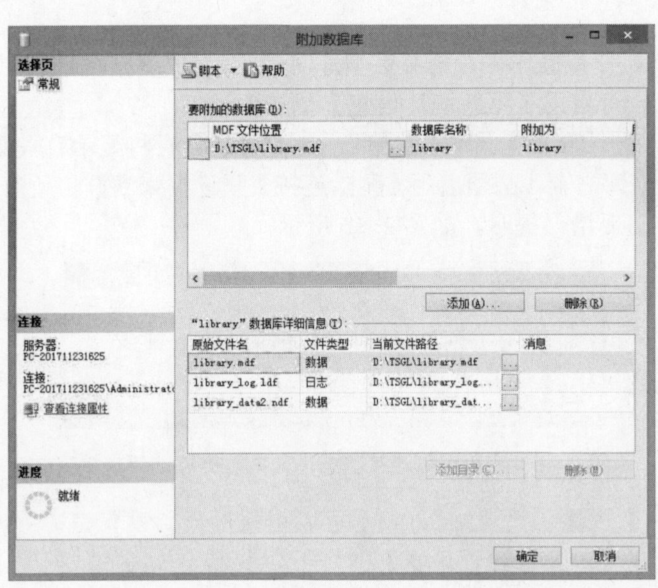

图 2-17 添加要附加的数据库文件

⑤ 在【定位数据库文件】对话框中选择数据库所在的磁盘驱动器并展开目录树定位到数据库的.mdf 文件。如果需要为附加的数据库指定不同的名称，可以在【附加为】栏中输入名称。

如果需要更改所有者，可以在【所有者】栏中选择其他项，以更改数据库的所有者。

⑥ 设置完毕后，单击【确定】按钮。附加成功后，在【对象资源管理器】中将会出现被附加的数据库。

4．删除与更名用户数据库

当用户数据库及其中的数据失去利用价值以后，可以删除数据库以释放被占用的磁盘空间。删除一个数据库会删除数据库所有的数据和该数据库所使用的所有磁盘文件。删除之后如果再想恢复是比较麻烦的，必须从备份中恢复数据库，或通过它的日志文件。所以，删除数据库之前应格外小心。

（1）在 SQL Server Management Studio 中删除数据库　在 SQL Server Management Studio 中删除数据库只需展开【数据库】目录，用鼠标右击要删除的数据库，在弹出的快捷菜单中选择【删除】命令，打开【删除对象】窗口，如图 2-18 所示。再单击【确定】按钮，执行删除操作。数据库删除成功后，在【对象资源管理器】中将不会出现被删除的数据库。

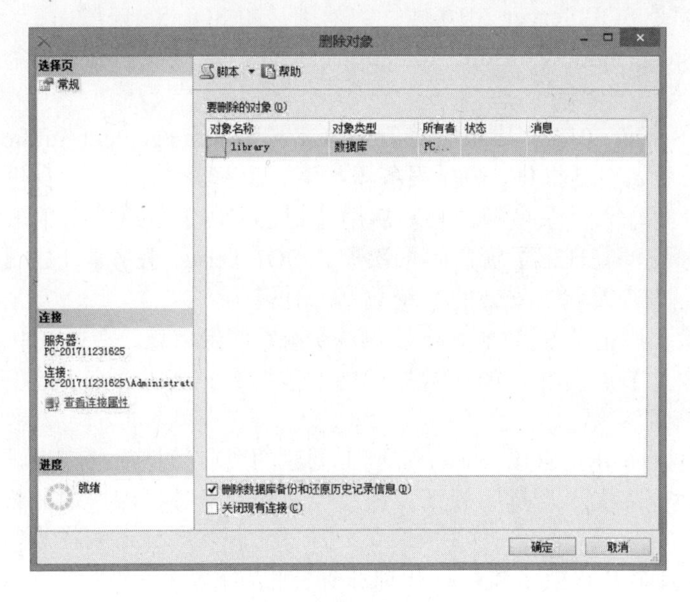

图 2-18 【删除对象】窗口

（2）使用 Transact-SQL 语句删除数据库

【训练 2-6】 使用 T-SQL 语句删除一个示例数据库 xsmanage。

```
DROP DATABASE xsmanage
```

当数据库处于以下三种情况之一，不能被删除：

① 当用户正在使用此数据库时。

② 当数据库正在被恢复还原时。

③ 当数据库正在参与复制时。

注意：系统数据库不能被删除。

（3）数据库更名

在重命名数据库之前，应该确保没有用户使用该数据库，而且数据库应该设置为【单用户】模式。

利用系统存储过程 sp_renamedb 可以修改数据库的名字，语法结构如下：

```
sp_renamedb   @ old_name , @newname
```

【训练 2-7】将 Library2 数据库更名为 Library_temp。

```
EXEC sp_renamedb  Library2,  Library_temp
```

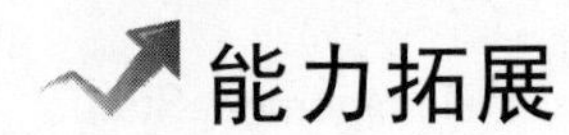

能力拓展

查看 SQL Server 2016 系统数据库

系统数据库是指随安装程序一起安装、用于协助 SQL Server 2016 系统共同完成管理操作的数据库，它们是 SQL Server 2016 运行的基础。随 SQL Server 2016 一起安装的有 4 个系统数据库：master、model、msdb、tempdb 数据库。这里我们需要了解系统数据库包含的表和内容。

（1）从 SQL Server 2016 程序组中打开 SQL Server Management Studio。

（2）连接到服务器对话框中，选择服务器类型、服务器名称，设置身份验证方式为 SQL Server 身份验证，再输入登录名和密码，启用【记住密码】复选框后单击【连接】按钮。

（3）从【对象资源管理器】窗口中依次展开 SQL Server 服务器下的【数据库】→【系统数据库】节点，来查看默认安装的系统数据库列表。

（4）master 数据库记录 SQL Server 实例的所有系统级信息。在列表中展开【master】→【表】→【系统表】节点查看 master 数据库中的数据表。单击表名再展开列节点，可看到表中所包含的列信息。

（5）model 数据库用于 SQL Server 实例上创建的所有数据库的模板。对 model 数据库进行的修改（如数据库大小、排序规则、恢复模式和其他数据库选项）将应用于以后创建的所有数据库。

（6）msdb 数据库用于 SQL Server 代理计划警报和作业。

（7）tempdb 数据库是一个工作空间，用于保存临时对象或中间结果集。

工作评价与思考

一、选择题

1．下列哪个数据库文件对创建和正常使用数据库是必不可少的（　　）。

A．日志文件　　　　B．主数据文件

C．次要数据文件　　D．安装程序文件

2．在 SQL Server 2016 中，事务日志文件的后缀是（　　）。

A．.mdf　　B．.ndf　　C．.ldf　　D．.mdb

3．SQL Server 默认的系统管理员是（　　）。

A．user　　B．me　　C．owner　　D．sa

4．SQL Server 所采用的 SQL 语言称为（　　）。

A．A-SQL　　B．T-SQL　　C．S-SQL　　D．C-SQL

5．对应于三种类型的数据库文件，SQL Server 建议采用的文件扩展名是（　　）。

A．.mdf，.ndf，.ldf　　B．.mdf，.cdf，.idf

C．.cdf，.ndf，.idf　　D．.cdf，.idf，.ldf

6．在新建一个数据库的时候，系统是以（　　）为模板来建立新的数据库。

A．master 数据库　　B．model 数据库

C．tempdb 数据库　　D．msdb 数据库

7．在通常情况下，下列哪个事物不是数据库对象？（　　）

A．View　　B．Table　　C．Rule　　D．Word

8．下列哪个数据库是可以在运行 SQL Server 过程中被删掉的？（　　）

A．master　　B．model　　C．tempdb　　D．northwind

9．删除已创建的数据库，使用的 T-SQL 语句是（　　）。

A．DROP　database1　　B．DROP DATABASE　database1

C．DELETE　database1　　D．DELETE DATABASE　database1

10．选择要操作的数据库，应该使用（　　）命令。

A．USE　　B．GO　　C．EXEC　　D．DB

二、填空题

1．数据库系统模型主要有__________、__________、__________三种。

2．T-SQL 语言分为 4 类：__________、__________、__________和__________。

3．SQL Server 2016 中，对于暂时不用的数据库可将其__________，以减轻服务器的负担。

4. 数据库常用的对象有__________、__________、__________、__________、__________、__________、__________、__________、__________和__________。

5．SQL Server 是一个大型的__________数据库管理系统。

6．默认状态下，数据库文件存放在“\MSSQL\data\”目录下，主数据文件名的保存形式是__________，日志文件名的形式是__________。

7. 在 SQL Server 2016 中，创建数据库使用的 T-SQL 语句是__________，删除数据库使用的 T-SQL 语句是__________。

三、简答题

1．什么是主数据文件和次要数据文件？

2．数据库的事务日志文件有什么作用？

3．简述 SQL Server 中数据库的文件和文件组的概念。

四、操作题

练习在指定文件夹下建立学生成绩管理数据库 Studentsys，各项参数自己设置。

3

任务三

创建和维护图书管理数据表

能力目标

- 能够使用 SQL Server Management Studio 创建数据表。
- 能够使用 CREATE TABLE、ALTER TABLE 和 DROP TABLE 等 T-SQL 语句进行数据表的创建、修改和删除操作。
- 能够使用 SQL Server Management Studio 进行数据表维护。

知识目标

- 熟悉表、关系模型、数据类型等基本概念。
- 进一步熟悉 SQL Server Management Studio 的使用。
- 熟悉 CREATE TABLE、ALTER TABLE 和 DROP TABLE 等数据表维护语句。

任务导入

在上一个项目中，已经建立了一个名为 Library 的图书管理数据库。通常一个数据库是由若干个相互关联的数据表组成的，这些表分别存储不同的数据。因此，为了完成整个数据库的建立工作，还需要在建立数据库的基础上，进一步建立数据表。而建立数据表实际上需要做两件事：一是创建表结构，包括确定表的数据项（字段）、字段的类型、数据宽度、小数位数等；二是向表内添加数据。

表建立后还需要进行维护，它又可以分为两项工作：一项工作是对表结构的维护，包括表结构的修改。表的删除等；另一项工作是对表数据的维护，包括数据的增加、删除和修改。一般情况下，对表数据的添加、修改和删除是经常发生的，而对表结构的维护则是一项比较慎重的事情。在本项目中，具体的工作任务如下：

（1）创建 Library 图书管理数据库中的 5 个表，表结构如下所示。

① 创建读者部门信息表 department，将部门编号设置为主键，表结构如表 3-1 所示。

表 3-1 读者部门信息表 department

列　名	数据类型	长　度	允许空值	说　明	列名含义
deptID	char	4	×	主键	部门编号
dept	varchar	20	×		部门名称

② 创建读者借阅卡信息表 readers，将借阅卡编号设置为主键，表结构如表 3-2 所示。

表 3-2　读者借阅卡信息表 readers

列　名	数据类型	长　度	允许空值	说　明	列名含义
readerID	char	10	×	主键	借阅卡编号
deptID	char	4	×		部门编号
name	varchar	10	×		读者姓名
E-mail	varchar	20	√		E-mail
tel	varchar	20	√		电话
borrownum	smallint		√	默认值为 0	借书数量

③ 创建书刊类型信息表 type，设置类型编号为主键，表结构如表 3-3 所示。

表 3-3　书刊类型信息表 type

列　名	数据类型	长　度	允许空值	说　明	列名含义
typeID	char	4	×	主键	类别编号
typename	varchar	20	×		类别名称

④ 创建书刊信息表 books，设置书刊编号为主键，表结构如表 3-4 所示。

表 3-4　书刊信息表 books

列　名	数据类型	长　度	允许空值	说　明	列名含义
bookID	char	10	×	主键	图书编号
bookname	varchar	50	×		图书名称
author	char	10	√		作者
typeID	char	4	√		类别编号
price	money		√		单价
publisher	varchar	20	√		出版社

⑤ 创建书刊借阅信息表 borrow，表结构如表 3-5 所示。

表 3-5　书刊借阅信息表 borrow

列　名	数据类型	长　度	允许空值	说　明	列名含义
bookID	char	10	×	主键	图书编号
readerID	char	10	×	主键	借阅卡编号
returndate	smalldatetime	4	√		还书日期
borrowdate	smalldatetime	4	√		借书日期

（2）对数据表进行简单的维护，包括查看表的属性、修改表的结构以及删除数据表。
（3）以手工方式向数据表中添加数据。

相关知识

一、SQL Server 的数据类型

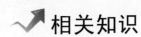

创建表的一项重要工作就是为表中的数据列选定适当的数据类型。所谓数据类型，就是以数据的表现事实和存储方式来划分数据库中的各类数据。在定义了表列的数据类型以后，它将作为一项永久的特性被保留下来，一般不再改变。所以，精心选择表列的数据类型是建立性能良好的表的前提。

SQL Server 2016 为了实现 T-SQL 的良好性能，提供了丰富的数据类型。按照处理对象的不同，可以分为如表 3-6 所示的几大类。

表 3-6　SQL Server 2016 提供的数据类型

分　类	数据类型
整数数据类型	int、smallint、tinyint、bigint
浮点数据类型	decimal、numeric、real、float
字符数据类型	char、nchar、varchar、nvarchar
日期/时间数据类型	date、time、datetime、smalldatetime、datetimeoffset
文本和图形数据类型	text、ntext、image
货币数据类型	money、smallmoney
位数据类型	bit
二进制数据类型	binary、varbinary
特殊数据类型	cursor、timestamp、XML、uniqueidentifier、sql_variant、table
用户自定义数据类型	sysname

1．整数数据类型

整数数据类型提供存储整数数值的方法，可以在整数上直接进行算术运算。

（1）int　int 也可以写成 integer，可以存储 -2^{31}～（$2^{31}-1$）范围内的任意整数。每个 int 类型的数据占据 4 个字节的空间，共 32 位，其中用后 31 位存储数字的绝对值，用最高位来表示正负号。

（2）smallint　smallint 存储 -2^{15}～（$2^{15}-1$）之间的整数。每个 smallint 类型的数据占据 2 个字节，共 16 位，其中后 15 位存储绝对值，第 1 位存储正负号。

（3）tinyint　tinyint 只能存储 0～255 之间的整数。每个数据占 1 个字节的存储空间。

（4）bigint　bigint 是整数数据类型中存储容量最大的一种，可以存储 -2^{63}～（$2^{63}-1$）之间的任意整数。每个 bigint 类型的数据占有 8 个字节的存储空间。

2．浮点数据类型

浮点数据类型用于存储十进制的小数。它又分为两类，一类是精确数类型，包括 decimal 和 numeric；一类是近似数类型，包括 real 和 float。

（1）decimal 和 numeric　decimal 和 numeric 数据类型的表示方式为 decimal[(p[，s])]或 numeric[(p[，s])]。使用 decimal 和 numeric 可以精确指定小数点两边的总位数（即精度，用 p 表示）和小数点右边的位数（即刻度，用 s 表示）。精度 p 必须是从 1 到最大精度 38 之间的值，默认精度为 18。小数位数 s 必须是从 0 到 p 之间的值，默认小数位数为 0。在 SQL Server 中，

decimal 和 numeric 数据类型可以用 2～17 个字节来存储（$-10^{38}+1$）～（$10^{38}-1$）之间的数值。

（2）real　real 类型的数据占用 4 个字节的存储空间，其数值范围在（–3.4E+38）～（3.4E+38）之间，并且精度可以达到 7 位。

（3）float　利用 float 来声明表列或变量时，可以指定用来存储按科学计数法记录的数据尾数的位数，如 float（*n*）（1≤*n*≤53）。

当 1≤*n*≤24 时，float 型数据用 4 个字节存储，精度可以达到 7 位。

当 25≤*n*≤53 时或者 *n* 为默认，float 型数据用 8 个字节存储，精度可以达到 15 位。表示的数的范围为（–1.7E+308）～（1.7E+308）。

近似数类型的数据在 SQL Server 2016 中采用“上舍入”的方式进行存储，即只入不舍。例如，对 3.14159265358979 保留 2 位小数时，结果为 3.15。近似数的数据要受到舍入误差的限制，因此，由近似数据计算所返回的结果也可能不精确。由于近似数的这种特性，一般在货币运算上不使用它，但是在科学计算或统计计算等不要求绝对精确的运算场合使用近似数据类型比较方便。

3．字符数据类型

字符数据类型是使用最多的数据类型，它可以存储字母、数字和特殊符号。

（1）char　利用 char 数据类型存储数据时，每个字符占用 1 个字节的存储空间。char 使用固定长度来存储字符，利用 char 来定义表列或变量时需要给定数据的最大长度，但是最多不能超过 8 000 个字符。如果实际数据的长度小于给定的最大长度，则多余的部分用空格填充；如果实际数据的长度大于给定的最大长度，则超过的部分被截断。使用 char 类型的最大好处在于可以精确计算数据占有的空间，达到节省数据空间的目的。

（2）varchar　varchar 数据类型的使用方式与 char 数据类型相似，与 char 数据类型不同的是，varchar 数据类型的存储空间可以随着数据字符数的不同而发生变化。

例如，在定义学生姓名数据列时，将其定义成 varchar（20），那么存储在姓名列上的数据最多可以达到 20 个字符，而在数据没有达到 20 个字符时，并不会在多余的字节上填充空格。

varchar 可以表示为 varchar（*n*），其中 *n* 的取值为 1～8 000。当存储字节大于 8 000 时应表示为 varchar（max），max 指示最大存储大小是（$2^{31}-1$）个字节。存储大小是输入数据的实际长度加 2 个字节。

（3）nchar　nchar 与 char 相似，不同的是，nchar 数据类型最多不能超过 4 000 个字符，因为它采用的是 unicode 标准字符集。unicode 标准规定每个字符占用 2 个字节的存储空间。使用 nchar 的好处是因为其使用 2 个字节作为存储单位，则 1 个存储单位的容量就大大增加了，可以将全世界的语言文字都保存在内，而不会出现编码冲突。

（4）nvarchar　nvarchar 与 varchar 相似，不同的是，nvarchar 采用的也是 unicode 标准字符集。与 varchar 一样，它也可以表示为 nvarchar（*n*）或 nvarchar（max），其中 *n* 在 1～4 000 之间，max 指示最大存储大小是（$2^{31}-1$）个字节。存储空间大小是所输入字符的 2 倍加 2 个字节。

4．日期/时间数据类型

SQL Server 提供的日期/时间数据类型可以存储日期和时间的组合信息。将日期和时间数据存储在这些数据类型中，比将它们存储在字符数据类型中要方便得多。SQL Server 2016 可以自动将其格式化，而且还可以使用特殊的日期和时间函数操作存储在这些类型中的数据。使用字符数据类型来存储日期和时间，只有输入者本人可以识别，计算机不能识别，因此也不能自动地将其转换成日期和时间类型处理。

（1）datetime　datetime 数据类型可以存储从 1/1/1753～12/31/9999 的日期和时间，并精确到 1/300 秒。datetime 数据类型占用 8 个字节。

（2）smalldatetime　smalldatetime 数据类型与 datetime 数据类型相似，但其表示范围较小，存储从 1/1/1900～6/6/2079 的日期和时间，只能精确到分。smalldatetime 数据类型占用 4 个字节。

（3）datetime2　datetime2 数据类型，类似于之前的 datetime 类型，不过其精度比较高，可以精确到小数点后面 7 位（100ns），其使用语法为：datetime2(*n*)。

（4）datetimeoffset　datetimeoffset 数据类型，加入了时区偏移量部分，时区偏移量表示为[+|-] HH:MM。HH 是范围从 00 到 14 的 2 位数，表示时区偏移量的小时数。MM 是范围从 00～59 的 2 位数，表示时区偏移量的附加分钟数。

SQL Server 在用户没有指定时间部分时，会自动设置 smalldatetime 和 datetime 数据的时间为 00:00:00。

在 SQL Server 2016 中，日期和时间有特定的输入格式，如下所示：

① 英文+数字：此格式中可用英文全名或缩写，而且不分大小写，年和月、日之间可不用逗号，年份可以是 4 位或 2 位，为 2 位时，若值小于 50 则视为 20××年；若大于或等于 50 则视为 19××年；若日期部分省略，则视为当月的 1 号。

例：June 21 2005　　Oct 12 1988　　January 2005　　2005 July
　　2005 May 1　　2005 1 Sep　　99 June　　July 00

② 数字+分隔符：允许在不同时间单位间使用斜线、下画线和小数点来分隔时间单位。

例：YMD：2005/6/24　　2005-6-24　　2005.6.24
　　MDY：6/24/2005　　6-24-2005　　6.24.2005
　　DMY：24/6/2005　　24-6-2005　　24.6.2005

③ 纯数字格式：纯数字格式以连续的 4 位、6 位或 8 位数字来表示日期。若输入的是 6 位或 8 位，系统将按 YMD 格式来识别，并且月和日期都是用 2 位数字来表示；若输入的数字是 4 位，则系统认为它代表年份，其月份和日期默认为此年度的 1 月 1 日。

例：20050624——2005 年 6 月 24 日　　991212——1999 年 12 月 12 日

④ 时间输入格式：输入时间必须按照小时→分钟→秒→毫秒的顺序输入，在其间用冒号隔开，可将毫秒部分用小数点隔开。

5．文本和图形数据类型

为了方便存储文本、图像等大型数据，SQL Server 还提供了三种专门的文本和图形数据类型。在 SQL Server 2016 中，文本和图形数据类型允许存储的数据的最大长度可达 2GB。事实上，存储在表格中的数据只是一个 16 个字节的指针。这些指针指向数据实际存储的数据页面，通过指针可以检索到相应的数据。

（1）text　text 数据类型用来存储大量的文本信息，其理论容量可以达到（$2^{31}-1$）个字节，但在实际应用中要根据硬盘的存储容量而确定。在定义 text 数据类型时，不需要指定数据长度，SQL Server 会根据数据的长度自动为其分配空间。

（2）ntext　ntext 数据类型采用 unicode 标准字符集，用于存储大容量文本数据。其理论上的容量为（$2^{30}-1$）个字节。

（3）image　用于存储照片、目录图片或者图画，其理论容量为（$2^{31}-1$）个字节。

使用存储在文本或图形列中的数据时，由于它们存储的数据量太大，所以，在进行 SQL 语句的编写过程中可能要受到限制。此外，在文本或图形数据类型定义的列上不能创建索引、主键或外键。

6．货币数据类型

货币数据类型专门用来处理货币数据。

（1）money　money 数据类型分别存储在两个 4 字节的整型值中。前面的 4 字节表示货币的整数部分，后面的 4 个字节表示货币的小数部分。存储范围为-2^{63}～（$2^{63}-1$），精度为货币单位的万分之一。

（2）smallmoney　smallmoney 数据类型分别存储在两个 2 字节的整型值中。前面的 2 字节表示货币的整数部分，后面的 2 个字节表示货币的小数部分。其存储范围为 –214 748.346 8～214 748.346 7，精度也为货币单位的万分之一。

当为 money 或 smallmoney 的表输入数据时，必须在有效位置前面加一个货币单位符号（如$），系统才能识别是哪国货币。

7．位数据类型

bit 称为位数据类型，有两种取值：0 和 1。如果一个表中有 8 个或更少的 bit 列时，用 1 个字节存放。如果有 9～16 个 bit 列时，用 2 个字节存放。

在输入 0 以外的其他值时，系统均把它们当做 1 看待。

8．二进制数据类型

所谓二进制数据是指一些用十六进制表示的数据。

（1）binary　binary 数据类型的定义形式为 binary（n），数据的存储长度是固定的，即 n+4 个字节。二进制数据类型的最大长度为 8KB，常用于存储图像等数据。

（2）varbinary　varbinary 数据类型的定义形式为 varbinary（n）或 varbinary（max），数据的存储长度与上面所说的 varchar 数据类型一样是变化的。

在输入二进制常量时，需在该常量前面加一个前缀 0X。

9．特殊数据类型

除了上述介绍的数据类型外，SQL Server 2016 还有其他 6 种数据类型，它们分别是 cursor、timestamp、XML、uniqueidentifier、sql_variant 和 table。

（1）cursor　用于为变量或 OUTPUT 参数指定的数据类型，这些参数包含对游标的引用。

（2）timestamp　timestamp 类型也称作时间戳数据类型，是一种自动记录时间的数据类型，主要用于在数据表中记录其数据的修改时间。如果定义了一个表列使用 timestamp 类型，则 SQL Server 会将一个均匀增加的计数值隐式地添加到该列中。timestamp 类型提供数据库范围内的唯一值。每个表中只能有一列是 timestamp 类型。如果建立一个名为“timestamp”的列时，则该列的类型将被自动设置为 timestamp 类型。

（3）XML　存储 XML 数据的数据类型。可以在列中或者 XML 类型的变量中存储 XML 实例。

（4）uniqueidentifier　uniqueidentifier 类型也称作唯一标识符数据类型。uniqueidentifier 用于存储一个 16 字节长的二进制数据类型，它是 SQL Server 根据计算机网络适配器地址和 CPU 时钟产生的全局唯一标识符代码（Globally Unique Identifier，GUID）。

（5）sql_variant　sql_variant 数据类型可以用于存储除文本、图形数据和 timestamp 类型数据外的其他任何合法的 SQL Server 数据。此类型大大方便了 SQL Server 的开发工作。

（6）table　table 数据类型用于存储对表或者视图处理后的结果集，就像一个临时的表格，它一般只应用在编程环境中。

table 数据类型不能用来定义数据库中的表列，只能用在局部变量或用户自定义函数的返回值的声明中。

对 table 数据类型的声明包括对列的定义，对列的数据类型、精度和数值范围大小的定义，对约束的定义，以及对 table 类型变量中的行数据存储方式的定义。

10. 用户自定义数据类型

SQL Server 允许用户在系统数据库类型的基础上建立自定义的数据类型，用户可以使用 T-SQL 语句或在 Microsoft .NET Framework 中自定义数据类型。

一般用户自定义数据类型常与默认值或规则等配合使用。在实际应用中，如果用户自定义数据类型正被某表中的某列使用，则不能立即删除它，必须先删除使用该数据类型的表。

注意：在 Microsoft SQL Server 的未来版本中将删除 text、ntext 和 image 数据类型。在新的开发工作中应避免使用这些数据类型，并考虑修改当前使用这些数据类型的应用程序。可以改为 nvarchar（max）、varchar（max）和 varbinary（max）数据类型。

二、建立和维护数据表的 T-SQL 语句

1. 创建表的 T-SQL 语句 CREATE TABLE

语法格式：

```
CREATE TABLE
    [ database_name.[ owner ] .| owner.] table_name
     ({ < column_definition >
    | column_name AS computed_column_expression
    | < table_constraint > ::= [ CONSTRAINT constraint_name ] }
    | [ { PRIMARY KEY | UNIQUE } [ ,...n ]
    ]
    [ ON { FILEGROUP | DEFAULT } ]
    [ TEXTIMAGE_ON { FILEGROUP | DEFAULT } ]
```

参数说明：

- database_name：指明新建的表属于哪个数据库。
- owner：指明数据库所有者的名字。
- table_name：指明新建的表的名字。
- column_name：指定列（字段）的名称。
- computed_column_expression：指定计算列的列值表达式。计算列是物理上并不存储在表中的虚拟列。计算列由同一表中的其他列通过表达式计算得到。表达式可以是非计算列的列名、常量、函数、变量，也可以是用一个或多个运算符连接的上述元素的任意组合。
- table_constraint：指定表的约束。

- ON { FILEGROUP | DEFAULT }：指定存储表的文件组。如果省略了该句或选择DEFAULT选项，则新建的表将存储在默认的文件组中。
- TEXTIMAGE_ON { FILEGROUP | DEFAULT }：指定文本和图形数据类型定义的数据存储的文件组。如果省略了该句，则这些数据将和表一起存储在相同的文件组中。

2．修改表结构的 T-SQL 语句 ALTER TABLE

创建完一个表以后，可以使用 ALTER TABLE 语句对表进行修改。

（1）修改列属性　表中的每一列都有其属性，这些属性包括列名、数据类型、数据长度以及是否允许为空值，修改列属性使用 ALTER TABLE 语句的 ALTER COLUMN 子句。

```
ALTER TABLE 表名
    ALTER COLUMN <字段名> <新数据类型> <字段长度>
```

【例 3-1】将学生基本情况表 xsjbqk 中的学生姓名列改成最大长度为 20 的 varchar 型数据，且不能为空。

```
USE    Studentsys
ALTER    TABLE xsjbqk    ALTER    COLUMN Stud_name    varchar(20)    NOT NULL
```

默认情况下，列是被设置为允许空值的，将一个原来允许为空的列表设置为不允许为空，必须在以下两个条件满足时才能成功。

① 列中没有存放是空值的记录。

② 在列上没有创建索引。

（2）添加列　向表中增加一列时，应使新增加的列有默认值或允许为空值，SQL Server 将向表中已存在的行填充新增列的默认值或空值。

向表中添加列需要使用 ALTER TABLE 的 ADD COLUMN 子句。

```
ALTER TABLE 表名
    ADD COLUMN <字段名> <新数据类型> <字段长度>
```

【例 3-2】向学生基本情况表中添加电子邮件地址（Stud_E-mail）列，数据类型为可变长字符型，长度为 50，允许为空（NULL）。

```
Use Studentsys
ALTER TABLE xsjbqk    ADD    Stud_Email    varchar(50)    NULL
```

（3）删除列　可以使用 ALTER TABLE 语句的 DROP COLUMN 子句删除表中的列。

```
ALTER TABLE 表名
    DROP COLUMN <字段名>[,… ]
```

【例 3-3】删除 Studentsys 数据库学生表 xsjbqk 刚刚建立的 Stud_E-mail 字段。

```
USE Studentsys
ALTER TABLE xsjbqk
DROP COLUMN    Stud_Email
```

3．删除表的 T-SQL 语句 DROP TABLE

删除一个表可以通过 SQL Server Management Studio 或 T-SQL 语句完成。

删除表的 T-SQL 语句语法：

```
DROP TABLE 表名
```

可以用一条 DROP TABLE 语句删除多个表，表名之间要用逗号隔开。但是用这种方法不能删除系统表。

【例 3-4】删除 Studentsys 数据库中的 cjb 表。

```
USE Studentsys
DROP TABLE cjb
```

当一个表被删除后，它的数据、结构定义、约束、索引都将被永久地删除。如果一个表被其他表通过外键约束使用，则必须先删除定义外键约束的表或删除其外键约束，否则删除将会失败。

注意：CREATE TABLE 语句、ALTER TABLE 语句和 DROP TABLE 语句都是表结构的创建和维护语句，而对表数据的维护包括添加、修改、删除则需要使用另外的 T-SQL 语句。

任务实施

一、创建图书管理数据表

创建表的过程是数据库物理实施中最关键的一步。通常，创建一个表需要注意以下事项：

- 决定表中包含哪些数据项目，即包含多少列。
- 决定表中每列需要什么数据类型。
- 决定哪些列可以接收 NULL 值（空值）。
- 决定哪些列需要进行约束设置。
- 决定是否创建索引。如果需要，在哪些列上创建以及创建什么类型的索引。
- 决定哪些用户具有访问该数据库表的权限。

表的创建是使用表的前提。SQL Server 除了可以编写 T-SQL 语句来创建和管理表之外，在 SQL Server Management Studio 中还为用户提供了方便的图形化工具来创建和管理表。

1. 使用 SQL Server Management Studio 创建数据表

以在 Library 数据库中创建读者部门信息表 department 为例，具体步骤如下：

（1）选择要创建表的数据库，这里选择 Library。

（2）在数据库 Library 的展开列表中选择【表】，并用鼠标右击，从弹出的快捷菜单中选择【新建】→【表】命令，如图 3-1 所示。

（3）在出现的表设计器窗格中设置表，如图 3-2 所示，操作方法如下：

① 在【列名】栏中输入字段名称“deptID”，列名必须遵循标识符规则，在一个表中必须唯一。在起列名时，最好要“见名知义”（也可以用中文“部门编号”定义字段名）。

② 在【数据类型】栏中选择一种数据类型 char。

③ 在列属性窗格的【长度】栏中指定字段的长度为 4。注意，有些数据类型如整数和日期型数据长度是固定的，不用进行长度修改。

在列属性窗口中可以对每一列的具体属性进行设置，包括该列的各种约束，如主键约

束、默认值约束、设置标识字段等。

④ 在【允许 NULL 值】栏中设置该字段是否允许空值。如果某列的取值可以为 NULL，则设置该列【允许 NULL 值】的标识为“✓”，否则不标记。NULL（空值）意味着数据尚未输入，它与 0 或长度为零的空字符串("")的含义不同。比如，学生基本情况表(tblStudent)中某一学生的出生日期（birth）为空值并不表示该学生没有出生日期，而是表示他的出生日期目前还不知道。如果表中的某一列必须有值才能使记录有意义，那么可以指明该列不允许取空值，即 NOT NULL。比如，课程表（tblCourse）中课程的名称列就应该设置为不允许为空，因为课程名称是课程基本情况中最重要的一个信息。

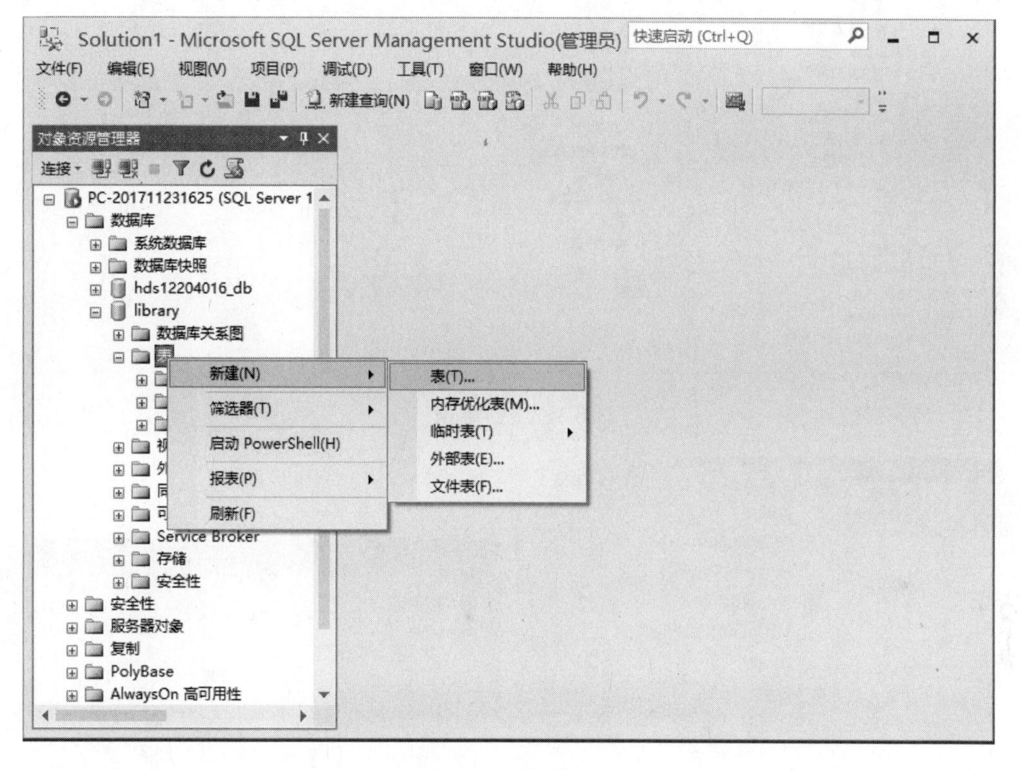

图 3-1　新建表

在设计表的过程中，要从多角度考虑列值是否允许为空，既不能将所有列全部设置为空（因为这样会使得表中存在空记录），又不能将所有列全部设置为非空（因为这样会在添加、修改数据的时候必须保证每列都有值）。

在一般情况下，不允许人为向 IDENTITY 列插入数值。同样，如果想修改 IDENTITY 列的值也是不可以的。当表中包含有 IDENTITY 列的时候，可以使用关键字 IdentityCol 直接来引用此列。

⑤ 按上述方法重复设置表的其他几个字段。

（4）保存表。如图 3-3 所示，右击【表设计器】选项卡，在弹出的快捷菜单中选择【保存（S）Table_1】，系统弹出保存对话框。

（5）在如图 3-4 所示的对话框中输入表名“department”，单击【确定】按钮，则该表就被保存到数据库 Library 中。

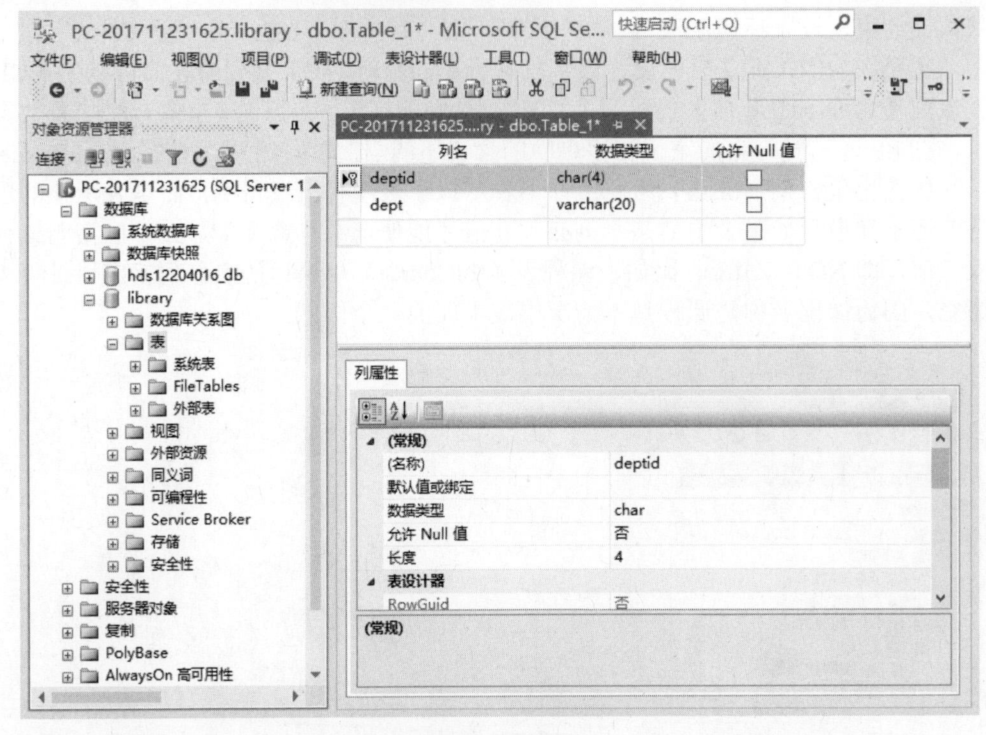

图 3-2　创建表

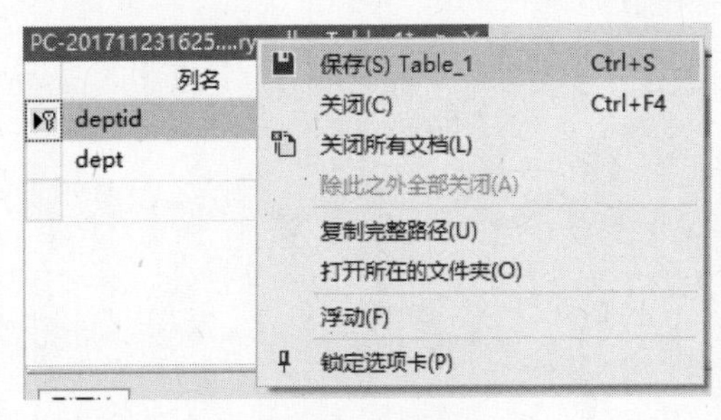

图 3-3　保存数据表

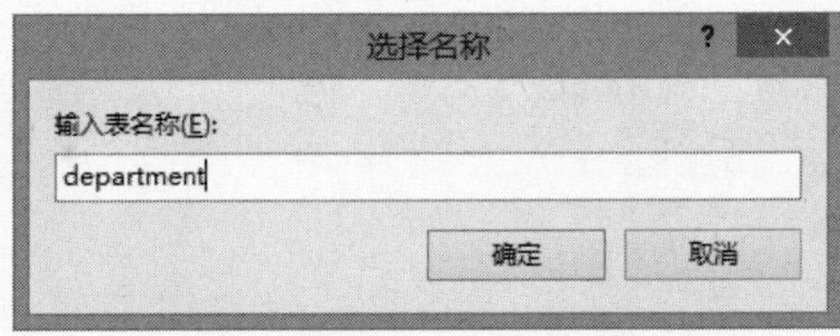

图 3-4　【选择名称】对话框

2. 使用 T-SQL 语句创建数据表

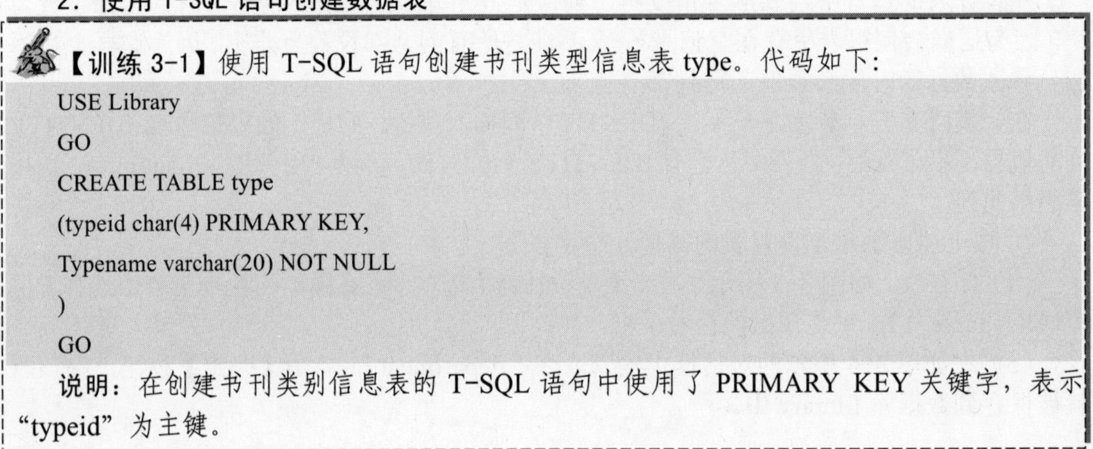

【训练 3-1】使用 T-SQL 语句创建书刊类型信息表 type。代码如下：

```
USE Library
GO
CREATE TABLE type
(typeid char(4) PRIMARY KEY,
Typename varchar(20) NOT NULL
)
GO
```

说明：在创建书刊类别信息表的 T-SQL 语句中使用了 PRIMARY KEY 关键字，表示“typeid”为主键。

二、修改图书管理数据表

1. 查看表属性

在【对象资源管理器】中，右击需要查看的表，在弹出的快捷菜单中选择【属性】命令，即可打开该表的【表属性】窗口，如图 3-5 所示。

图 3-5 【表属性】窗口

在【表属性】窗口左侧【选择页】有：【常规】、【权限】、【更改跟踪】、【存储】、【安全谓词】和【扩展属性】等选项。【常规】列表列出了有关表的存储、当前连接参数等属性。【权限】列表列出了表的用户，同时允许添加（或删除）新的用户和角色，并允许为其设置相应的权限。【扩展属性】列表列出了表的扩展属性。

2. 修改表结构

利用 SQL Server Management Studio 修改表的方法与创建表的方法一样，如图 3-6 所示，在快捷菜单中选择【设计】。

【训练 3-2】将读者借阅卡信息表中的 tel（电话）列改成最大长度为 20 的 varchar 型数据，且不能为空。

```
USE library
GO
ALTER  TABLE  readers  ALTER  COLUMN  tel varchar(20)  NOT NULL
GO
```

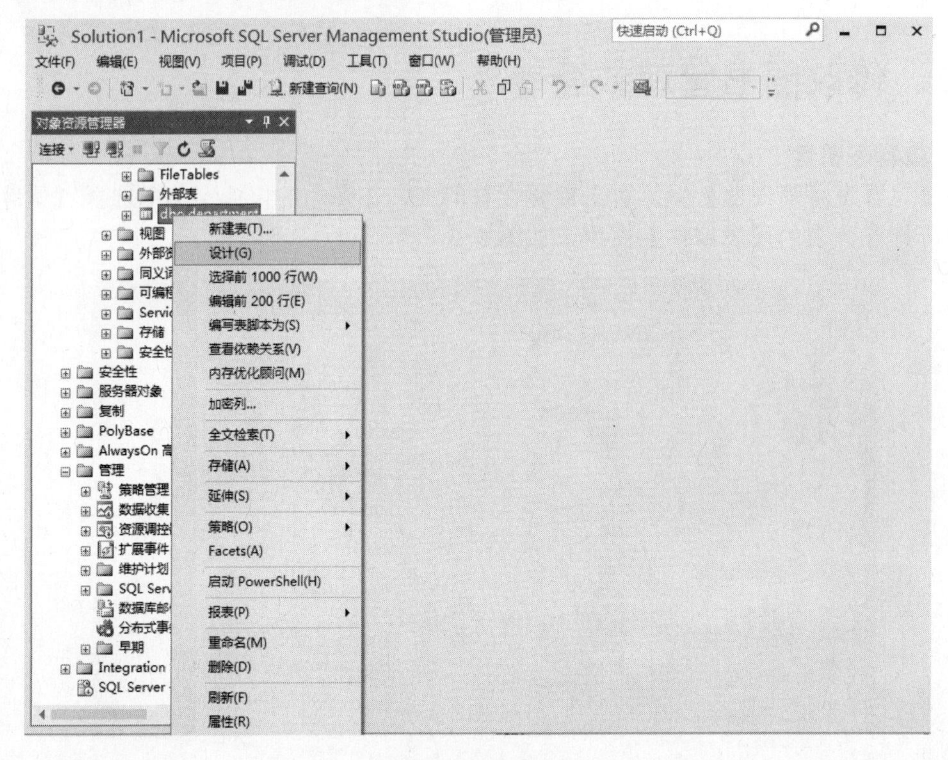

图 3-6　修改表

【训练 3-3】向书刊数据表中添加出版日期（bookdate）列，要求为日期型数据。

```
USE library
GO
ALTER  TABLE  books  ADD  bookdate  smalldatetime  NULL
GO
```

【训练 3-4】如果创建书刊表 books 时没有定义主键约束，可以使用下列语句定义 bookID 列为主键。

```
USE library
GO
ALTER TABLE books ADD   CONSTRAINT   PK_bookID   PRIMARY   KEY(bookID)
GO
```

3．删除数据表

（1）使用 SQL Server Management Studio 删除表　选中要删除的表右击，在弹出的快捷菜单中选择【删除】命令，打开【删除对象】窗口。如果想查看该表删除后对数据库的哪些对象产生影响，可以单击【显示依赖关系】按钮，查看与该表有依赖关系的数据库对象。如果确定要删除该表，则单击【确定】按钮来完成对表的删除，如图 3-7 所示。

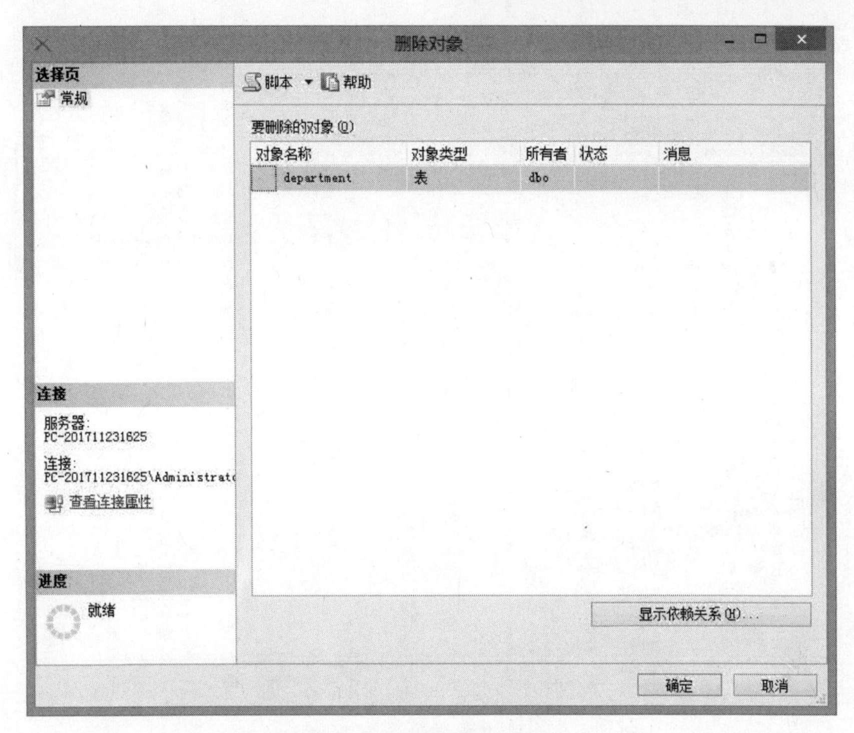

图 3-7　【删除对象】窗口

（2）使用 T-SQL 语句删除表　可以用一条 DROP TABLE 语句删除多个表，表名之间要用逗号隔开，但是用这种方法不能删除系统表。

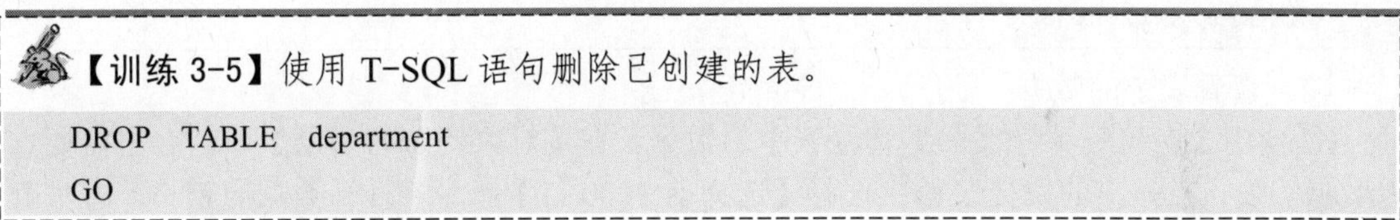

【训练 3-5】使用 T-SQL 语句删除已创建的表。

```
DROP  TABLE  department
GO
```

三、添加表数据

1. 手工添加表数据

数据表结构创建好后，就可以向表中添加数据了。添加数据的操作很简单。

在【对象资源管理器】中，右击需要添加数据的表，在弹出的快捷菜单中选择【编辑前 200 行】命令，打开对应的表，此时就可以依次向表中输入数据。

【训练 3-6】使用【对象资源管理器】向读者借阅卡信息表中输入数据，如图 3-8 所示。

2. 查看表

（1）查看表结构

① 使用【对象资源管理器】查看。在【对象资源管理器】中，右击需要查看结构的表，在弹出的快捷菜单中选择【设计】命令，打开数据表窗口，即可查看数据表结构的信息。

② 使用系统存储过程 sp_help 查看。语法格式如下：

```
EXEC Sp_help table_name
```

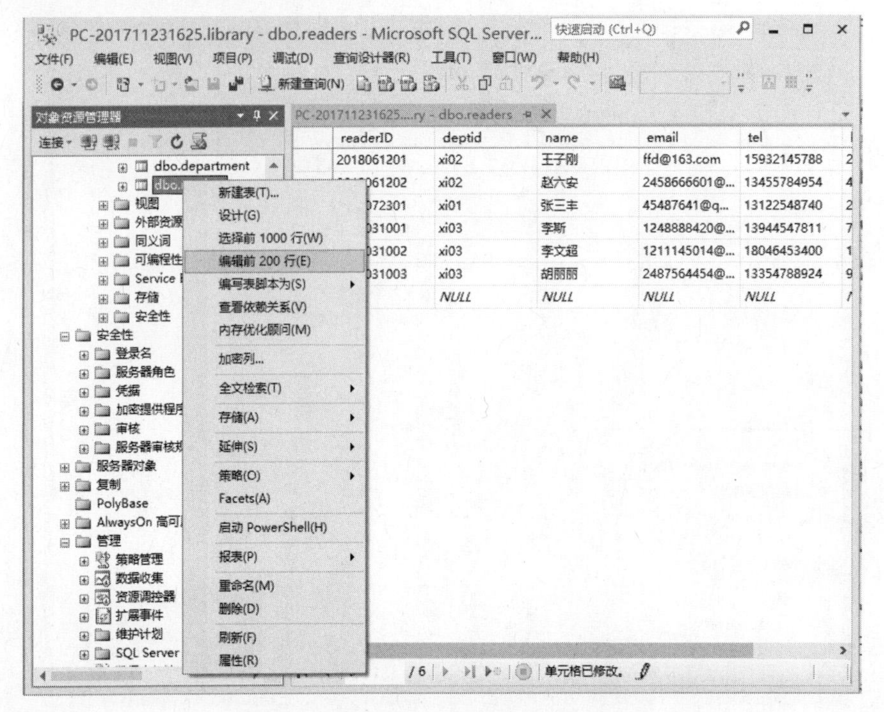

图 3-8 向读者借阅卡信息表输入数据

【训练 3-7】查看已创建的读者借阅卡信息表 readers 的结构。

```
EXEC sp_help    readers
```

（2）查看表中的数据

① 使用【对象资源管理器】查看表中的数据。在【对象资源管理器】中，右击需要查看数据的表，在弹出的快捷菜单中选择【选择前 1000 行】命令，打开数据表窗口，即可查看数据表中的数据信息。

② 使用 T-SQL 语句查看表中的数据。

【训练 3-8】使用 SELECT 语句查看已创建的读者借阅卡信息表 readers 中的数据。

```
SELECT * FROM    readers
GO
```

能力拓展

1. 标识字段 IDENTITY 的应用

在创建表结构时，每一个表都可以建立一个标识列，该字段包含由系统自动生成的能够标识表中每一行数据的唯一序列值。这种机制在某些情况下很有用，比如在教师基本情况表中，需要有一列存放教师编号，最简单的方法就是把它作为标识列，这样每次向表中插入一条教师记录时，SQL Server 都会自动生成唯一的值作为教师编号，就可以避免人工添加序号带来的序号冲突问题。

将一个列作为表中的标识列，可以利用列属性窗口进行设置。此时，需要将该列的【标识规范】设置为“是”，同时设置【标识增量】和【标识种子】。

也可以使用 T-SQL 语句定义该列的 IDENTITY 属性，格式如下：

```
IDENTITY[（SEED , INCREMENT）]
```

其中 SEED 是标识种子，即表中第一行数据的标识列的取值，默认值为 1；INCREMENT 是标识增量，即每一个新标识比上一个增长多少，默认值为 1。

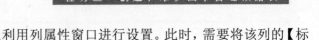

【训练 3-9】创建一个带有标识字段的教师基本情况表 teacher，该表的结构如表 3-7 所示。

表 3-7　教师基本情况表 teacher

列　　名	数据库类型	长　　度	允　许　空	说　　明
教师编号	smallint		×	标识增量为 1，标识种子为 1
教师姓名	varchar	10	×	
性别	char	2	√	
所在单位	varchar	50	√	
职称	varchar	10	√	
出生年月	smalldatetime		√	

（1）选择要创建表的数据库，这里选择 xsgl。

（2）在数据库 xsgl 的展开列表中选择【表】，并用鼠标右击，从弹出的快捷菜单中选择【新建表】命令。

（3）在出现的表设计器窗格中设置表，如图 3-9 所示。

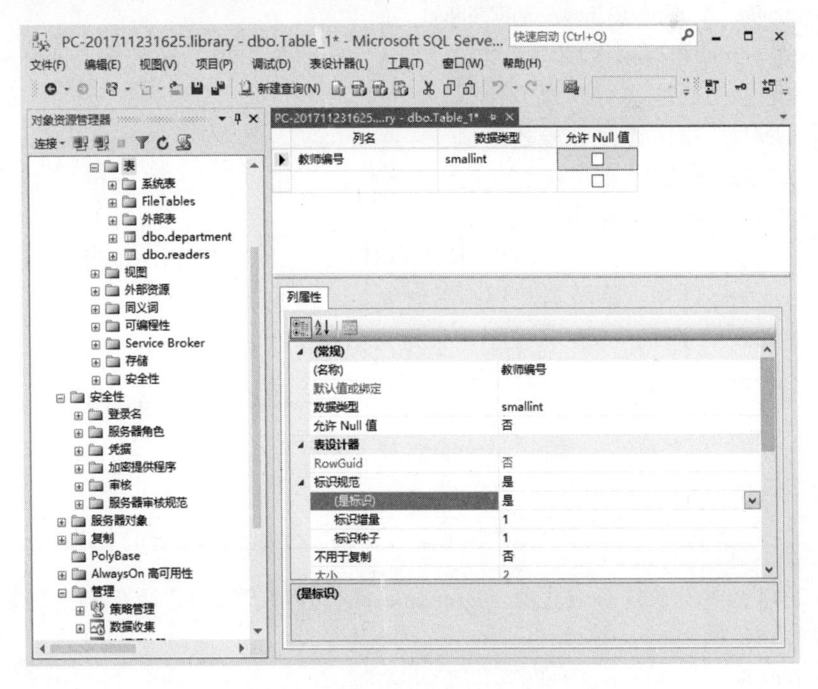

图 3-9　创建带有标识字段的表

操作方法如下：

① 在【列名】栏中输入字段名称“教师编号”，在【数据类型】栏中选择 smallint，在【允许 NULL 值】栏中取消对号。

② 在【列属性】窗格中展开【标识规范】栏（单击其前面的加号），在【是标识】栏中选择“是”，同时确认【标识增量】和【标识种子】的值。

③ 然后确定其他字段的定义。

（4）单击【保存】按钮，给表一个指定的名字。

使用 IDENTITY 列时，应该注意以下几点：

- 每张表只允许一个 IDENTITY 列。
- 该列必须使用下列数据类型之一：decimal、int、numeric、smallint 和 tinyint。
- 该列必须设置成不允许为空值，且不能有默认值。

IDENTITY 列的数据类型，在一定程度上决定了表格中能容纳的数据行的最大数目。例如，由于 tinyint 列只能存储 256 个不同的值，范围从 0～255。所以，如果用 tinyint 作为 IDENTITY 列的数据类型，也就限制了该表的数据行的数据最多不超过 255 行。当表中的数据行超过了 IDENTITY 列规定的范围，就不能向表中插入新的数据。服务器不会自动去寻找因为删除或其他原因跳过而没有使用 IDENTITY 列的值（如目前 IDENTITY 列的数据为 1、2、3，如果将 IDENTITY 列为 3 的记录删除，则再添加数据时 IDENTITY 列将从 4 开始）。即使删除了表中的所有行，使表成为一张空表，SQL Server 也不会从头开始使用那些曾经被用过的 IDENTITY 数值。

2．使用系统存储过程 sp_rename 修改数据表名和表列

可使用系统存储过程 sp_rename 修改数据表和字段名称。sp_rename 语法如下。

```
EXEC sp_rename    'old_name','new_name','object_type'
```

其中，old_name 为要修改的对象名称，new_name 为对象的新名称，object_type 用于指定要修改的对象的类型，可以为下列值。

- COLUMN：指定修改字段名称。
- DATABASE：指定修改数据库名称。
- INDEX：指定修改索引名称。
- OBJECT：指定修改约束（CHECK、FOREIGN KEY、PRIMARY KEY、UNIQUE）、用户表、视图、存储过程、触发器和规则等对象。
- USERDATATYPE：指定修改用户自定义数据类型名称。

在修改表名称时可以不指定对象类型。

【训练 3-10】使用系统存储过程 sp_rename 将“教师基本情况表”名称修改为“教师表”。

```
EXEC sp_rename    '教师基本情况表', '教师表'
```

【训练 3-11】使用系统存储过程 sp_rename 将“教师表”的“所在单位”字段名称修改为“部门”。

```
EXEC sp_rename    '教师表.所在单位','部门','COLUMN'
```

工作评价与思考

一、选择题

1．修改表结构的 T-SQL 语句为（　　）。

A．CREATE TABLE　　B．MODIFY TABLE

C．ALTER TABLE　　D．UPDATE TABLE

2．删除表数据，应该选用（　　）T-SQL 命令。

A．DELETE TABLE　　B．DROP TABLE

C．MODIFY TABLE　　D．UPDATE TABLE

3．若表中的一个字段定义类型为 char，长度为 20，当在此字段中输入字符串“信息管理系”时，此字段将占用（　　）字节的存储空间。

A．1　　B．5　　C．10　　D．20

4．若一个数是 564.6539，它的精度是（　　）。

A．7　　B．4　　C．3　　D．1

5．下列哪种数据类型不能建立在 IDENTITY 列上？（　　）

A．int　　B．tinyint　　C．float　　D．smallint

二、填空题

1．创建 SQL Server 数据库表的 T-SQL 语句是______________。

2．“级联更新”是指当更新主键表中的主键字段内容时，会将________________表中所有与______________表中这条记录相关联的外键字段一并做相同的更新。

3．用______________语句从一个表中删除所有记录，但表的结构、字段约束等仍然存储在数据库中。若想删除表的定义和表中的数据，请使用______________。

4．在数据表中，当某一列被设置了______________值，则该列的取值可以输入，也可以不输入，不输入的话取值为该值。

三、简答题

1．如果在创建表时，没有指定 NULL 或 NOT NULL，SQL Server 在默认情况下用什么？

2．创建表和查看表结构的 T-SQL 语句是什么？

3．SQL Server 2016 提供了哪些数据类型？数据类型用来做什么？

4．删除表时要注意什么？

四、操作题

在学生成绩管理数据库中创建数据表，表结构如表 3-8～表 3-10 所示。

表 3-8　xsjbqk

列　　名	数据类型	长　　度	允许空值	说　　明
学号	char	10	×	主键
姓名	varchar	8	×	
性别	char	2	√	
专业名	varchar	20	√	
出生年月	smalldatetime		√	
身份证号	char	18	√	
备注	text	16	√	

表 3-9　kcxx

列　　名	数 据 类 型	长　　度	允 许 空 值	说　　明
课程编号	char	4	×	主键
课程名称	varchar	20	×	
学分	tinyint	1	√	
教师	varchar	20	√	

表 3-10　cjb

列　　名	数 据 类 型	长　　度	允 许 空 值	说　　明
学号	char	10	×	主键
课程编号	char	4	×	主键
成绩	int		√	

任务四

维护数据完整性

能力目标

- 能够熟练建立表的主键。
- 能够分析并建立表之间的关系。
- 能够使用约束、默认值和规则来实现数据的完整性。
- 能够使用 ALTER TABLE、CREATE RULE 和 CREATE DEFAULT 等 T-SQL 语句进行数据完整性的维护。

知识目标

- 熟悉实体完整性、参照完整性和域完整性等数据完整性的概念。
- 了解数据完整性的实现机制。

任务导入

在设计表时应该考虑对哪些列进行约束设置以达到数据完整性的目的。所谓数据完整性，是指存储在数据库中数据的正确性和一致性。设计数据完整性的目的是为了保证数据库中数据的质量，防止数据库中存在不符合规定的数据，防止错误信息的输入与输出。例如，Library 数据库中应有如下约束：

在读者借阅卡表 readers 中，读者的编号必须唯一，不能重复。

在读者借阅卡表 readers 中，读者的姓名不能为空值。

在读者借阅卡表 readers 中，借阅数量不能为负数。

在借阅信息表 borrow 中，读者的借阅卡编号和图书编号应分别在读者借阅卡表 readers 和书刊信息表 books 中。

本项目要求完成如下任务：

（1）按以下关系设置各表的主键，各表的主键（下画线表示，其中借阅信息表的主键为借阅卡编号和图书编号）如下：

部门信息（<u>部门编号</u>，部门名称）；

读者借阅卡信息（<u>借阅卡编号</u>，姓名，部门编号，电话，E-mail，借阅数量）；

书刊类别信息（类别编号，类别名称）；

书刊信息（图书编号，图书名称，类别编号，出版社，作者，单价）；

借阅信息（借阅卡编号，图书编号，借阅日期，还书日期）。

（2）将图书管理数据库中借阅信息表 borrow 的读者借阅卡编号和书刊编号分别设置为读者借阅卡信息表 readers 和书刊信息表 books 的外键。

（3）按相同的方法分别给数据库中其他表建立外键关系。

（4）为部门信息表 department 中的部门名称创建一个唯一性约束。

（5）向读者借阅卡信息表 readers 中添加约束，要求输入的电子邮件地址必须包含“@”符号。

（6）为借阅信息表 borrow 中的借阅日期字段创建一个默认值，默认日期为当前日期（getdate()）。

（7）为借阅信息表 borrow 中的借阅日期字段创建一个检查约束，使借阅日期不大于“2018-12-31”。

相关知识

一、数据的完整性

关系模型中有 4 类完整性约束：实体完整性、参照完整性、域完整性和用户自定义完整性。

1．实体完整性

一个基本关系通常对应现实世界的一个实体集。例如，书刊关系对应于图书的集合。现实世界中的实体是可区分的，即它们具有某种唯一性标识。比如，在书刊数据表中，图书编号取值必须唯一，重复的编号必将造成书刊的混乱。

SQL Server 中提供了主键约束和唯一性约束来维护实体完整性。

2．参照完整性

现实世界中的实体之间往往存在某种联系，在关系模型中实体与实体间的联系是用关系来描述的，这样就自然存在着关系与关系间的引用。参照完整性就是涉及两个或两个以上关系的一致性维护。比如，在图书管理数据库中，借阅书刊数据表通过借阅卡编号和图书编号将这条借书记录和它所涉及的借阅者及图书联系起来。借阅卡编号必须在读者借阅卡数据表中存在，图书编号也必须在书刊数据表中存在，否则，这条借阅记录就等于引用了一个并不存在的借阅者或图书，这样的数据显然是没有意义的。

SQL Server 中提供了主键和外键约束来维护参照完整性。

3．域完整性

域完整性是对表中某些数据域值使用的有效性的验证限制，它反映了业务的规则。例如，借阅书刊数据表中，借阅数量必须大于等于 0；在读者借阅卡数据表中，每个读者的 E-mail 必须包含@符号，等等。

SQL Server 中提供了检查约束等来维护域完整性。

4. 用户自定义完整性

实体完整性、参照完整性和域完整性适用于任何关系数据库系统。除此之外，不同的关系数据库系统根据其应用环境的不同，往往还需要一些特殊的约束条件。用户自定义的完整性就是针对某一具体关系数据库的约束条件，它反映某一具体应用所涉及的数据必须满足的语义要求。关系模型应提供定义和检验这类完整性的机制，以便用统一的系统方法处理它们，而不要由应用程序承担这一功能。

二、数据完整性的实现

1. SQL 中的完整性约束机制

SQL Server 提供了一系列在列上强制数据完整性的机制，如各种约束条件、规则、默认值、触发器、存储过程等。下面将主要介绍如何利用约束条件来实现数据的完整性。

（1）主键（Primary Key）约束　主键约束是利用表中的一列或多列组合来唯一地识别表中的每一行数据。在表中，绝不允许有主键相同的两行存在。在受到主键约束的任何一行上都一定要有确切的数据，不能取空值。为了有效地实现数据的管理，每一张表最好都要有自己的主键，而且每张表上只能有一个主键。

需要注意的是，当主键由多个列组成时，某一列上的数据可以有重复，但是几个列的组合值必须是唯一的。例如，在借阅书刊数据表中将借阅卡编号和图书编号的组合作为主键，在表中的数据里可以出现借阅卡编号的重复值、图书编号的重复值，但是它们的组合值不允许出现重复值。

当在一个已经存放了数据的表上添加主键时，SQL Server 会自动对表中的现有数据进行检查（是否存在重复值，是否存在空值），以保证这些数据也能够满足主键约束的要求。如果不符合要求，SQL Server 会返回出错误的信息，并拒绝执行添加主键约束的操作。

此外，在前面提到，由于文本和图形数据类型的数据量太大，所以不能创建主键。

（2）外键（Foreign Key）约束　外键约束主要用来维护两个表之间的一致性关系。外键的建立主要是通过将一个表 A 中的主键所在列包含在另一个表 B 中，这些列就是表 B 的外键。可以称表 A 为主键表（或父表），表 B 为外键表（或子表）。

例如，借阅书刊数据表中的图书编号应与书刊数据表中的图书编号相关，该列是书刊数据表的外键。作为外键的列的值可以是空值，或者是它所引用的表中已经存在的值，这样可以防止借阅书刊数据表的图书编号出现不存在的图书。同时，在 SQL Server 中，建立了级联更新和级联删除的功能，允许指定在书刊数据表中的记录被修改或删除时，借阅书刊数据表中的对应图书记录也一起被修改或删除。

外键约束不仅可以与另一张表上的主键约束建立联系，也可以与另一张表上的唯一性（Unique）约束建立联系。

在创建外键约束时，一定要保证父表中被引用的列必须唯一（即必须为主键或唯一性约束）。同时，父表中的被引用列与子表中的外键列数据类型和长度必须相同，否则不能创建。图 4-1 是两表中列的数据长度不一致时产生的错误对话框。

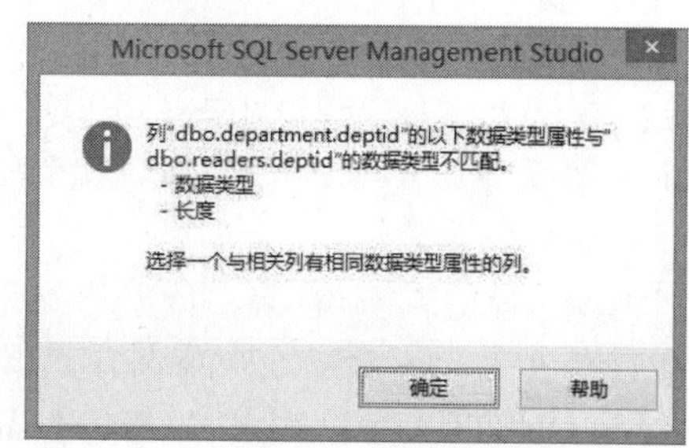

图 4-1　父表与子表外键引用列数据长度不一致时出现的错误

（3）唯一性约束　唯一性约束主要是用来确保不受主键约束的列上的数据的唯一性。使用唯一性约束和主键约束都可以保证数据的唯一性。但它们之间有以下几个明显的不同：

① 唯一性约束主要作用在非主键的一列或多列上。

② 唯一性约束允许该列上存在空值，而主键则不允许出现这种情况。

③ 一个表上可以定义多个唯一性约束，但只能定义一个主键约束。

与主键约束一样，设置了唯一性约束的列也可以被外键约束所引用。

（4）检查（Check）约束　检查约束可以用于限制列上可以接受的数据值，它就像一个门卫，依次检查每一个要进入数据库的数据，只有符合条件的数据才允许通过。

检查约束通过使用逻辑表达式来限制列上可以接受的值。例如，要限制借阅数据表 borrow 中的借阅数量 borrownum 不能为负数，就可以在借阅数量上设置一个检查约束，满足指定逻辑表达式的数据才能被数据库接受，其语句为：borrownum>=0。

可在一列上使用多个检查约束，也可以在表上建立一个可以应用于多个列上的检查约束。当一列受多个检查约束控制时，所有的约束按照创建的顺序，依次进行数据有效性的检查。

当在一个已经存在数据的表上添加检查约束时，在默认情况下，检查约束将同时应用于新的数据和已经存在的数据，但也可以通过设置使其只应用于新的数据。

（5）默认（Default）约束　默认约束指定在输入操作中没有提供输入值时，系统将自动提供给某列的默认值。例如，借阅书刊表中的借书日期 borrowdate 可以设置默认值为当前系统日期（利用函数 getdate（）获得）。

2．实现数据完整性的 T-SQL 语句

（1）建立表的完整性语句　T-SQL 语句一般在创建表的 CREATE TABLE 语句中定义表的完整性，其语法如下：

```
CREATE TABLE [数据库名.[表的拥有者.]表名
(
{ <列名> <数据类型> | AS<表达式>
[CONSTRAINT 约束名
[NULL|NOT NULL]
[IDENTITY(初值,步长)]
[COLLATE]
|DEFAULT 缺省值
|CHECK（范围表达式）
|PRIMARY KEY CLUSTERED|NONCLUSTERED （主键所在的列名）
|UNIQUE CLUSTERED|NONCLUSTERED（唯一约束所在的列名）
 |FOREIGN KEY（从表外键的列名）REFERENCES 主表名（主表主键的列名）]
```

参数说明：

AS<表达式>：计算字段是特殊的字段，该字段的值由表中的其他字段通过计算得出。在数据表中，计算字段并不保存数据。

CONSTRAINT 约束名 PRIMARY KEY [CLUSTERED|NONCLUSTERED]（主键所在的列名）：用于定义主键约束。其中，CLUSTERED|NONCLUSTERED 是指定索引的类型，CLUSTERED 为默认值，表示是聚集索引。

CONSTRAINT 约束名 UNIQUE [CLUSTERED|NONCLUSTERED]（唯一约束所在的列名）：用于定义唯一性约束。

CONSTRAINT 约束名 FOREIGN KEY（从表外键的列名）REFERENCES 主表名（主表主键的列名）]：用于定义外键约束。

CONSTRAINT 约束名 CHECK [Not For Replication]（逻辑表达式）：用于定义检查约束。

CONSTRAINT 约束名 DEFAULT 约束表达式 [For 列名]：用于定义默认约束。

（2）修改表的数据完整性语句

```
ALTER TABLE 表名 [WITH CHECK|WITH NOCHECK]
ADD CONSTRAINT 约束名 约束类型
DROP CONSTRAINT 约束名
```

参数说明：

WITH CHECK|WITH NOCHECK：用于表示是否使用新建的约束去检验数据表中的原有记录，默认为 WITH CHECK，表示要检查，WITH NOCHECK 则表示不检查。

ADD CONSTRAINT：表示增加一个约束。

DROP CONSTRAINT：表示删除一个约束。

任务实施

一、利用约束维护数据完整性

1．建立主键约束

（1）利用 SQL Server Management Studio 创建主键　如图 4-2 所示，建立数据库的表时，在指定的列上右击，在弹出的快捷菜单中选择【设置主键】命令，则该列就被设置为主键，并且在该列的开头会出现一个类似钥匙的图标。在该列上再次右击，在弹出的快捷菜单中选择第一项【移去主键】命令，将取消对该列的主键约束。

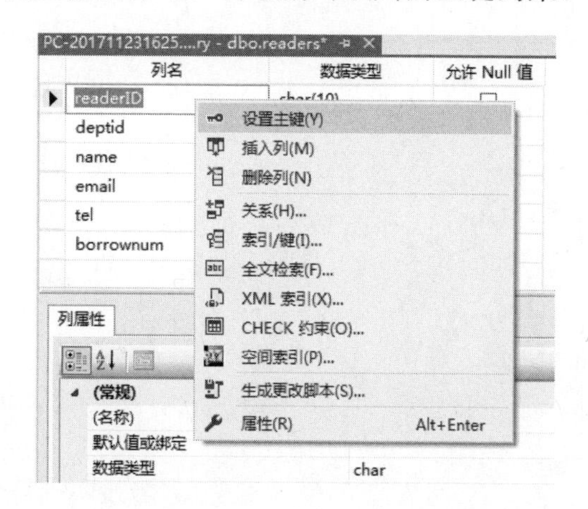

图 4-2　利用 SQL Server Management Studio 创建主键

设置多个列（字段）的组合为主键：当已设置某列为主键后，再设置另一列为主键，则已设置的主键自动取消。为了设置多列的组合为主键，需要先选取需要组合为主键的列（选取的方法是，选取某一列后，再在按住<Ctrl>键的同时在要选取的列前单击鼠标左键），然后在选取的任意列上单击鼠标右键，在弹出的快捷菜单上选择【设置主键】，则设置选取的多列为组合主键。

（2）利用 T-SQL 语句创建主键

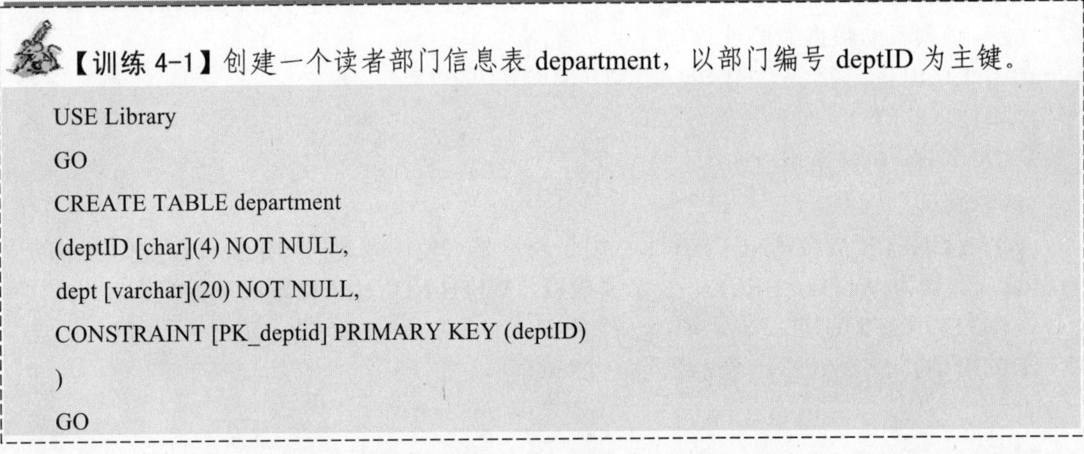

【训练 4-1】创建一个读者部门信息表 department，以部门编号 deptID 为主键。

```
USE Library
GO
CREATE TABLE department
(deptID [char](4) NOT NULL,
dept [varchar](20) NOT NULL,
CONSTRAINT [PK_deptid] PRIMARY KEY (deptID)
)
GO
```

此外，也可以用下列的简洁方式定义主键。在这个例子中没有为主键提供约束名，SQL Server 会自动为它提供一个名字。

```
USE Library
GO
CREATE TABLE department
(deptID [char](4) PRIMARY KEY,
dept [varchar](20) NOT NULL,
)
GO
```

【训练 4-2】创建书刊借阅信息表 borrow，以图书编号和借阅卡编号作为主键。

```
CREATE TABLE borrow
(bookID [char](10) NOT NULL,
readerID [char](10) NOT NULL,
borrowdate [smalldatetime] NULL,
returndate [smalldatetime] NULL,
CONSTRAINT [PK_borrow]
  (bookID,readerID)
)
```

【训练 4-3】向已有表中添加主键，如果创建部门信息表 department 时没有定义主键约束，可以使用下列语句定义 deptID 主键。

```
USE Library
GO
ALTER TABLE department ADD CONSTRAINT PK_ID PRIMARY KEY(deptID)
GO
```

向已存在的表中的某一列或某几列添加主键约束，表中已有的数据在这几列上需要满足两个条件：一是不能有重复的数据；二是不能有空值。

【训练 4-4】删除主键约束，删除 department 表中 deptID 列上的主键约束。

```
USE Library
GO
ALTER TABLE department DROP CONSTRAINT PK_ID PRIMARY KEY(deptID)
```

2．建立外键约束

（1）利用 SQL Server Management Studio 为书刊信息表 books 创建外键约束　在 SQL Server Management Studio 的【对象资源管理器】中，右击要建立外键的表，例如 books，在快捷菜单中选择【设计】命令，在表设计器中打开该表。

在表设计器菜单中单击【关系】命令（或者在右键的快捷菜单中选择），打开【外键关系】对话框，单击【添加】按钮。该关系将以系统提供的名称显示在【选定的关系】列表中，名称格式为“FK_books _books”，其中 books 是外键表的名称，如图 4-3 所示。

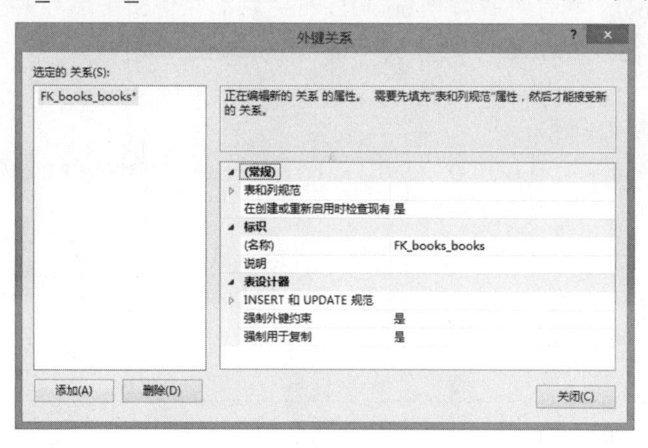

图 4-3　【外键关系】对话框

单击【外键关系】对话框右侧网格中的【表和列规范】，再单击该属性右侧的省略号按钮【…】，打开【表和列】对话框。在【表和列】对话框中，从【主键表】下拉列表框中选择主键表，这里选择图书类别表“type”。在下方的网格中选择要分配给表的主键列“typeID”。在右侧相邻的网格中选择外键表的相应外键列“typeID”，表设计器会给出建议的关系名称“FK_books _type”，如图 4-4 所示。

用户可以编辑关系名称，单击【确定】按钮，即可创建外键约束并建立关系，如图 4-5

所示。图中表示外键表 books 通过外键列“typeID”与主键表 type 建立了关系。

在【外键关系】对话框中，可以单击【删除】按钮删除关系。

还可以在【外键关系】对话框中对创建的“外键关系”进行修改。可进行的操作有：

展开【Insert 和 Update 规范】，可对【插入操作】和【更新操作】选择【无操作】、【层叠】、【设置空】和【设置默认值】等选项。

选择【强制外键约束】为“是”，则创建外键约束时对现存数据进行检查。

设置【强制复制约束】为“是”，则在进行数据复制时，进行外键约束检查。

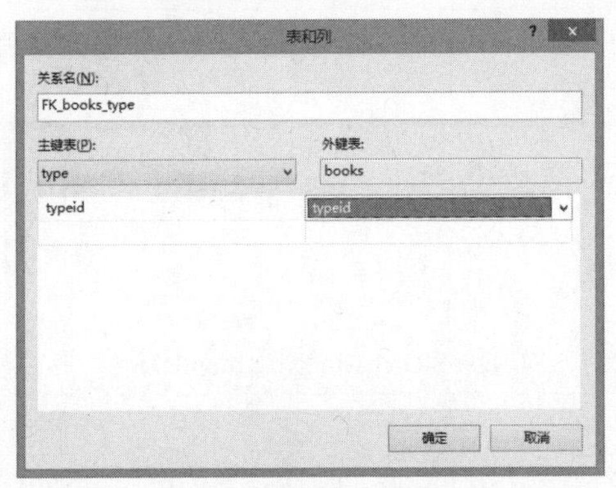

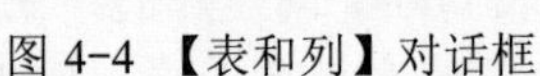
图 4-4 【表和列】对话框

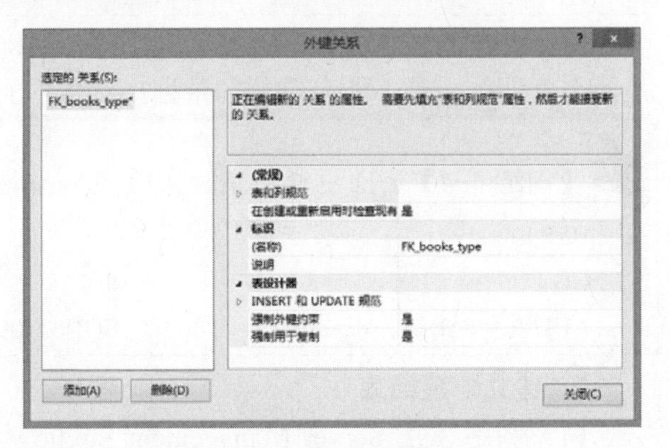

图 4-5 设置外键约束

（2）利用 T-SQL 语句创建外键约束

【训练 4-5】在已创建的书刊借阅信息表 borrow 上，在图书编号 bookID 列上创建外键与书刊信息表 books 中的图书编号 bookID 相关联，在借阅卡编号 readerID 列上创建外键与读者借阅卡信息表 readers 中的借阅卡编号 readerID 相关联。

```
USE library
GO
ALTER TABLE borrow ADD CONSTRAINT FK_borrow_books FOREIGN KEY(bookID) REFERENCES
books(bookID)
GO
ALTER TABLE borrow ADD CONSTRAINT FK_borrow_readers] FOREIGN KEY(readerID)
REFERENCES readers(readerID)
GO
```

3．建立 CHECK 约束

（1）用 SQL Server Management Studio 创建检查约束　为借阅信息表 borrow 中的借阅日期字段创建一个检查约束，使借阅日期不小于“2016-1-1”。

在 SQL Server Management Studio 的【对象资源管理器】中，右击要建立 CHECK 约束的表，例如书刊借阅信息表 borrow，在弹出的快捷菜单中选择【设计】命令，在表设计器中打开该表。

在【表设计器】工具栏中选择【管理 CHECK 约束】命令，或者右键单击已打开表的空白处，在弹出的快捷菜单中单击【CHECK 约束】命令，打开【CHECK 约束】对话框。单击【添

加】按钮，此时将添加一个 CHECK 约束，该索引以系统提供的名称显示在【选定的 CHECK 约束】列表中，名称格式为 CK_borrow，其中 borrow 是所选表的名称，如图 4-6 所示。

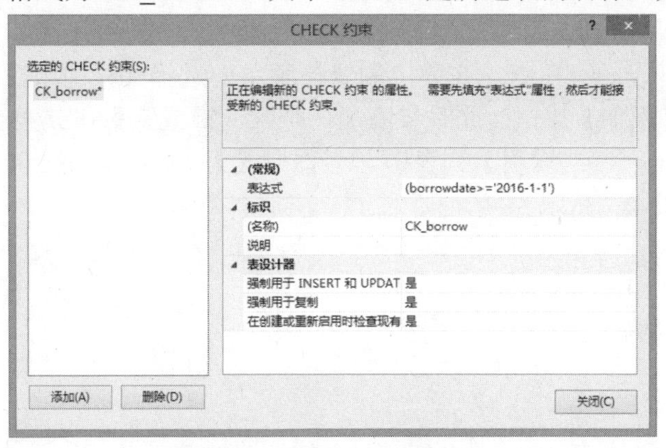

图 4-6 设置 CHECK 约束

单击右侧网格中的【表达式】，再单击该属性右侧出现的省略号按钮【...】，打开【CHECK 约束表达式】对话框。在该对话框中输入表达式“borrowdate>='2016-1-1'”，并单击【确定】按钮。

这样一个叫作 CK_borrow 的检查约束就创建完成了。

默认设置【强制用于 INSERT 和 UPDATE】为“是”，使插入或修改数据时，检查约束有效。

默认设置【强制用于复制】为“是”，以使在进行数据复制时，检查约束有效。

默认选中【在创建和重新启用时检查现存数据】为“是”，表示对现存数据进行检查。

已创建的检查约束可通过单击【删除】按钮加以删除。

（2）利用 T-SQL 语句创建检查约束

【训练 4-6】对已创建的读者借阅卡信息表 readers，在借书数量 borrownum 列上创建检查约束，要求借书数量不小于 0。

```
USE library
GO
ALTER TABLE readers ADD    CONSTRAINT CK_readers    CHECK((borrownum>= 0))
GO
```

【训练 4-7】向读者借阅卡信息表 readers 中添加约束，要求输入的电子邮件地址必须包含“@”符号。

```
USE library
GO
ALTER TABLE readers ADD    CONSTRAINT CK_ email    CHECK (Email like '%@%' )
GO
```

4. 建立 UNIQUE 约束

（1）利用 SQL Server Management Studio 为部门信息表中的部门名称创建唯一性约

束在 SQL Server Management Studio 的【对象资源管理器】中，右击要建立唯一性约束的表，例如 department，在弹出的快捷菜单中选择【设计】命令，在表设计器中打开该表。

右键单击已打开表的空白处，在弹出的快捷菜单中选择【索引/键】命令，打开【索引/键】对话框。单击【添加】按钮，此时将添加一个唯一键或索引，该索引以系统提供的名称显示在【选定的主/唯一键或索引】列表中，名称格式为 IX_department，其中 department 是所选表的名称，如图 4-7 所示。

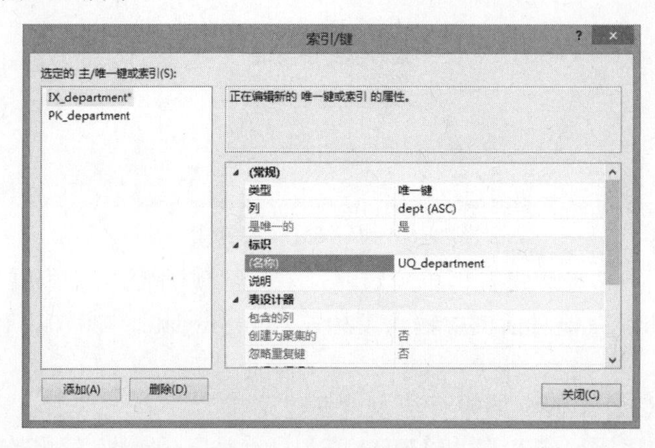

图 4-7　设置唯一性约束

单击右侧网格中的【列】，单击该属性右侧出现的省略号按钮【…】，打开【索引列】对话框。在该对话框中选择要建立唯一性索引的列名称 dept，并单击【确定】按钮。

将右侧网格中的【是唯一的】属性修改为“是”，同时将索引名称修改为 UQ_ department。最后单击【关闭】按钮，完成唯一性约束的创建工作。

（2）利用 T-SQL 语句创建唯一性约束

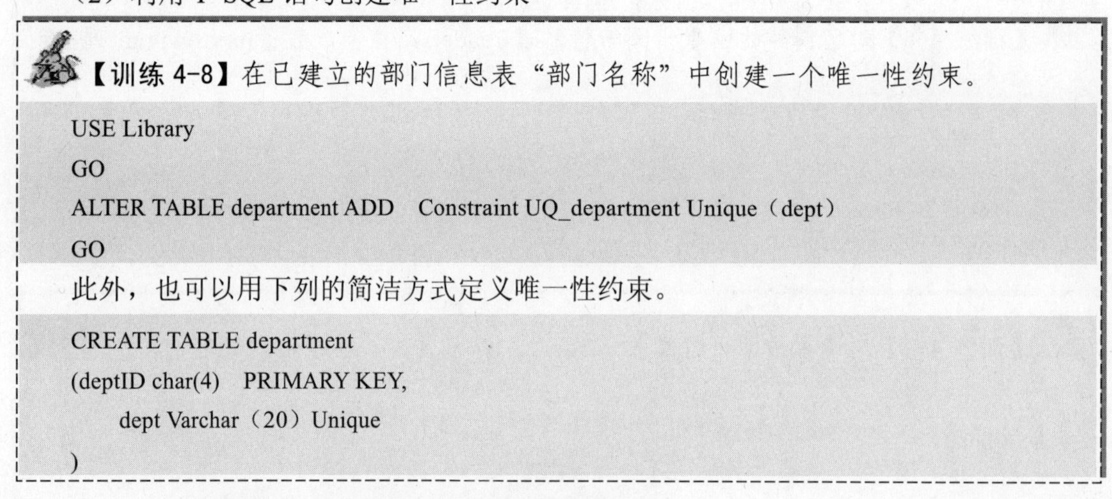

【训练 4-8】在已建立的部门信息表“部门名称”中创建一个唯一性约束。

```
USE Library
GO
ALTER TABLE department ADD  Constraint UQ_department Unique（dept）
GO
```

此外，也可以用下列的简洁方式定义唯一性约束。

```
CREATE TABLE department
(deptID char(4)  PRIMARY KEY,
    dept Varchar（20）Unique
)
```

二、利用默认值维护数据完整性

建立默认值约束

（1）利用 SQL Server Management Studio 创建默认约束

【训练 4-9】为借阅信息表 borrow 中的借阅日期字段创建一个检查约束，使借阅日期默认为当前日期。

在数据库表 borrow 的设计或修改界面上，选中要创建默认约束的列 borrowdate，在对应的【列属性】设置中的【默认值或绑定】文本框中输入默认的表达式 getdate()，如图 4-8 所示。

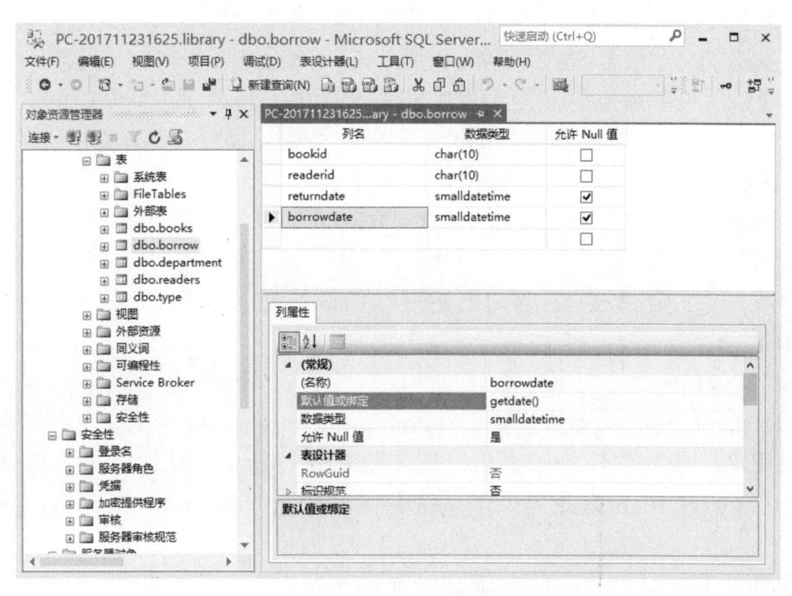

图 4-8 设置默认约束

默认表达式也可以是一个常数值，例如，将借书数量的默认值设置为 0，可以在 borrownum 列的默认值框中直接输入“0”。

（2）利用 T-SQL 语句创建默认约束

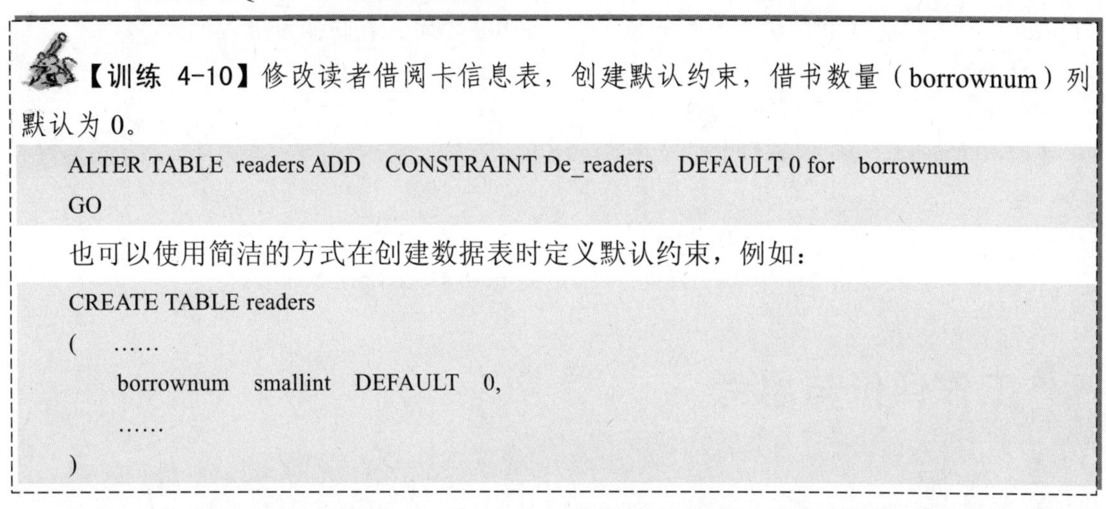

【训练 4-10】修改读者借阅卡信息表，创建默认约束，借书数量（borrownum）列默认为 0。

```
ALTER TABLE readers ADD CONSTRAINT De_readers DEFAULT 0 for borrownum
GO
```

也可以使用简洁的方式在创建数据表时定义默认约束，例如：

```
CREATE TABLE readers
(    ……
     borrownum  smallint  DEFAULT  0,
     ……
)
```

注意：在 SQL Server Management Studio 中输入记录时，定义了默认值的列不会即时填入默认值，而是当用户没有输入值，并完成输入后才自动填入的。

能力拓展

规则与数据完整性

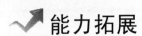

在 SQL Server 2016 中，除了可以使用约束来维护数据的完整性外，还可以使用规则维护数据的完整性。与约束不同，规则是单独存储的独立的数据库对象，虽然它也是对数据库存储在表中的列或用户自定义数据类型中的值的规定和限制，但是它与其作用的数据表或用户自定义数据类型是相互独立的，即数据表或用户自定义数据对象的删除、修改不会对与之相连的规则产生影响。也就是说，规则的作用与 CHECK 约束一样，只是规则不固定于某一列，而是创建好以后可以随意地绑定于表中的某个列上。通过使用规则，可以确保用户在该列输入的数据在指定的范围内。规则和约束可以同时使用，相比较而言，CHECK 约束是用于限制字段值的更标准的方法，但 CHECK 约束不能直接作用于用户自定义数据类型。

在 SQL Server 2016 中，可以使用 CREATE RULE 语句和系统存储过程 sp_bindrule 来实现规则的应用。

（1）创建规则　使用 T-SQL 语句创建规则的语法如下：

```
CREATE RULE rule_name
AS condition_expression
```

其中，rule_name 表示新建的规则名；condition_expression 表示定义规则的条件。

（2）绑定规则　成功创建规则之后，还需要在执行相关操作时，与这些规则进行绑定才能使用。SQL Server 2016 为此提供了系统存储过程 sp_bindrule，该存储过程的使用语法如下：

```
EXEC sp_bindrule rule_name , 'table_name.column_name'
```

其中，rule_name 表示已创建的规则名；table_name 表示要绑定的数据表；column_name 为要绑定的表的数据列。

【训练 4-11】在数据库 Library 中创建一个规则，并将其绑定到 books 表中的单价（price）列上，使得用户输入的图书单价在 0～200 之间，否则提示输入无效。

```
USE library
GO
CREATE RULE r_price AS @price>=0 and @price<=200
GO
EXEC sp_bindrule r_price , 'books.price'
```

上述语句创建了规则 r_price，并将其绑定到 books 表的 price 列上。

工作评价与思考

一、选择题

1．（　　）可以用于维护同一数据库中两表之间的一致性关系。

A．主键约束　　　　B．默认值约束

C．外键约束　　D．检查约束

2．数据库表中主键约束和唯一性约束的区别在于（　　）。

A．一个表只能定义一个主键约束，主键值可以为空

B．一个表可以定义多个主键约束，主键值可以为空

C．一个表只能定义一个主键约束，主键值不能为空

D．一个表可以定义多个主键约束，主键值不能为空

3．（　　）用于限定字段上可以接受的数据值。

A．检查约束　　B．默认值约束

C．空值约束　　D．唯一性约束

4．以下关于用户自定义数据类型叙述错误的是（　　）。

A．创建后可在表结构的定义中使用

B．是基于 SQL Server 中的系统数据类型

C．是一个多种基本数据类型的复合体

D．可以绑定规则和默认值

5．以下关于规则叙述错误的是（　　）。

A．是一组使用 T-SQL 书写的条件语句

B．规则的使用是为了维护数据库的实体完整性

C．与列或用户自定义数据类型绑在一起

D．当插入或修改数据时，验证规则

6．以下关于默认值叙述错误的是（　　）。

A．与列或用户自定义数据类型绑在一起

B．当用户未指定值时，由系统自动指定的数据

C．表示经常可以变化的数值

D．可以是常量、内置函数或数学表达式

二、填空题

1．一个表上只能创建__________个主键约束，但可以创建_________个唯一性约束。

2．如果要求表中一个字段或几个字段的组合具有不重复的值，而且不允许为 NULL 值，就应当将这个字段或字段组合设置为表的_______________。

3．在 SQL Server 中，_______________不仅可以与另一张表上的主键约束建立联系，也可以与另一张表上的 Unique 约束建立联系。

4．当某一列数据经常具有一个_______________数值时，把该数值设置为默认值。

5．使用_______________语句修改表，使用_______________子句增加字段。

6．_______________将规则、默认值定义绑定在视图上。

7．正在被表或数据库使用的用户自定义数据类型_______________被删除。

8．绑定规则使用系统存储过程_______________。

三、简答题

1．简述关系数据库的几种完整性，并各举一个例子。

2．试述主键约束与唯一性约束的区别。

3．简述 SQL Server 中约束的概念、种类及定义方法。

4．用户自定义数据类型有什么作用？为什么要使用用户自定义数据类型？

5．什么是默认值？为表中数据提供默认值有几种方法？

6．什么是规则？它与 CHECK 约束的区别在哪里？

7．数据表中的行有次序吗？

四、操作题

试对已创建的学生成绩管理数据库建立数据完整性约束（即对相关表建立主键和外键约束）。

任务五

创建和管理索引

能力目标

- 能够使用 SQL Server Management Studio 在表中建立必要的索引。
- 能够使用 CREATE INDEX、DROP INDEX 等 SQL 语句建立、修改和删除索引。

知识目标

- 熟悉索引的概念、作用和分类。
- 了解合理使用索引的准则。

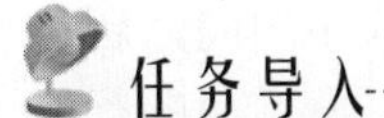

任务导入

数据库设计者的一个重要责任就是正确定义具有优化功能的数据表。SQL Server 2016 提供了表的索引和关键字机制来帮助 SQL Server 优化查询响应的速度。在前面的任务中我们已经创建了数据库和数据表，在此基础上还需要建立必要的索引，以便优化数据库的性能，提高数据的查询速度以及数据处理（包括数据表的连接等）的速度。本项目中的任务主要有以下几点：

（1）在 SQL Server Management Studio 中为数据表创建索引。

（2）使用 CREATE INDEX 命令创建索引。

（3）修改索引。

（4）删除索引。

对 Library 数据库进行如下操作：

（1）为书刊数据表中的作者字段创建一个降序、填充因子为 60%的非聚集索引。

（2）为读者信息表中的部门编号创建一个降序、填充因子为 60%、重新计算统计项的非唯一、非聚集索引。

（3）使用创建索引向导为读者信息表中的姓名创建一个唯一性的非聚集索引。

（4）使用 T-SQL 语句为书刊数据表中书的价格创建一个升序、填充因子为 70%的非聚集索引。

（5）将读者信息表中的姓名索引改为非唯一、填充因子为 60%。

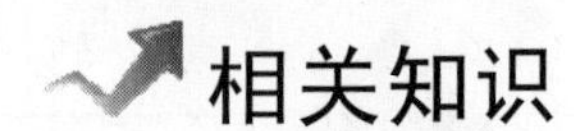

相关知识

一、索引概述

1. 索引的概念

对数据库最频繁的操作就是数据的查询，如果没有索引，则在查询时 SQL Server 要对整个表进行扫描。当表中的数据很多时，搜索数据就需要很长的时间。索引是一种依赖于表建立的、存储在数据库中的独立文件，它保存着表中排序的索引列，并且记录了索引列在数据表中的物理存储位置，实现了表中数据的逻辑排序。索引为 SQL Server 提供了一种组织指针的方法，这种指针就像一本书的参考目录，它组织了一个数据表中的关键值列表。通过这个列表，SQL Server 可以快速地查询到需要的数据页，从而得到查询结果。

要在 SQL Server 中创建一个索引，首先应当收集索引列的值，然后将一个数据页列表写到与索引值相匹配的索引页中。这样，在查询中扫描整个数据表之前，可以先查找匹配值，并让服务器扫描索引页列表，从而加快了检索速度。此外，索引还能加快表与表之间的连接，也能够加快 Order By 和 Group By 等需要排序和分组语句的执行速度。

2. 索引的类型

SQL Server 2016 中提供了以下几种索引：

（1）聚集索引　在聚集索引中，行的物理存储顺序与索引逻辑顺序完全相同，即索引的顺序决定了表中行的存储顺序，因为行是经过排序的，所以每个表只能有一个聚集索引。

聚集索引有利于范围搜索，由于聚集索引的顺序与数据行存放的物理顺序相同，所以聚集索引最适合范围搜索（因为找到了一个范围内开始的行后可以很快地取出后面的行）。

如果表中没有创建其他的聚集索引，则创建主键时在表的主键列上自动创建聚集索引。

（2）非聚集索引　非聚集索引并不是在物理上排列数据，即索引中的逻辑顺序并不等同于表中行的物理顺序，索引仅仅记录指向表中行的位置的指针，这些指针本身是有序的，通过这些指针可以在表中快速定位数据。非聚集索引作为与表分离的对象存在，可以为表的每一个常用于查询的列定义非聚集索引。

非聚集索引的特点使它很适合于直接匹配单个条件的查询，而不太适合于返回大量结果的查询。比如，客户表中的客户名称列上就很适合建立非聚集索引。

为一个表建立的索引默认都是非聚集索引，在一列上设置唯一性约束时也自动在该列上创建非聚集索引。

（3）唯一性索引　聚集索引和非聚集索引是按照索引的结构划分的。按照索引实现的功能还可以划分为唯一性索引和非唯一性索引。

一个唯一性索引能够保证在创建索引的列或多列的组合上不包括重复的数据，聚集索引和非聚集索引都可以是唯一性索引。

在创建主键和唯一性约束的列上会自动创建一个唯一性索引。

（4）视图索引　视图是一个虚拟的数据表，可以和真实的数据表一样使用。视图的本身并不存储数据，数据都存储在视图所引用的数据表中。在视图中也可以建立索引，称作视图索引。

（5）全文索引 全文索引是一种特殊类型的基于标记的功能性索引，是实现全文检索功能的。全文检索只对字符模式进行检索，对字和语句执行搜索功能。全文检索对于查询非结构化数据非常有效。

其他还有空间索引、筛选索引、XML 索引、列存储索引等。

3. 创建索引的注意事项

虽然索引可以提高数据的查询速度，但索引的存在也需要付出一定的代价。一是创建索引要花费时间和占用存储空间；二是索引虽然加快了检索速度，却减慢了数据修改的速度。因为每当执行一次数据修改（包括插入、删除、更新）时，就需要进行索引的维护，对建立了索引的列执行修改操作要比未建立索引的列执行修改操作所花的时间长，修改的数据越多，涉及维护索引的开销也就越大。因此，在创建索引时要综合考虑系统的整体性能，在考虑是否在列上创建索引时，应考虑列在查询中起到什么样的作用。通常在以下情况下适合创建索引：

① 用作查询条件的列，如主键，由于主键可以唯一表示行，通过主键可以快速定位到表的某一行，因此，一般要在主键上创建索引。

② 定义外键的列可以建立索引，外键的列通常用于数据表与数据表之间的连接，在其上建立索引可以加快数据表的连接。

③ 频繁按范围搜索的列，如学生基本情况表中的入学日期。

如下情况可以不考虑建立索引：

① 很少或从来不作为查询条件的列。

② 在小表中通过索引查找行可能会比简单地进行全表扫描还慢。

③ 只从很小的范围内取值的列。

④ 数据类型为 text、ntext、image 或 bit 的列上不要创建索引，因为这些类型的数据列的数据量要么很大，要么很小，不利于使用索引。

前面已经提及，一个数据表只能创建一个聚集索引，而非聚集索引最多能创建 249 个。通常应在创建非聚集索引前创建聚集索引。创建唯一性索引时，应保证创建索引的列不包括重复的数据，并且没有两个或两个以上的空值，因为创建索引时将两个空值也视为重复的数据，如果有这种数据，必须先将其删除，否则索引不能成功创建。

聚集索引与非聚集索引比较，聚集索引查询速度更快，但只能创建一个；而非聚集索引维护比较容易，可以创建多个。在使用这两种索引时应结合实际进行选择。合理使用聚集索引和非聚集索引的情况如表 5-1 所示。

表 5-1 合理使用聚集索引和非聚集索引

动作描述	使用聚集索引	使用非聚集索引
列经常被分组排序	√	√
返回某范围内的数据	√	×
一个或极少不同值	×	×
少数目的不同值	√	×
大数目的不同值	×	√
频繁更新的列	×	√
外键列	√	√
主键列	√	√
频繁修改索引列	×	√

二、索引的创建和使用

创建索引有直接和间接两种方法。直接创建索引就是使用命令或者在 SQL Server Management Studio 中直接创建索引；间接创建索引就是通过创建数据表而附加创建了索引，例如，在表中定义主键约束或唯一性约束时，系统自动创建了索引。

1．建立索引的 T-SQL 语句 CREATE INDEX

在 T-SQL 语句中可以用 CREATE INDEX 语句在一个已经存在的表上创建索引，语法的简单结构如下：

```
CREATE [ UNIQUE ] [ CLUSTERED | NONCLUSTERED ] INDEX index_name
ON { table_name | view_name } ( column_name [ ASC | DESC ] [ ,...n ] )
```

参数说明：

- UNIQUE 表示创建唯一性索引。
- CLUSTERED 表示创建聚集索引。
- NONCLUSTERED 表示创建非聚集索引。
- ON 表示可以在表或视图上创建索引，这里指定表或视图名称和相应的列名称。
- index_name 用于指定所创建的索引名称。
- ASC 表示索引为升序排序，DESC 表示索引为降序排序，默认为 ASC。

在 CREATE INDEX 语句中还可以添加 WITH 子句，其中包含了各种索引的创建选项，具体内容可以参阅帮助信息，这里不再赘述。

2．修改索引的 T-SQL 语句 ALTER INDEX

在 T-SQL 语句中可以用 ALTER INDEX 语句修改一个已经存在的索引，语法结构如下：

```
   ALTER INDEX { index_name | ALL }
ON <object>
{ REBUILD
   [ [ WITH ( <rebuild_index_option> [ ,...n ] ) ]
   | [ PARTITION = partition_number
       [ WITH ( <single_partition_rebuild_index_option>
                [ ,...n ] )
                    ]
                ]
     ]
  | DISABLE
  | REORGANIZE
         [ PARTITION = partition_number ]
         [ WITH ( LOB_COMPACTION = { ON | OFF } ) ]
  | SET ( <set_index_option> [ ,...n ] )
  }
```

参数说明：

- index_name 为索引文件名。

- object 为索引所在的对象名，即数据库中的指定表或视图名称。
- REBUILD 指定将使用相同的列、索引类型、唯一性属性和排序顺序重新生成索引。
- DISABLE 表示禁用索引。
- REORGANIZE 指定将重新组织的索引叶级。
- SET (<set_index_option> [,...n])指定不重新生成或重新组织索引的索引选项。

3. 删除索引的 T-SQL 语句 DROP INDEX

在 T-SQL 语句中可以用 DROP INDEX 语句删除索引，语法结构如下：

```
DROP INDEX    table_name.index_name
GO
```

参数说明：

- table_name 用于指定索引列所在的表。
- index_name 用于指定要删除的索引名称。

注意，DROP INDEX 命令不能删除由 CREATE TABLE 或者 ALTER TABLE 命令创建的主键或者唯一性约束索引，也不能删除系统表中的索引。

可以用一条 DROP INDEX 语句删除多个索引，索引之间要用逗号分开。

此外，可以使用系统存储过程给索引更名，其语法格式如下：

```
EXEC Sp_rename    'table_name. index_name', 'new_name'
```

参数说明：

- table_name. index_name 为原有索引名。
- new_name 为新索引名。

任务实施

一、创建索引

1. 使用 SQL Server Management Studio 向导建立索引

（1）用 SQL Server Management Studio 在建表时创建索引

【训练 5-1】在建立读者借阅信息表 readers 时，按读者编号 readerID 建立主键约束，索引方式为聚集索引；按读者姓名 name 建立唯一性约束，索引方式为非聚集索引。

① 在 SQL Server Management Studio 的【对象资源管理器】中，右击要建立约束的表 readers，在弹出的快捷菜单中选择【设计】命令，在表设计器中打开该表。

② 在表设计器中，选择【readerID】字段，在【表设计器】工具栏中选择【设置主键】命令，则在【readerID】字段的前面多了一个小钥匙的图标，表示已创建了主键。

③ 在任意列上右击，在弹出的快捷菜单中选择【索引/键】命令，打开【索引/键】对话框。

④ 在【索引/键】对话框中单击【添加】按钮，创建索引。

⑤ 在【索引】→【名称】中为索引命名。在【列】中选择要创建索引的列 name。在【是唯一的】文本框中选择“是”来创建一个唯一性约束，如图 5-1 所示。

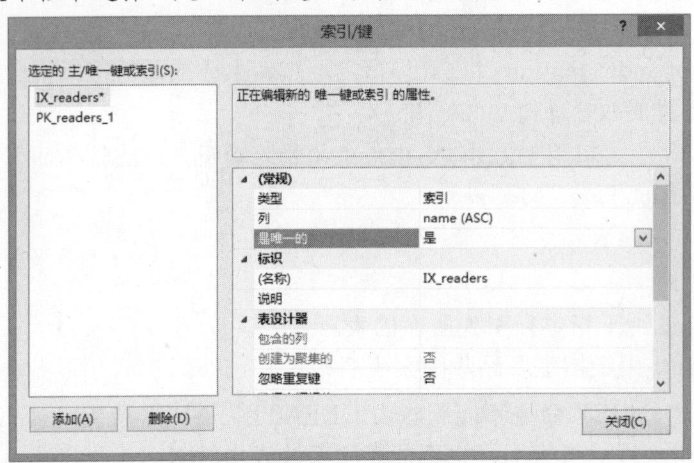

图 5-1　创建表主键索引和唯一索引

以上操作即创建了一个主键约束和一个唯一性约束。展开【对象资源管理器】窗口中表的索引列，即可看到刚刚创建的两个索引。

（2）用 SQL Server Management Studio 在已存在的表上创建索引

【训练 5-2】为书刊数据表中的作者字段创建一个降序、填充因子为 60%的非聚集索引。

① 在【对象资源管理器】窗口中选中要创建索引的表 books，并展开出现【索引】列。

② 右击【索引】列，在弹出的快捷菜单中选择【新建索引】→【非聚集索引】命令，打开【新建索引】窗口，如图 5-2 所示。

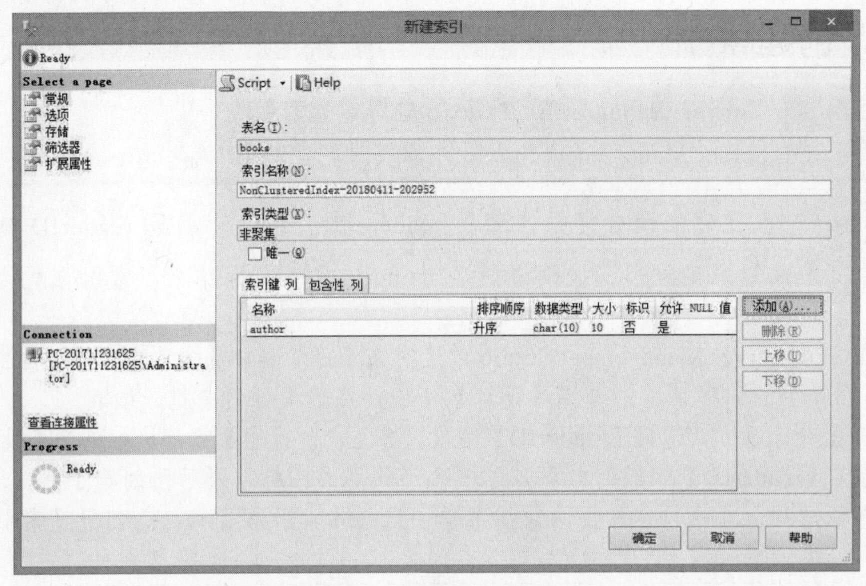

图 5-2　新建索引（常规）

③ 在【新建索引】窗口中单击【添加】按钮，打开【从‘dbo.books’中选择列】对话框，在该对话框列表中选择要创建索引的列 author（可以选择多列）。单击【确定】按钮退出。

④ 在图 5-2 所示的【索引名称】文本框中输入索引名 INDEX_author；在【索引类型】下拉列表框中选择索引类型，系统默认为“非聚集”；还可以选中“唯一”索引多选项。最后单击【确定】按钮，一个表的索引就创建完成了。

⑤ 在【新建索引】窗口中，可以单击左侧【选项】选项卡，对创建的索引进一步编辑。

在【选项】选项卡（如图 5-3 所示）有一个【填充因子】选项，它用来指定在创建索引的过程中，对各索引页的叶级进行填充的程度。该项默认值为 0，表示将叶子节点索引页全部填满。设置为 0 与设置为 100 意义完全相同。一般来讲，如果数据表中的数据不经常改动，最好将填充因子设置得大一点，相反则将填充因子设置得小一点。填充因子只在创建索引时才有用。

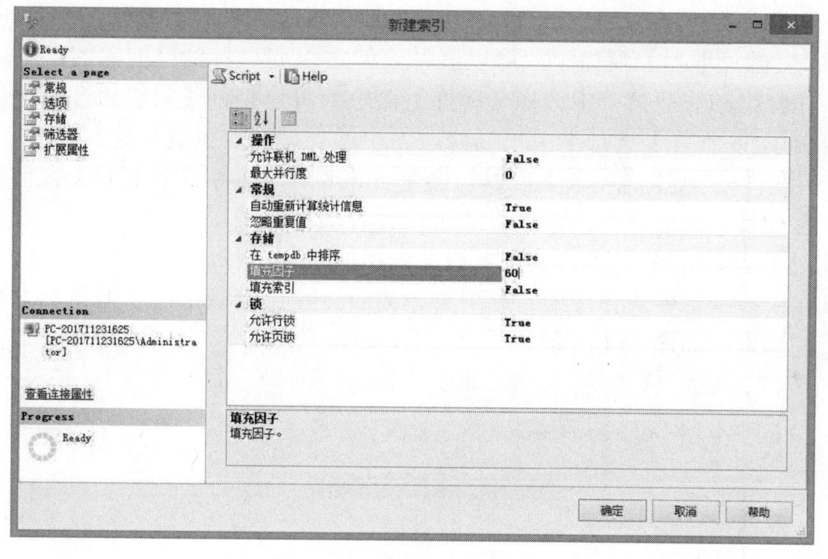

图 5-3　新建索引（选项）

2. 使用 T-SQL 语句建立索引

【训练 5-3】为读者借阅卡信息表 readers 中的电话号 tel 创建一个唯一性的非聚集索引。

```
USE library
GO
CREATE UNIQUE NONCLUSTERED INDEX Ix_tel On readers(tel)
GO
```

UNIQUE 关键字代表创建唯一性索引；NONCLUSTERED 关键字代表创建非聚集索引，该关键字可以省略，SQL Server 默认创建非聚集索引；Ix_tel 是用户自定义的索引名。

CLUSTERED 关键字代表创建聚集索引，DESC 代表索引的排序方法是降序，默认是升序 ASC。

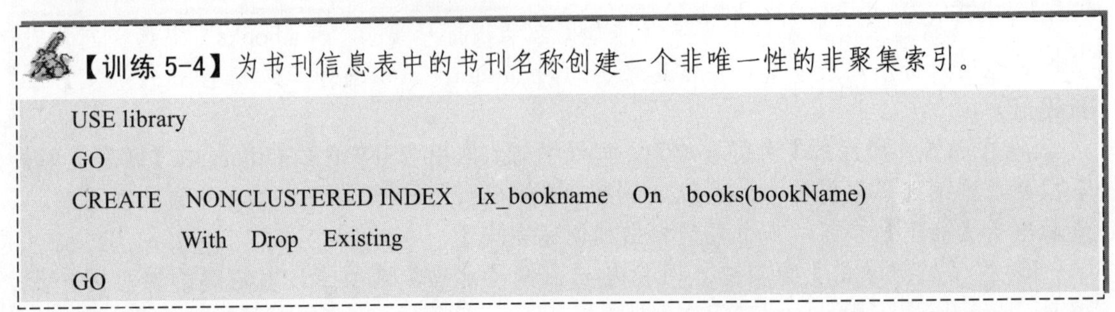

【训练 5-4】为书刊信息表中的书刊名称创建一个非唯一性的非聚集索引。

```
USE library
GO
CREATE   NONCLUSTERED INDEX   Ix_bookname   On   books(bookName)
         With   Drop   Existing
GO
```

With 子句中的 Drop Existing 是指，如果表中已经存在同名的索引则将其删除，重建索引。

二、管理索引

1. 查看和修改索引

（1）使用 SQL Server Management Studio 查看和修改索引　在 SQL Server Management Studio【对象资源管理器】窗口中，可以展开表的索引列，看到已创建的索引。右键单击索引名称，在弹出的快捷菜单中选择【属性】命令，可以打开【索引属性】对话框。

在【索引属性-常规】选项卡上可以修改索引的类型、索引键列等。

在【索引属性-选项】选项卡上可以勾选是否重新计算索引统计信息。索引统计信息对维护索引的性能具有指导作用。在这里还可以设置填充因子。

在【索引属性-存储】选项卡上可以修改索引的文件组和分区属性。

也可以在快捷菜单中选择【编写索引脚本为|create 到|新查询编辑器窗口】命令，查看已创建索引的脚本，如图 5-4 所示。

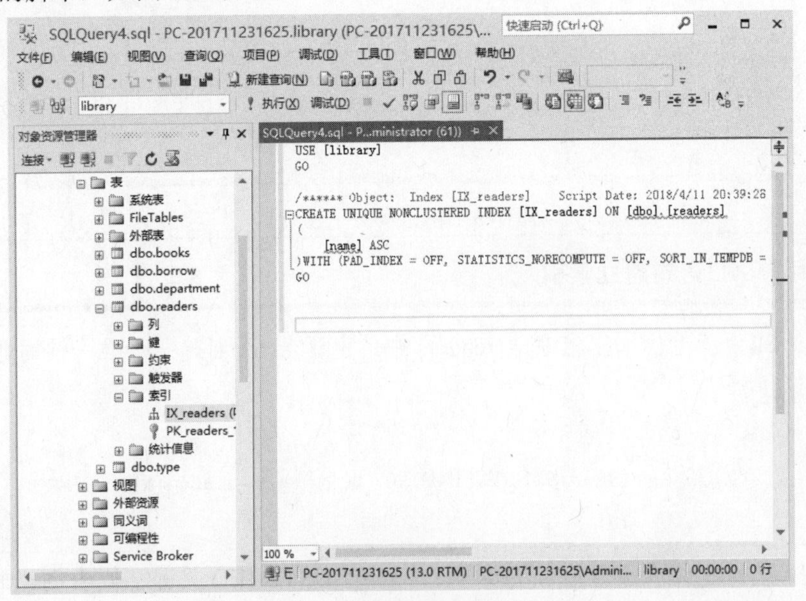

图 5-4　查看索引脚本

（2）使用系统存储过程 sp_helpindex 查看索引信息　在查询编辑器中使用系统存储过程 sp_helpindex 也可查看特定表上的索引信息。在查询编辑器中输入如下语句：

```
USE library
GO
EXEC Sp_helpindex readers
```

可以查看读者借阅卡信息表上所有索引的名称、类型和建索引的列，如图 5-5 所示。

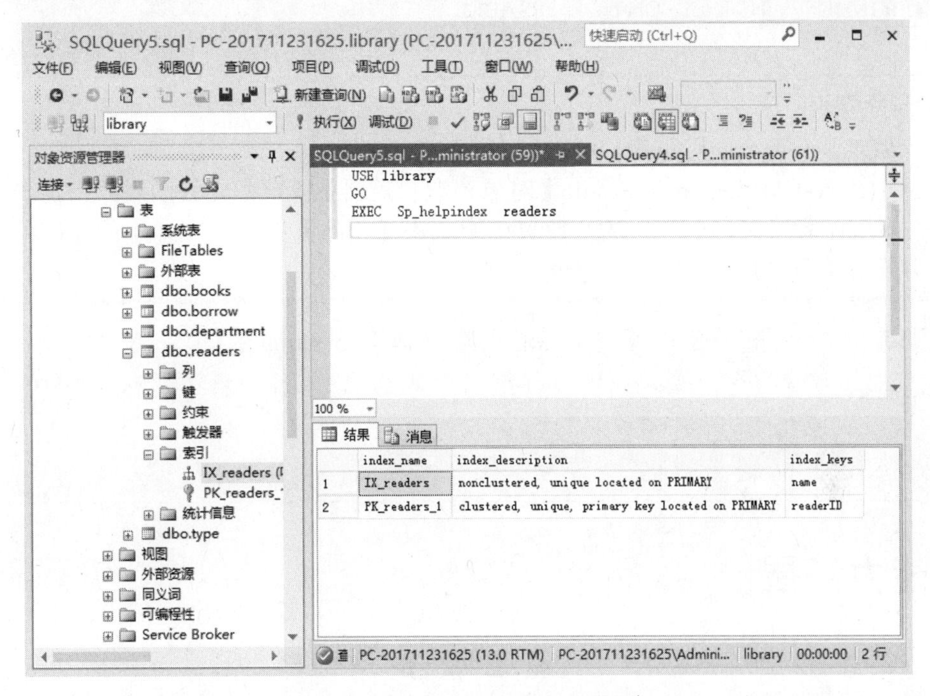

图 5-5 利用存储过程查看索引信息

（3）使用 T-SQL 语句禁用及重新生成索引 在 SQL Server 2016 中，索引的数据是由系统自动维护的，在增加、删除、修改数据后，索引数据可能会更新，时间长了这些索引数据可能会分散在硬盘的各个位置，由此产生碎片，并影响查询性能。为了对碎片进行处理，可以使用重新生成索引来删除索引碎片。

重新生成索引将原有的索引删除并重新创建一个相同的索引。可以使用 SQL Server Management Studio 来重新生成索引，也可以使用 T-SQL 语句重新生成索引。

【训练 5-5】使用 T-SQL 语句重新生成 Library 数据库中 books 表里的“Ix_bookname”索引，并设置索引填充，填充因子为 60。

```
USE library
ALTER INDEX Ix_bookname ON books REBUILD
    WITH (PAD_INDEX=ON,FILLFACTOR=60)
GO
```

禁用索引表示禁止用户使用该索引，可以防止用户在查询记录时访问该索引，被禁用的索引要重新生成后才能被再次启用。如果禁用了聚集索引，则无法访问聚集索引所在的数据表。禁用索引同样可以通过两种方法实现。

【训练 5-6】使用 T-SQL 语句禁用 Library 数据库中 books 表里的“Ix_bookname”索引。

```
USE library
ALTER INDEX Ix_bookname ON books DISABLE
GO
```

2．删除索引

使用 SQL Server Management Studio 删除索引。

在 SQL Server Management Studio【对象资源管理器】窗口中，可以展开指定表的索引列，右击对应的索引名，在弹出的快捷菜单中单击【删除】按钮，在弹出的【删除对象】对话框中单击【确定】按钮即可删除索引。

【训练 5-7】使用 T-SQL 语句删除已创建的 Ix_bookname 索引。

```
USE library
GO
DROP INDEX    books.Ix_bookname
```

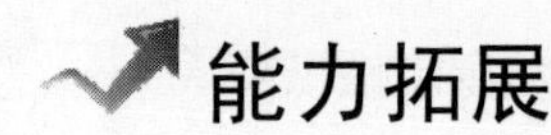

能力拓展

全文索引

1．全文索引的概念

所谓全文搜索，即在整个数据库中搜索，它是通过使用全文索引来实现的。一个全文索引中存储了表的数据中有确切含义的字符串，以及其在表的列中的位置等信息。全文索引是由 Microsoft SQL Server 全文搜索服务创建和维护的。全文搜索就是利用全文索引中的信息查找含有特定字符串的数据行。在对大量的文本数据进行查询时，全文索引可以大大提高查询的性能。

全文索引能够对数据库中的字符（如 varchar、text、ntext 等）、image 等类型列进行索引，并通过全文索引实现全文搜索查询。

在数据库中，一个表只能有一个全文索引，一个数据库则可以有多个全文索引，这些全文索引包含在一个或多个全文索引目录中。在系统中要使用全文索引必须首先启动全文搜索功能，即启动相应的服务。在此基础上创建全文目录和全文索引，这样就可以使用全文搜索查询了。

2．全文搜索查询操作

（1）启动全文搜索　在创建全文目录前应启动全文搜索功能，而启动全文搜索功能有多种方式，既可以通过操作系统的【管理工具】直接启动“SQL Server Fulltext Search”服务，也可以利用 T-SQL 语句来实现。这里使用 SQL Server Management Studio 来完成。

在 SQL Server Management Studio【对象资源管理器】窗口中，展开【管理】列，右击

【全文索引】，在弹出的快捷菜单中单击【启动】命令，即启动了全文搜索功能。

（2）使用 SQL Server Management Studio 创建全文索引目录　在 SQL Server Management Studio【对象资源管理器】窗口中，选择本地数据库实例，依次选择【数据库】→【Library】→【存储】→【全文目录】命令。

右击【全文目录】，在弹出的快捷菜单中单击【新建全文目录】命令，出现如图 5-6 所示的【新建全文目录】窗口。

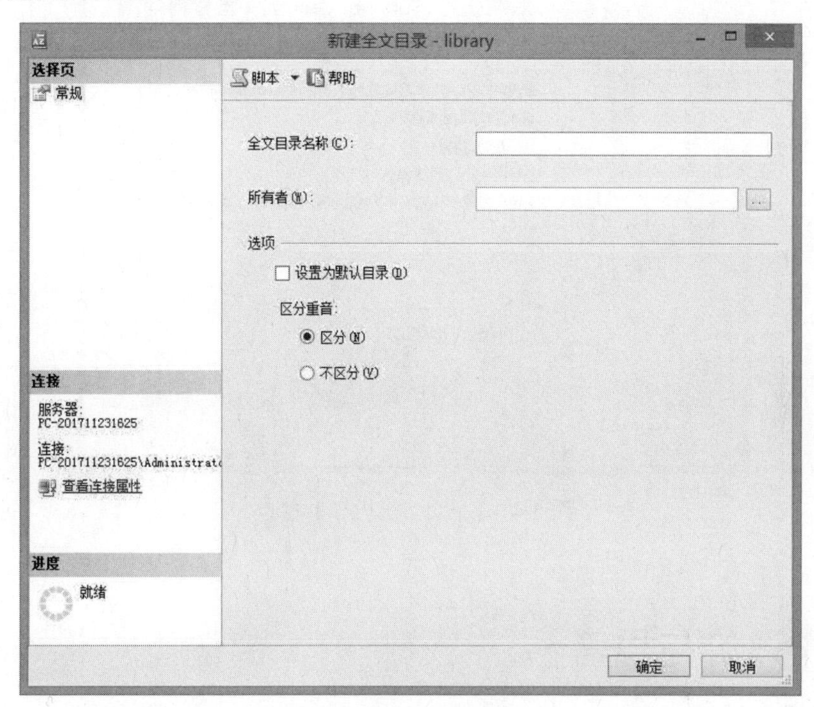

图 5-6 【新建全文目录】窗口

在【新建全文目录】窗口中输入要创建的全文目录名称和文件存放位置。在【全文目录名称】下拉列表框中选择全文目录所归属的文件组，在【所有者】文本框中输入全文目录的所有者；选中【设置为默认目录】复选框表示可以将此目录设置为全文目录的默认目录。

单击【确定】按钮，完成创建全文索引目录。

（3）创建全文检索　在 SQL Server Management Studio【对象资源管理器】窗口中，依次选择【数据库】→【Library】→【表】→【Books】，右键单击【Books】，在弹出的快捷菜单中选择【全文检索】→【定义全文检索】，出现【全文检索向导】窗口，如图 5-7 所示。根据向导指引，依次选择唯一索引、选择要加入全文索引的字段、定义全文索引的更新方式、选择全文索引存储的全文目录，完成全文索引的创建。

（4）使用全文搜索查询　进行全文搜索需要在 SELECT 命令的 WHERE 子句中使用 CONTAINS 或 FRETEXT 关键字。

【例 5-1】搜索书刊数据表 Books 中的图书名称中含有“计算机”的记录。命令为

```
SELECT * FROM Books WHERE CONTAINS （bookname,'计算机'）
```

此查询将把名称中包含“计算机”的图书检索出来。

【例 5-2】使用 FRETEXT 查询 Books 中的图书名称中含有“计算机”的记录。

```
SELECT * FROM Books WHERE FRETEXT （bookname, '计算机'）
```

此查询不仅将把名称中包含“计算机”的图书检索出来，同时还会将含有“计”、“算”和“机”的图书检索出来。

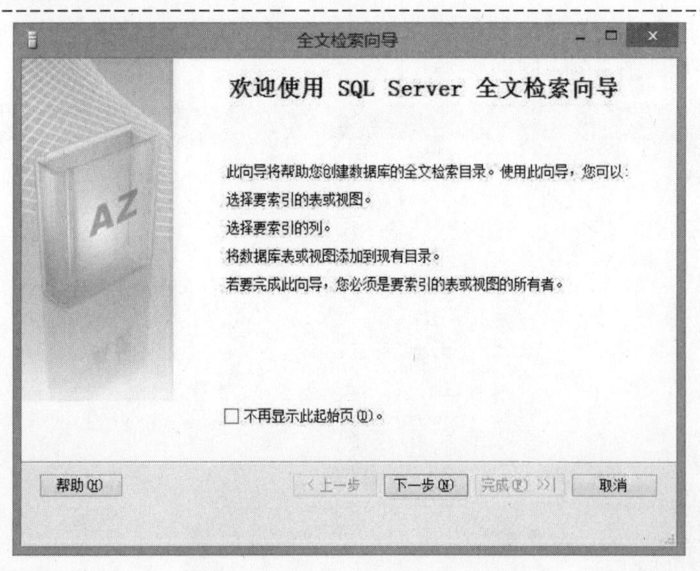

图 5-7 【全文索引向导】窗口

工作评价与思考

一、选择题

1. 创建索引的命令是（　　）。

　A．CREATE TRIGGER　　B．CREATE PROCEDURE
　C．CREATE FUNCTION　　D．CREATE INDEX

2. 下列哪类数据不适合创建索引（　　）。

　A．经常被查询搜索的列，如经常在 WHERE 子句中出现的列
　B．是外键或主键的列
　C．包含太多重复选用值的列
　D．在 ORDER BY 子句中使用的列

3. “CREATE UNIQUE INDEX INDEX_readerID On readers（readerID）”将在 readers 表上创建名为 INDEX_readerID 的（　　）。

　A．唯一索引　B．聚集索引　C．复合索引　D．唯一聚集索引

4. 索引是在基本表的列上建立的一种数据库对象，它同基本表分开存储，使用它能够加快数据（　　）速度。

　A．插入　B．修改　C．删除　D．查询

5. 以下关于索引的正确叙述是（　　）。

A．使用索引可以提高数据的查询速度和数据的更新速度
B．使用索引可以提高数据的查询速度，但会降低数据的更新速度
C．使用索引可以提高数据的查询速度，对数据的更新速度没有影响
D．使用索引对数据的查询速度和数据的更新速度均没有影响

6．每个表上最多可以创建（　　）个聚集索引。

A．1　　　B．2　　　C．3　　　D．249

7．下面关于唯一索引描述不正确的是（　　）。

A．某列创建了唯一索引则这一列为主键
B．不允许插入重复的列值
C．某列创建为主键，则该列会自动创建唯一索引
D．一个表中可以有多个唯一索引

8．某数据表已经将列 F 定义为主关键字，则以下说法中错误的是（　　）。

A．列 F 的数据是有序排列的
B．列 F 的数据在整个数据表中是唯一存在的
C．不能再给此数据表建立聚集索引
D．当为其他列建立非聚集索引时，将导致此数据表的记录重新排列

二、填空题

1．索引的建立有利有弊，建立索引可以__________，但过多建立索引会___________。

2．索引可以在_______________时创建，也可以在_______________创建。

3．SQL Server 索引的结构是一个_______________，其结构以一个根节点开始，这个根节点是索引的_______________。

4．创建唯一性索引时，应保证_______________不包括重复的数据，并且没有两个或两个以上的空值。如果有这种数据，必须先将其_______________，否则索引不能成功创建。

5．在一列设置唯一性约束时自动在该列上创建_______________。

6．用 CREATE INDEX ID_Index ON Students（身份证）建立的索引为___________索引。

三、简答题

1．聚集索引与非聚集索引的区别是什么？

2．索引是否越多越好？什么样的列才适合创建索引？

3．在一个表中可以建立多个聚集索引吗？为什么？

四、判断题

1．默认情况下，所创建的索引是非聚集索引。（　　）

2．聚集索引中关键字的逻辑顺序和表的物理行顺序不相同。（　　）

3．在数据库中建立的索引越多越好。（　　）

4．SQL Server 2016 自动为 PRIMARY KEY 约束的列建立一个索引。（　　）

项目二

使用图书管理数据库

- 任务六　数据操作
- 任务七　数据查询
- 任务八　创建和使用视图、存储过程和触发器

6

任务六

数据操作

能力目标

- 能够熟练使用 T-SQL 语句向数据表中插入数据。
- 能够熟练使用 T-SQL 语句更新数据表数据。
- 能够熟练使用 T-SQL 语句删除数据表数据。

知识目标

- 了解数据操作的概念。
- 熟悉 T-SQL 语句中的 INSERT、UPDATE、DELETE 语句的语法。
- 熟悉数据之间的依赖关系，并理解数据输入时操作表的先后顺序。

任务导入

数据库中的数据通常是动态的而不是一成不变的，在使用数据库的过程中经常需要对数据库进行维护，包括增加数据、修改数据或者删除数据。对数据库管理员或者数据库用户而言需要熟悉对数据库的数据操作。

（1）首先使用 SQL Server Management Studio 删除图书管理数据库 Library 中各个数据表中的现有数据，确保接下来向数据表中输入的数据无冲突和重复。

（2）使用 INSERT 语句向图书管理数据库中各个数据表输入数据，各表的参考数据如表 6-1～表 6-5 所示。

表 6-1　书刊类型信息表 type

类别编号	类别名称
D9	法律
F0	经济
F12	电子商务
G4	教育学
I3	中国文学
TP	计算机

表 6-2 书刊数据表 books

图书编号	图书名称	作者	类别	单价（元）	出版社
7030101431	计算机基础	谭浩强	TP	32.00	科学出版社
7030197632	电子商务应用	王洁实	F12	27.00	科学出版社
7107029872	红楼梦	曹雪芹	I3	35.00	人民教育出版社
7107102253	市场营销	李迪	G4	19.50	人民教育出版社
7107103692	经济数学	郭瑞军	G4	30.00	人民教育出版社
7111024356	会计电算化教程	梁峰	G4	27.00	机械工业出版社
7111072049	VB 程序设计	刘成勇	TP	25.00	机械工业出版社
7115030246	物流与电子商务	何子军	F12	23.00	人民邮电出版社
7121125581	经济研究	孙力	F0	25.00	电子工业出版社
7121154911	数据库教程	何文华	TP	28.00	电子工业出版社
7302013242	ASP.NET 程序设计	马俊	TP	52.00	清华大学出版社
7302035714	网页设计	武迪生	TP	41.00	清华大学出版社
7302113585	经济学概论	吴畅	F0	30.00	清华大学出版社
7030101431	网络营销	于得水	TP	32.00	冶金工业出版社

表 6-3 读者部门信息表 department

部门编号	部门名称
xi01	管理系
xi02	教育系
xi03	应用外语系

表 6-4 读者借阅卡信息表 readers

借阅卡编号	部门编号	姓名	E-mail	电话	借阅数量
2018061201	xi02	王子刚	ffd@163.com	15912345666	3
2018061202	xi02	赵六安	kkk@sian.com	66666666	4
2018072301	xi01	张三丰	ddd@gdfs.edu.cn	12345678	2
2018072302	xi01	李斯	lisi@126.com	34567116	0
2018031001	xi03	李文超	lwc@sina.com	88481236	0
2018031002	xi03	胡丽丽	hull@163.com	13335642218	0
2018031003	xi03	田英	tiany@163.com	13233445588	1
2018031004	xi03	于秀娟	yuxj@hotmail.com	13312345678	0

表 6-5 书刊借阅信息表 borrow

图书编号	借阅卡编号	还书日期	借书日期
7030101431	2018072301	2018-2-12	2018-1-1
7030197632	2018072302	2018-1-23	2018-1-3
7107029872	2018072301	2018-9-1	2018-7-4
7107102253	2018061202	2018-9-4	2018-8-14
7107103692	2018031003	2018-9-3	2018-8-13
7111072049	2018031001	2018-8-2	2018-6-21
7115030246	2018061202	2018-4-12	2018-2-1
7302013242	2018072302	2018-9-4	2018-8-14
7302035714	2018061201	2018-3-4	2018-1-1
7502413517	2018061202	2018-8-24	2018-7-1

（3）用 DELETE 语句删除书刊类别信息表 type 中类别编号为 D9 的记录。

（4）用 DELETE 语句删除读者借阅卡信息表 readers 中编号为 2018031002 的读者信息。

情况一（读者信息表和借阅信息表建立外键约束，但没有选择级联删除）。

情况二（读者信息表和借阅信息表建立外键约束并且选择级联删除）。

（5）用 UPDATE 语句把书刊类别信息表 type 中类别编号为 G4 记录中的类别名称改为“教育”。

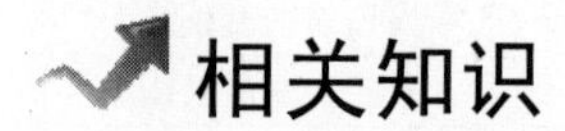

相关知识

一、T-SQL 语言编程

为了理解关于 T-SQL 的内容，先介绍 T-SQL 的语法规则。表 6-6 列出了 T-SQL 参考的语法关系中使用的约定，并进行了说明。

表 6-6　T-SQL 的语法规则

约　定	用　于
UPPERCASE（大写）	T-SQL 关键字
Italic	用户提供的 T-SQL 语法的参数
Bold（粗体）	数据库名、表名、列名、索引名、存储过程、实用工具、数据类型名以及必须按所显示的原样键入的文本
下画线	指示当语句中省略了包含带下画线的值的子句时应用的默认值
|（竖线）	分隔括号或大括号中的语法项。只能选择其中一项
[ ]（方括号）	可选语法项。不要键入方括号
{ }（大括号）	必选语法项。不要键入大括号
[, …n]	指示前面的项可以重复 *n* 次。每一项由逗号分隔
[…n]	指示前面的项可以重复 *n* 次。每一项由空格分隔
[;]	可选的 T-SQL 语句终止符。不要键入方括号
<label> ::=	语法块的名称。此约定用于对可在语句中的多个位置使用的过长语法段或语法单元进行分组和标记。可使用的语法块的每个位置由括在尖括号内的标签指示：<label>

另外，在 SQL Server 2016 中，数据库对象有表、视图、存储过程、用户定义函数、默认值、规则、用户定义数据类型、索引、触发器、函数，等等。一般来说，除非另外指定，否则，所有对数据库对象名的 T-SQL 引用可以是由 4 部分组成的名称，格式如下：

```
[server_name.[database_name].[schema_name].|database_name.[schema_name].|schema_name.] object_name
```

参数说明：

- server_name：指定链接的服务器名称或远程服务器名称。
- database_name：如果对象驻留在 SQL Server 的本地实例中，则指定 SQL Server 数

据库的名称。如果对象在链接服务器中，则 database_name 将指定 OLEDB 目录。

- schema_name：如果对象在 SQL Server 数据库中，则指定包含对象的架构的名称。如果对象在链接服务器中，则 schema_name 将指定 OLEDB 架构名称。有关架构的详细信息，请参阅联机文档中的用户架构分离。
- object_name：对象的名称。

引用某个特定对象时，不必总是指定服务器、数据库和架构供 SQL Server 2016 Database Engine 标识该对象。但是，如果找不到对象，就会返回错误消息。

1．运算符及表达式

表达式是 SQL Server 可解析为单个值的语法单元。例如常量、返回单值的函数、列或变量的引用。运算符是表达式的组成部分之一，它与一个或多个简单表达式一起使用构造一个更为复杂的表达式。

（1）运算符　运算符是用于在一个或多个量之间进行操作或运算的符号，T-SQL 语言中常用的运算符包括：算术运算符、赋值运算符、位运算符、比较运算符、逻辑运算符、字符串运算符和一元运算符。

① 算术运算符。算术运算符在表达式上执行数学运算，包括加（+）、减（–）、乘（*）、除（/）和取模（%）等运算符。

② 赋值运算符。T-SQL 语言中使用“=”为赋值运算符，它通常与 SET 语句一起使用，为变量赋值。例如：

```
DECLARE @varCounter INT
SET @varCounter=1
```

③ 位运算符。位运算符作用于两个整型数据，对数据按位运算。位运算符包括如下几个：

- & 运算符：按位进行与运算。
- | 运算符：按位进行或运算。
- ^ 运算符：按位进行异或运算。

④ 比较运算符。比较运算符包括如下几个：

- =运算符：等于。
- >运算符：大于。
- < 运算符：小于。
- >= 运算符：大于等于。
- <= 运算符：小于等于。
- <>运算符：不等于。
- != 运算符：不等于。
- !< 运算符：不小于。
- !> 运算符：不大于。

⑤ 逻辑运算符。逻辑运算符包括如下几个：

- ALL 运算符：全运算，若一系列运算都为真，则结果为真。
- AND 运算符：与运算，连接的两个表达式为真，则结果为真。
- ANY 运算符：若一系列比较中任何一个为真，则结果为真。
- BETWEEN 运算符：若操作数位于某个范围之内则为真，否则为假。

- EXISTS 运算符：若子查询包含一些记录，则为真，否则为假。
- IN 运算符：若操作数存在于表达式列表中，则为真，否则为假。
- LIKE 运算符：若操作数与一种模式相匹配，则为真，否则为假。
- NOT 运算符：对操作数进行取反运算。
- OR 运算符：或运算。

⑥ 字符串运算符。T-SQL 语言中的字符串可以通过字符串连接运算符“+”进行字符串连接。

⑦ 一元运算符。一元运算符包括：

- + 运算符：数值为正。
- – 运算符：数值为负。
- ～ 运算符：返回数字的补数。

（2）常量　T-SQL 语言的常量主要有以下几种：

① 字符串常量。字符串常量包含在单引号内，由字母、数字字符（a～z、A～Z 和 0～9）以及特殊字符（如!、@ 和#）组成，如'SQL Server 2016 数据库项目化教程'。如果字符串常量中包含 I'am a Student，可以使用两个单引号表示这个字符串常量内的单引号，即表示为'I''am a Student'。

在字符串常量前面加上字符 N，则表明该字符串常量是 Unicode 字符串常量，如 N'Mary' 是 Unicode 字符串常量，而'Mary'是字符串常量。Unicode 数据中的每个字符都使用两个字节存储，而字符数据中的每个字符则使用一个字节进行存储。

② 数值常量。数值常量分为各种类型数值，不需要使用引号，列举如下：

- 二进制常量：具有前缀 0X，并且是十六进制数字字符串，如 0X12EF、0XFF。
- Bit 常量：使用 0 或 1 表示，如果使用一个大于 1 的数字，它将被转换为 1。
- Integer 常量：整数常量，不能包含小数点，如 193。
- Decimal 常量：可以包含小数点的数值常量，如 2361.43。
- Float 常量和 real 常量：使用科学计数法表示，如 101.5E6、76.4E10 等。
- Money 常量：货币常量，以$作为前缀，可以包含小数点，如$13.87、$294.32。
- 指定正负数：在数字前面添加+或 –，指明一个数是正数还是负数，如+1567、+143E–3、–Y62.35。

③ 日期常量。使用特定格式的字符日期值表示，并被单引号括起来，如'19831231'、'1989/03/15'、'15:31:45'、'05:25PM'、'May 07, 1999'。

④ uniqueidentifier 常量。它是表示全局唯一标识符（GUID）值的字符串，如'0Xee9988f878b22e0b34e00c05fc984ff'。

（3）变量　SQL Server 中支持两种形式的变量，一种是局部变量，另一种是全局变量。在使用方法及具体的意义上，这两种变量都有着较大的区别。

① 局部变量。局部变量是在一个批处理（或存储过程、触发器）中由用户自定义的变量。局部变量被声明后，在这个批处理内的 T-SQL 语句中就可以设置或引用这个变量的值，当整个批处理结束后，这个局部变量的生命周期也随之消亡。

局部变量的声明使用 DECLARE 语句，具体语法结构如下：

```
DECLARE　@局部变量名　　数据类型
```

参数说明：

- 局部变量名前必须用“@”符号开头。
- 数据类型可以是系统数据类型，也可以是用户自定义的数据类型。有时还需要指定数据长度，如字符型需要指定字符长度，实数型需要指定小数的精度和刻度。

下面的例子声明了一个整数类型变量：

```
DECLARE   @Count   int
```

可以在一个 DECLARE 语句中声明多个变量，例如：

```
DECLARE   @Id   Varchar(10), @Name Varchar(20), Score Numeric (18, 2)
```

局部变量被声明后，系统自动给它初始化为 NULL 值，为局部变量赋值的方式有两种，一种是使用 SET 语句，另一种是使用 SELECT 语句。

使用 SET 语句对变量进行赋值的语法是：

```
SET   @局部变量名=表达式
```

其中：表达式与局部变量的数据类型要相匹配。

使用 SELECT 语句为变量赋值的语法如下：

```
SELECT   @局部变量名=表达式
[FROM   表名[，…n]
WHERE   条件]
```

利用 SELECT 语句进行正确赋值的前提条件是查询返回的值是唯一的。如果在一个查询中返回了多个值，则只有最后一个查询结果被赋给了变量。

② 全局变量。全局变量是 SQL Server 系统提供并赋值的变量，用来记录 SQL Server 服务器活动状态的一组数据。全局变量不能由用户定义和赋值，对用户而言是只读的，通常都是将全局变量的值赋给局部变量，以便使用。全局变量以@@开头。

2．控制语句和批处理

（1）流程控制　流程控制语句是指那些用来控制程序执行和流程分支的命令，在 SQL Server 2016 中，流程控制语句主要用来控制 T-SQL 语句、语句块或者存储过程的执行流程。

① IF…ELSE 语句。IF…ELSE 语句是条件判断语句，其中，ELSE 子句是可选的，最简单的 IF 语句没有 ELSE 子句部分。IF…ELSE 语句用来判断当某一条件成立时执行某段程序，条件不成立时执行另一段程序。SQL Server 2016 允许嵌套使用 IF…ELSE 语句，而且嵌套层数没有限制。

IF…ELSE 语句的语法形式：

```
IF...ELSE
```

语法形式：

```
IF Boolean_expression
        { sql_statement | statement_block }
ELSE
        { sql_statement | statement_block }
```

② BEGIN…END 语句。BEGIN…END 语句能够将多个 T-SQL 语句组合成一个语句块，并将它们视为一个单元处理。

语法形式：

```
BEGIN
```

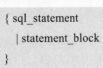

```
    { sql_statement
      | statement_block
    }
END
```

参数说明：

{sql_statement | statement_block }：任何有效的 T-SQL 语句或以语句块定义的语句分组。

③ WHILE…CONTINUE…BREAK 语句。WHILE…CONTINUE…BREAK 语句用于设置重复执行 T-SQL 语句或语句块的条件。只要指定的条件为真，就重复执行语句。其中，CONTINUE 语句可以使程序跳过 CONTINUE 语句后面的语句，回到 WHILE 循环的第一行命令。BREAK 语句则使程序完全跳出循环，结束 WHILE 语句的执行。

WHILE 语句的语法形式：

```
WHILE <表达式>
  begin
    < T-SQL 语句或程序块>
    [ BREAK]
    [ CONTINUE]
    < T-SQL 语句或程序块>
  end
```

④ WAITFOR 语句。功能：指定触发语句块、存储过程或事务执行的时间、时间间隔或事件。

语法形式：

```
WAITFOR{DELAY 'time' |TIME 'time'}
```

参数说明：

- DELAY：指示一直等到指定的时间过去，最长可达 24h。
- 'time'：要等待的时间。可以按 datetime 数据可接受的格式指定 time，也可以用局部变量指定此参数，不能指定日期。
- TIME：指示 SQL Server 等待到指定时间。

⑤ RETURN 语句。RETURN 语句用于无条件地终止一个查询、存储过程或者批处理，此时位于 RETURN 语句之后的程序将不会被执行。

RETURN 语句的语法形式：

```
RETURN [integer_expression]
```

其中，参数 integer_expression 为返回的整型值。存储过程可以给调用过程或应用程序返回整型值。

（2）批处理　批是指从客户机传递给服务器的一组完整的数据和 T-SQL 指令集合。SQL Server 将批作为一个整体来进行分析、编译和执行，这样可以节省系统开销。但如果一个批处理中存在一个语法错误，那么所有的语句都将无法通过编译。

在书写 T-SQL 语句的时候，可以用 GO 命令标志一个批的结束。GO 本身并不是 T-SQL 语句的组成部分，当编译器读到 GO 时，它就会把 GO 前面的语句当做是一个批处理，而打包成一个数据包发给服务器。

批有如下限制：

① 某些特殊的 T-SQL 指令不能和其他语句共存在同一批中，如 CREATE DEAFAULT（创建默认值）、CREATE RULE（创建规则）、CREATE PROCEDURE（创建存储过程）、CREATE TRIGGER（创建触发器）、CREATE VIEW（创建视图）。

② 不能在一个批中修改表的结构（如添加新列），然后在同一个批中引用刚修改的表结构。

③ 在批处理中可以包含存储过程，但是如果在一个批处理中包含不止一个存储过程，那么除第一个存储过程外，其余的存储过程在调用时 Execute 关键字不可以省略。

3．常用函数

函数对于任何程序设计语言都是非常关键的组成部分。与其他程序设计语言的函数相似，T-SQL 语句中的函数可以有零个、一个或多个参数，并返回一个标量值或表格形式的值的集合，常用的函数包括聚合函数、日期和时间函数、数学函数、字符串函数、行集函数、系统函数、文本与图像函数、游标函数、配置函数、元数据函数、转换函数等十几个类型。一些函数提供了取得信息的快捷方法。函数有返回值，值的类型取决于所使用的函数。在 T-SQL 语句中，函数被用来执行一些特殊的运算以支持 SQL Server 的标准命令。

（1）字符串函数　字符串函数可以对二进制数据、字符串和表达式执行不同的运算，大多数字符串函数只能用于 char 和 varchar 数据类型，以及明确转换成 char 和 varchar 的数据类型，少数几个字符串函数也可以用于 binary 和 varbinary 数据类型。此外，某些字符串函数还能够处理 text、ntext、image 数据类型的数据。

字符串函数的分类：

- 基本字符串函数：UPPER、LOWER、SPACE、REPLICATE、STUFF、REVERSE、LTRIM、RTRIM。
- 字符串查找函数：CHARINDEX、PATINDEX。
- 长度和分析函数：DATALENGTH、SUBSTRING、RIGHT。
- 转换函数：ASCH、CHAR、STR、SOUNDEX、DIFFERENCE。

（2）日期和时间函数　日期和时间函数用于对日期和时间数据进行各种不同的处理和运算，并返回一个字符串、数字值或日期和时间值。在 SQL Server 2016 中，日期和时间函数的类型如表 6-7 所示。

表 6-7　日期和时间函数的类型

函　数	参　数	说　明
DATEADD	(datepart, number, date)	以 datepart 指定的方式，给出 date 和 number 之和（datepart 为日期类型数据）
DATEDIFF	(datepart, date1, date2)	以 datepart 指定的方式，给出 date2 与 date1 之差
DATENAME	(datepart, date)	给出 date 中 datepart 指定部分所对应的字符串
DATEPART	(datepart, date)	给出 date 中 datepart 指定部分所对应的整数值
GETDATE	()	给出系统当前日期的时间
DAY	(date)	从 date 日期和时间类型数据中提取天数
MONTH	(date)	从 date 日期和时间类型数据中提取月份数
YEAR	(date)	从 date 日期和时间类型数据中提取年份数

例如：从 GETDATE 函数返回的日期中提取月份数。

```
SELECT DATEPART(month, GETDATE())    AS   'Month Number'
```

例如：从日期 03/16/2018 中返回月份数、天数和年份数。

```
SELECT MONTH('03/16/2018'), DAY('03/16/2018'), YEAR('03/16/2018')
```

（3）数学函数　数学函数用于对数字表达式进行数学运算并返回运算结果。数学函数可以对 SQL Server 提供的数字数据（decimal、integer、float、real、money、smallmoney、smallint 和 tinyint）进行处理。

（4）转换函数　一般情况下，SQL Server 会自动处理某些数据类型的转换。例如，如果比较 char 和 datetime 表达式、smallint 和 int 表达式或不同长度的 char 表达式，SQL Server 可以将它们自动转换，这种转换被称为隐性转换。但是，无法由 SQL Server 自动转换的或者 SQL Server 自动转换的结果不符合预期结果的，就需要使用转换函数直接转换。

（5）系统函数　系统函数用于返回有关 SQL Server 系统、用户、数据库和数据库对象的信息。系统函数可以让用户在得到信息后使用条件语句，根据返回的信息进行不同的操作。与其他函数一样，可以在 SELECT 语句的 SELECT 和 WHERE 子句以及表达式中使用系统函数。

（6）聚合函数　区别于前面的函数对传递给它的一个或者多个参数值进行处理计算并返回一个单一的值，聚合函数用于对一组值执行计算并返回一个单一的值，也可以返回几个列或一个列的汇总数据。它常用来计算 SELECT 语句查询的统计值。聚合函数经常与 SELECT 语句的 GROUP BY 子句一同使用。

为了有效地进行数据集分类汇总、求平均等统计，SQL Server 2016 提供了一系列聚合函数，如表 6-8 所示。

表 6-8　聚合函数

函　数	说　明
AVG	计算一列值的平均值
COUNT	统计一列中值的个数
MAX	求一列值中的最大值
MIN	求一列值中的最小值
SUM	计算一列值的总和

二、INSERT、UPDATE、DELETE 语句的语法

对于表中数据的操作可以在 SQL Server Management Studio 中较直观地进行，也可以利用 T-SQL 语句进行。

1. INSERT 语句

向表中插入数据，可以用 INSERT 语句来实现，其语法结构如下：

```
INSERT [INTO] table_name [(column1, column2…)]
VALUES(Value1, Value2…)
```

参数说明：

- table_name：指定要插入数据的表名。
- column1, column2…：指任选参数，表示在表中要插入数据的列名。

- Value1, Value2…：指出要插入的列应取的值。

说明：VALUES 关键字为表的某一行指定值。被指定值是用逗号分隔的表达式列表，表达式的数据类型、精度和小数位数必须与列的列表对应的一致，或者可以隐性地转换为列表中的对应列。如果没有指定列的列表，指定值的顺序必须与表或视图中的列顺序一致。

在使用 INSERT 语句添加记录时，不能为计算字段、标识字段和 RowGuid 字段指定数据，这些字段的值由 SQL Server 自动产生。

对于省略的字段，SQL Server 按下列顺序处理：

- 如果字段为计算字段、标识字段或 RowGuid 字段，则自动产生其值。
- 如果不能自动产生其值，但字段设置了默认值，则填入默认值。
- 如果该字段不能自动产生值，又没有设置默认值，但字段允许空值，则填入 NULL。
- 如果字段不能自动产生值，又没有设置默认值，并且字段不允许空值，则显示错误提示信息，不输入任何数据。

2．UPDATE 语句

用 UPDATE 语句来修改表中数据，其语法结构如下：

```
UPDATE    table_name
SET    column_name1=value1[, column_name2=value2]
[FROM table_name]
[WHERE condition]
```

参数说明：

- table_name：指定修改的表名。
- column_name：指定要修改的列名。
- value：指出要更新的表的列应取的值。有效值可以是表达式、列名和变量。
- FROM table_name：指出 UPDATE 语句使用的表。
- condition：指定修改行的条件。

如果在 UPDATE 语句的 WHERE 子句中指定了搜索条件，则只有满足条件的记录才会被修改。如果省略 WHERE 子句，UPDATE 语句将修改数据表中的所有记录。

3．DELETE 语句

用 DELETE 语句来删除表数据，其语法结构如下：

```
DELETE FROM table_name
[WHERE condition]
```

参数说明：

- table_name：指定要从中删除行的表或视图。
- condition：指定删除行的条件。如果语句中没有 WHERE condition 子句，则删除表中的所有记录。

可以使用 TRUNCATE TABLE 语句删除表中的所有行。TRUNCATE TABLE 语句与 DELETE 语句类似。但是，TRUNCATE TABLE 语句执行更快。其语法结构如下：

```
TRUNCATE    TABLE    table_name
```

说明：TRUNCATE TABLE 语句删除表中的所有行，此语句不能包含 WHERE 子句。

任何已删除所有行的表仍会保留在数据库中。DELETE 语句只从表中删除行，要从数据库中删除表，可以使用 DROP TABLE 语句。

任务实施

一、添加表数据

数据库中的表创建好后，需要将数据插入表中。在 SQL 语句中，常用的插入数据的方法是使用 INSERT 语句。INSERT 语句向表中插入数据有两种方式：一种是使用 VALUES 关键字直接给各列赋值，另一种是使用 SELECT 子句，从其他表或视图中取数据插入表中。

用 T-SQL 语句向数据库中数据表添加数据的方法，是通过在查询编辑器直接输入 INSERT 语句，执行 SQL 语句产生执行结果，完成数据的添加。具体操作方法如下：

（1）打开 SQL Server Management Studio 窗口。

（2）在【标准】工具栏上单击【新建查询】按钮，系统弹出 SQL 编辑器窗口，如图 6-1 所示。

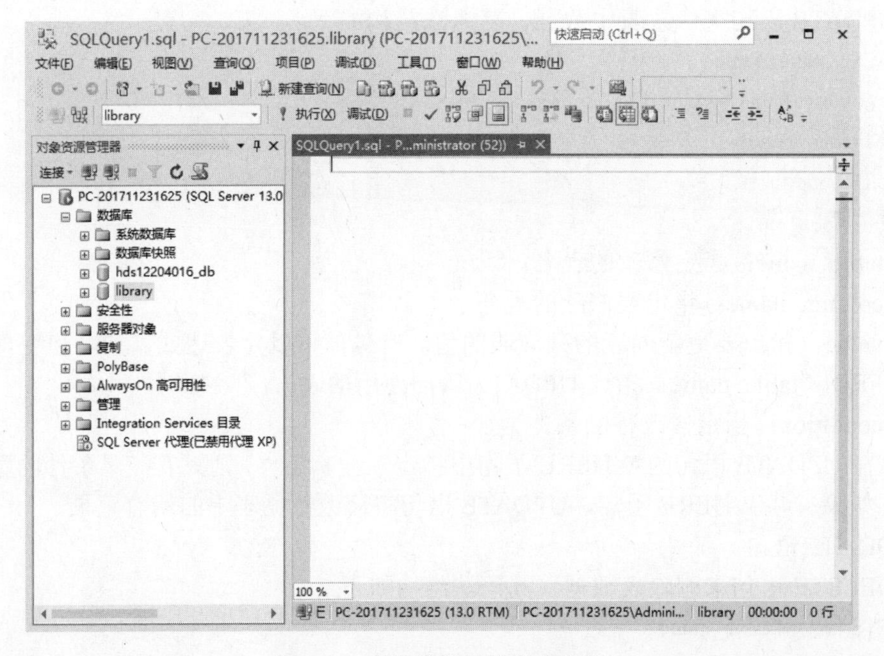

图 6-1　查询编辑器的启动界面

（3）将当前使用的数据库由 master 更改为 Library。

（4）在光标处开始输入添加数据的 T-SQL 语句。

（5）单击工具栏中的【调试】按钮，检查语法错误，如果通过，在结果窗口中显示“命令已成功完成”的提示信息。

（6）单击【执行】按钮，则 SQL 编辑器提交 T-SQL 语句，然后发送到服务器，并返回执行结果。在查询窗口中会看到“命令已成功完成”的提示信息。

1. 使用 INSERT VALUES 语句添加表数据

使用 INSERT VALUES 语句一次只能向数据表中插入一行，因此，每插入一行，都要使用 INSERT 关键字，并且必须提供表名及相关的列、数据等。

（1）添加数据到一行中的所有列　当将数据添加到一行中的所有列时，INSERT 语句中不需要给出表中的列名，只要 VALUES 中给出的数据与定义表时给定的列名顺序相同即可。

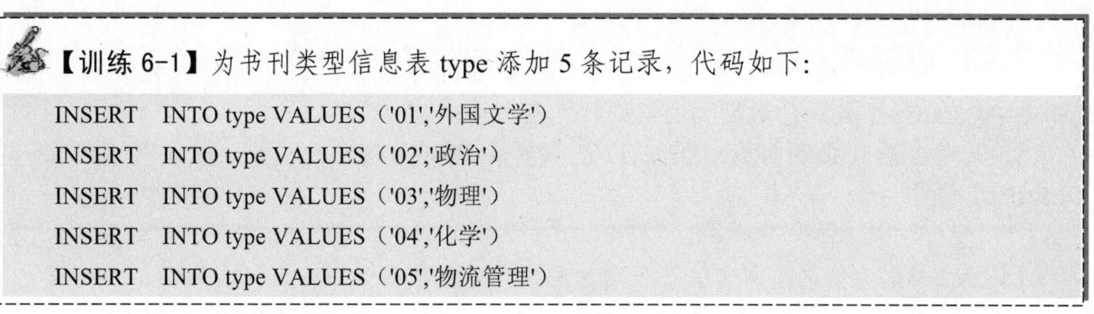

【训练 6-1】为书刊类型信息表 type 添加 5 条记录，代码如下：

```
INSERT   INTO type VALUES（'01','外国文学'）
INSERT   INTO type VALUES（'02','政治'）
INSERT   INTO type VALUES（'03','物理'）
INSERT   INTO type VALUES（'04','化学'）
INSERT   INTO type VALUES（'05','物流管理'）
```

执行结果如图 6-2 所示。

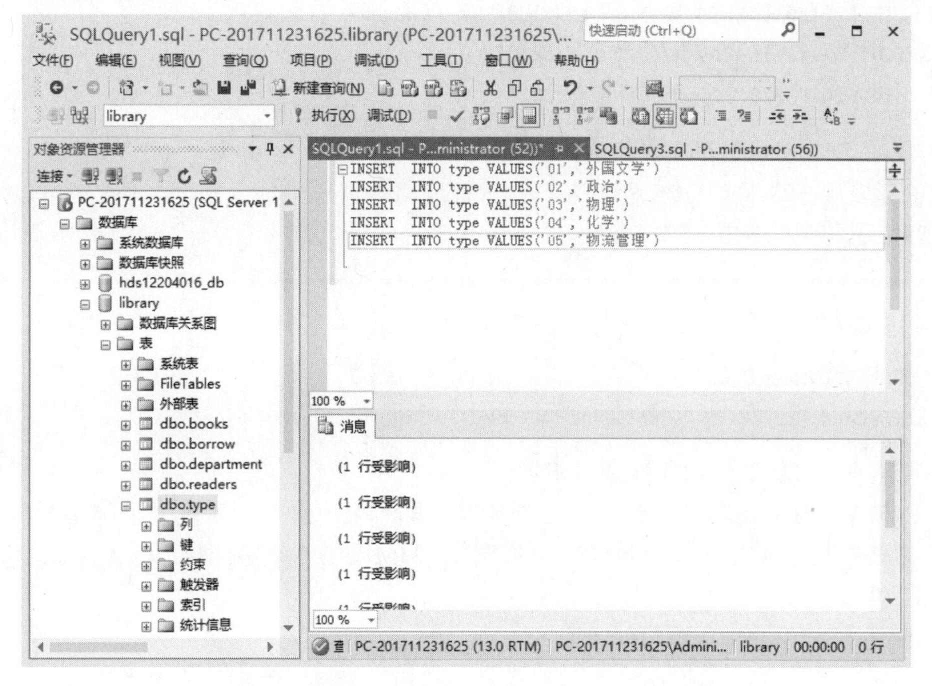

图 6-2　在书刊类型信息表中插入 5 条数据记录

采用这种方式插入数据时应该注意以下方面：

① 输入项的顺序和数据类型必须与表中列的顺序和数据类型相对应。当类型不符时，如果按照不正确的顺序指定插入的值，服务器会捕获到一个错误的数据类型。

② 不能为 IDENTITY 列进行赋值。

③ 向表中添加数据不能违反数据完整性和各种约束条件。

依此类推，依次向书刊数据表、部门信息表、读者借阅卡信息表、书刊借阅信息表等数据表中添加本模块“任务导入”部分列举的各表中的数据样例。

（2）添加数据到一行中的部分列　要将数据添加到一行中的部分列时，要同时给出所使用的列名列表和赋给这些列的数据列表。

【训练 6-2】为书刊数据表添加一条记录，代码如下：

```
INSERT   INTO   books (BookID, BookName,typeid, publisher)
VALUES ('701103101', '计算机基础','TP','科学出版社')
```

在插入一行中的部分数据列时，应该注意以下方面：

① VALUES 子句中的数据列表与列名列表必须相对应。

② 未列出的列必须具有 IDENTITY 属性、TIMESTAMP 类型、允许空值或赋有 DEFAULT 值。

【训练 6-3】为读者借阅卡信息表添加两条记录，代码如下：

```
INSERT INTO readers (readerID, Name, deptID, Tel, email)
VALUES ('2018031011','李文','xi03','88481236','lwc@sina.com')
INSERT INTO readers (readerID, Name, deptID)
VALUES ('2018031012','吴子仪','xi03')
```

2. 使用 INSERT SELECT 语句插入表记录

除了可以用一个 VALUES 列表来一行一行地向数据表中插入数据之外，还可以通过嵌入 INSERT 语句中的 SELECT 查询的结果集合来插入一行或多行。

【训练 6-4】基于 tblStudent 表向 tblScore 表中插入“1011001”的学生学号。

```
INSERT   tblScore (Stud_Id)
SELECT Stud_Id   FROM   tblStudent   WHERE   Class_Id='1011001'
```

使用这种 INSERT 语句要注意以下方面：

① INSERT 与 SELECT 的结果集必须兼容，即列数、列序、数据类型等必须兼容。

② 省略的列必须具有 IDENTITY 的属性、TIMESTAMP 类型，允许 NULL 或赋有 DEFAULT 值。

3. 使用 SELECT INTO 语句创建表

需要注意，INSERT SELECT 语句形式与 SELECT INTO 语句形式很类似，但二者有根本的区别。带有 INTO 子句的 SELECT 语句，允许用户创建一个新表并且把数据插入新表中，这种方法不同于 INSERT 语句。在使用 INSERT 语句插入数据的各种方法中，有一个共同点，就是在数据插入之前表已经存在。但是，如果使用 SELECT INTO 插入数据，那么表示在插入数据的过程中建立新表。通常这种操作用于复杂计算过程的中间环节。

【训练 6-5】从书刊数据表中查询名称和价格，并插入新表 newbook 中，代码如下：

```
SELECT BookName, Price
INTO newbook
FROM books
```

执行结果如图 6-3 所示。

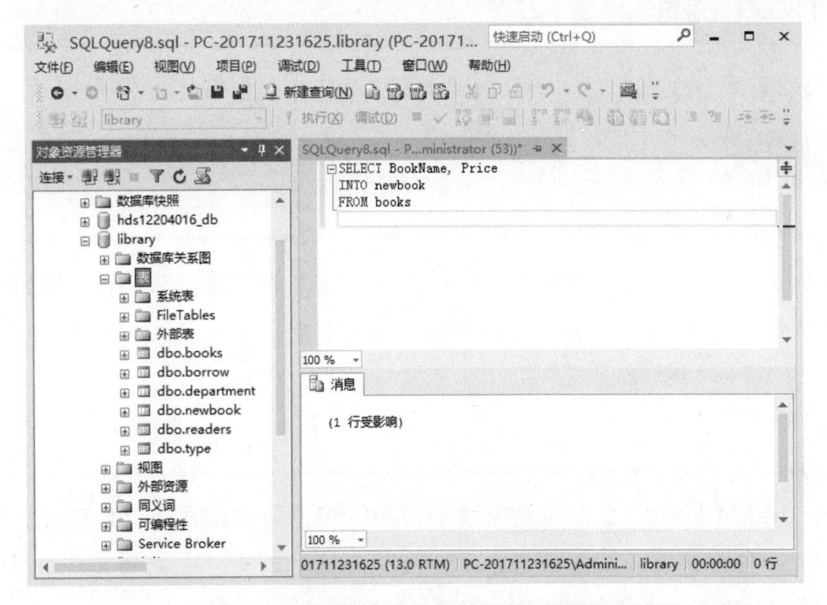

图 6-3　将查询数据插入新创建的表中

二、修改表数据

【训练 6-6】用 UPDATE 语句把书刊类型信息表中类别编号为 03 记录中的类别名称改为“教育”。代码如下：

```
UPDATE type
SET typename='教育'
WHERE typeID='03'
```

注意：如果没有被限制（即不带 WHERE 子句）的 UPDATE 语句，将会修改表中的所有数据行。

【训练 6-7】基于其他表中的数据进行更新。统计汇总出借阅信息表中的借书数写入读者借阅卡信息表中。代码如下：

```
UPDATE readers
SET borrowNum=(SELECT Count (readerID) FROM borrow
WHERE readers.readerID=borrow.readerID)
```

三、删除表数据

随着使用和对数据的修改，表中可能存在着一些无用的数据。这些无用的数据不仅会占用空间，还会影响修改和查询的速度，所以应将它们及时删除。

1. 使用 DELETE 语句删除表中数据

【训练 6-8】用 DELETE 语句删除书刊类型信息表中类别编号为 04 的记录。代码如下:

```
DELETE FROM type
WHERE typeID='04'
```

【训练 6-9】用 DELETE 语句删除读者借阅卡信息表中编号为 2018061201 的读者信息，当读者借阅卡信息表与其他数据表之间无任何关联关系时，代码如下:

```
DELETE FROM readers
WHERE readerID='2018061201'
```

【训练 6-10】用 DELETE 语句删除读者借阅卡信息表中编号为 2018061201 的读者信息。考虑到各数据表之间的关联关系定义，这时有外键约束，如图 6-4 所示。

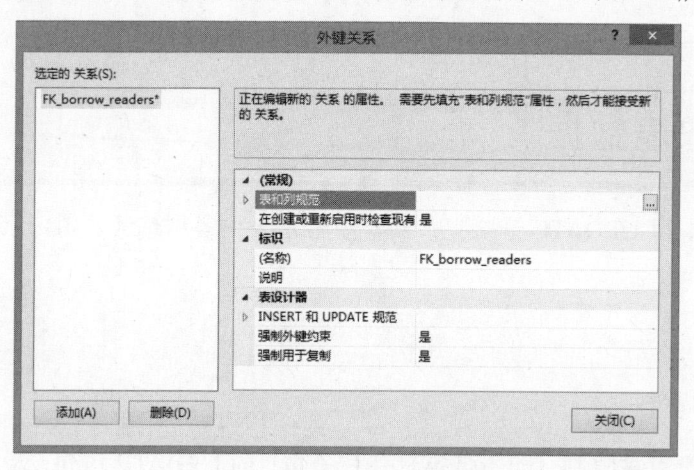

图 6-4　表之间的外键约束

此时，执行如下代码:

```
DELETE FROM readers
WHERE readerID='2018061201'
```

因为在书刊借阅信息表中，还存在有编号为 2018061201 的读者借阅书的记录，由于外键约束的存在，不允许首先在读者借阅卡信息表中删除编号为 2018061201 的读者，此时出现的出错信息如图 6-5 所示。

为避免出错，并能够删除读者借阅卡信息表中编号为 2018061201 的读者信息，必须首先将读者借阅卡信息表中借阅者编号为 2018061201 的所有借阅信息记录删除掉，即首先执行以下代码:

```
DELETE FROM borrow
WHERE readerID='2018061201'
```

图 6-5 因外键约束出现的出错信息

2. 使用 TRUNCATE TABLE 删除表中数据

SQL Server 2016 提供了一种快速删除表中所有行的方法。它比不用 WHERE 子句的 DELETE 语句要快，因为 DELETE 语句要记录删除的每个改变以备份，而 TRUNCATE 语句只记录整个数据页的释放。语法格式如下：

```
TRUNCATE TABLE table-name
```

例如，设有数据表“馆藏书目”，其结构如下：

- 编号 int IDENTITY NOT NULL。
- 书名 varchar(50) NOT NULL。
- 作者 varchar(25) NOT NULL。
- 出版社 varchar(50) DEFAULT（'人民邮电'）。
- 出版日期 datetime NULL。

用下面的语句为“馆藏书目”添加两条记录：

```
INSERT 馆藏书目（书名，作者，出版社，出版日期）
VALUES('VB6 中文版培训教程','夏天','西华大学出版社','2004-1-1')
INSERT 馆藏书目（书名，作者）
VALUES('SQL Server 2016 中文版培训教程','冬天')
```

两条语句都没有指定编号字段值，因为该字段为标识（IDENTITY）字段。第二条语句中没有为出版社和出版日期字段提供数据，出版社字段填入默认值“人民邮电”，出版日期字段为空值 NULL。

**【训练 6-11】** 删除馆藏书目表中的所有数据。代码如下：

```
TRUNCATE TABLE 馆藏书目
```

因为 TRUNCATE TABLE 操作是不进行日志记录的，所以建议在使用语句之前，对数据库进行备份，防止由于误操作引起数据的丢失。

能力拓展

批数据迁移至数据表

SQL Server 数据库提供有多种工具来完成大批量数据的导入和导出，例如，DTS 数据转换服务、BCP 大容量复制程序等，可以实现各种数据交换功能。在此，介绍 BULK INSERT 命令，将批量数据迁移到数据库中的数据表。

BULK INSERT 命令是一个用于处理数据迁移的命令，它用于以用户指定的格式将数据文件加载至数据表或视图中。语法格式如下：

```
BULK INSERT
 [database_name.[schema_name].schema_name.][table_name|view_name] FROM 'data_file'
   [ WITH
  ( [ [ , ] BATCHSIZE=batch_size ]
  [ [ , ] CHECK_CONSTRAINTS ]
  [ [ , ] CODEPAGE={ 'ACP' | 'OEM' | 'RAW' | 'code_page' } ]
  [ [ , ] DATAFILETYPE={ 'char'| 'native'| 'widechar' | 'widenative' } ]
  [ [ , ] FIELDTERMINATOR='field_terminator' ]
  [ [ , ] FIRSTROW=first_row ]
  [ [ , ] FIRE_TRIGGERS ]
  [ [ , ] FORMATFILE='format_file_path' ]
  [ [ , ] KEEPIDENTITY ]
  [ [ , ] KEEPNULLS ]
  [ [ , ] KILOBYTES_PER_BATCH=kilobytes_per_batch ]
  [ [ , ] LASTROW=last_row ]
  [ [ , ] MAXERRORS=max_errors ]
  [ [ , ] ORDER ( { column [ ASC | DESC ] } [ ,...n ] ) ]
  [ [ , ] ROWS_PER_BATCH=rows_per_batch ]
  [ [ , ] ROWTERMINATOR='row_terminator' ]
  [ [ , ] TABLOCK ]
  [ [ , ] ERRORFILE='file_name' ]
  )]
```

参数说明：

- database_name：包含指定表或视图的数据库的名称。如果未指定，则默认为当前数据库。
- schema_name：表或视图架构的名称。如果用户执行大容量加载操作的默认架构为指定的表或视图的架构，则 schema 是可选的。如果未指定 schema 参数，并且用户执行大容量加载操作的默认架构与指定表或视图的架构不相同，则 Microsoft SQL Server 将返回一个错误消息，同时取消大容量加载操作。
- table_name：大容量加载数据到其中的表或视图的名称。只能使用其所有列均引用相同基表的视图。

● 'data_file'：数据文件的完整路径，该数据文件包含要加载到指定表或视图中的数据。BULK INSERT 可以从磁盘（包括网络、软盘、硬盘等）加载数据。data_file 必须基于运行 SQL Server 的服务器指定有效路径。如果 data_file 为远程文件，则指定通用命名约定（UNC）名称。

● BATCHSIZE=batch_size：指定批处理中的行数。每个批处理作为一个事务复制至服务器。如果复制操作失败，则 SQL Server 提交或回滚每个批处理的事务。默认情况下，指定数据文件中的所有数据为一个批处理。

● CHECK_CONSTRAINTS：指定必须在大容量导入操作中检查的目标表或视图中的所有约束。若没有 CHECK_CONSTRAINTS 选项，则所有 CHECK 约束都被忽略，并且在此操作之后表的约束将标记为未被信任。

● CODEPAGE={ 'ACP' | 'OEM' | 'RAW' | 'code_page' }：指定该数据文件中数据的代码页。仅当数据含有字符值大于 127 或小于 32 的 char、varchar 或 text 列时，CODEPAGE 才是适用的。

● DATAFILETYPE={ 'char' | 'native' | 'widechar' | 'widenative' }：指定 BULK INSERT 使用指定的数据文件类型值执行加载操作。

● FIELDTERMINATOR='field_terminator'：指定用于 char 和 widechar 数据文件的字段终止符。默认的字段终止符是 \t（制表符）。

● FIRSTROW=first_row：指定要加载的第一行的行号。默认值是指定数据文件中的第一行。

● FIRE_TRIGGERS：指定目标表中定义的任何插入触发器将在大容量加载操作过程中执行。如果在目标表中为 INSERT 操作定义了触发器，则会对每个完成的批处理触发触发器。如果没有指定 FIRE_TRIGGERS，将不执行任何插入触发器。

● FORMATFILE= 'format_file_path'：指定格式文件的完整路径。格式文件用于说明包含存储响应的数据文件，这些存储响应是使用 bcp 实用工具在相同的表或视图中创建的。在下列情况下应使用格式文件：

① 数据文件包含的列多于或少于表或视图包含的列。

② 列的顺序不同。

③ 列分隔符发生变化。

④ 数据格式有其他更改。通常，格式文件通过 bcp 实用工具创建并且根据需要用文本编辑器进行修改。

● KEEPIDENTITY：指定导入数据文件中的标识值用于标识列。如果没有指定 KEEPIDENTITY，则此列的标识值可被验证但不能导入，并且 SQL Server 将根据表创建时指定的种子值和增量值自动分配一个唯一的值。如果数据文件不包含该表或视图中标识列的值，则使用一个格式文件指定在导入数据时表或视图中的标识列被忽略；SQL Server 自动为此列分配唯一的值。

● KEEPNULLS：指定在大容量加载操作中空列应保留一个空值，而不是对插入的列分配任何默认值。

● KILOBYTES_PER_BATCH=kilobytes_per_batch：将每个批处理中数据的近似千字节数（KB）指定为 kilobytes_per_batch。默认情况下，KILOBYTES_PER_BATCH 未知。

● LASTROW=last_row：指定要加载的最后一行的行号。默认值为 0，表示指定数据文件中的最后一行。

- MAXERRORS=max_errors：指定数据中允许出现的最大语法错误数，超过该数量后，大容量加载操作将取消。大容量加载操作中未能导入的每一行都将被忽略并且被计为一次错误。如果未指定 max_errors，则默认值为 10。
- ORDER ({column [ASC |DESC] } [,...n])：指定数据文件中的数据如何排序。如果将加载的数据根据表的聚集索引进行排序，则可以提高大容量加载操作的性能。如果数据文件以不同的顺序排序，或表中没有聚集索引，则 ORDER 子句将被忽略。提供的列名必须是目标表中有效的列。默认情况下，大容量插入操作假设数据文件未排序。n 指示可以指定多个列的占位符。
- ROWS_PER_BATCH=rows_per_batch：指示数据文件中近似的数据行数量。默认情况下，数据文件中所有的数据都作为单一事务发送到服务器，批处理中的行数对于查询优化器是未知的。如果指定 ROWS_PER_BATCH 的值>0，则服务器将使用此值优化大容量导入操作。为 ROWS_PER_BATCH 指定的值应当与实际行数大致相同。
- ROWTERMINATOR='row_terminator'：指定对于 char 和 widechar 数据文件要使用的行终止符。默认行终止符为\n（换行符）。
- TABLOCK：指定为大容量加载操作持续时间获取一个表级锁。如果表没有索引并且指定了 TABLOCK，则该表可以同时由多个客户端加载。默认情况下，锁定行为由表选项 table lock on bulk load 确定。在大容量加载操作期间，控制锁会减少表上的锁争用问题，从而显著提高操作性能。
- ERRORFILE='file_name'：指定用于收集格式有误且不能转换为 OLEDB 行集的行的文件。这些行将按原样从数据文件复制到此错误文件中。

在 SQL Server 2016 中，BULK INSERT 将对从文件中读取的数据执行新的且更严格的数据验证和数据检查，因此，在对无效数据执行验证和检查时，可能导致现有脚本失败。例如，BULK INSERT 现在验证：

- float 或 real 数据类型的本机表示形式是有效的。
- Unicode 数据长度的字节数为偶数。

工作评价与思考

一、问答题

1．如果向一个没有默认值而且不允许空值的列中插入一个空值，结果如何？

2．使用一条 DELETE 语句能够一次删除多行数据记录吗？

3．简述 TRUNCATE TABLE 与 DELETE 语句之间的区别。

4．修改表和删除表的 T-SQL 语句分别是什么？修改表中的数据和删除表中的数据的 T-SQL 语句分别是什么？

二、操作题

1．在“学生成绩管理”数据库中，有 3 个表对象，表的结构如表 6-9 至表 6-11 所示。请按照要求写出各自的 T-SQL 语句。

表 6-9 学生表

字 段 名	数 据 类 型	长 度	允 许 为 空
学号	char	8	NOT NULL
姓名	char	6	
性别	char	2	
年龄	int		

表 6-10 课程表

字 段 名	数 据 类 型	长 度	允 许 为 空
课程编号	char	3	NOT NULL
课程名	varchar	20	
学分	int		

表 6-11 成绩表

字 段 名	数 据 类 型	长 度	允 许 为 空
学号	char	8	NOT NULL
课程编号	char	3	NOT NULL
成绩	int		

- 在“学生表”中，插入一条学号为“20180104”、姓名为“胡刚”的记录。
- 修改“成绩表”表数据，将课程编号为“103”的课程学分更改为 3 分。
- 在“课程表”中，删除课程名称为“SQL Server 数据库”的记录。

2．设有一个“销售管理”数据库，有 3 个表对象，表的结构如表 6-12、表 6-14 所示。请按照要求写出各自的创建表的 T-SQL 语句。

表 6-12 客户表

字 段 名	数 据 类 型	长 度	允 许 为 空
客户编号	int	NOT	NULL
姓名	varchar	8	
地址	varchar	10	
电话	varchar	13	

表 6-13 货品表

字 段 名	数 据 类 型	长 度	允 许 为 空
货品名称	varchar	20	NOT NULL
库存量	int		
供应商	varchar	50	
状态	bit		
单价	money		

表 6-14 订单表

字 段 名	数 据 类 型	长 度	允 许 为 空
订单号	int		NOT NULL
客户编号	int		NOT NULL
货品名称	varchar	20	NOT NULL
数量	int		
金额	money		
订货日期	datetime		

- 在“货品表”中，插入一条货品名称为“笔记本”、库存量为“200”的记录。
- 修改“货品表”表中数据，将所有库存量大于 500 的货品的价格降低 10%。
- 在“客户表”中，删除地址为“广州”的客户记录。

任务七

数据查询

能力目标

- 能够熟练使用简单的 T-SQL 语句查询数据表中的数据。
- 能够熟练使用统计函数进行数据查询。
- 能够熟练进行分组查询。
- 能够使用 T-SQL 语句进行多表查询。
- 能够使用 T-SQL 语句中的子查询完成复杂的查询。

知识目标

- 熟悉 T-SQL 查询语句中 SELECT 子句、FROM 子句和 WHERE 子句的使用。
- 熟悉 AVG、COUNT、MAX、MIN、SUM 等统计函数的使用。
- 熟悉 GROUP BY、HAVING 数据分组子句的使用。
- 熟悉内连接、外连接、完全连接等数据连接的概念。
- 了解子查询的概念。

任务导入

使用数据库和数据表的主要目的是存储数据，以便在需要时进行检索、统计或组织输出。通过 T-SQL 语句的 SELECT 语句可以从表或视图中迅速、方便地检索数据。本项目的工作任务是针对 Library 数据库，在应用系统实际运行过程中，完成由用户提出的各种数据库查询操作:

（1）显示所有书刊的信息。

（2）查询所有“科学出版社”出版的书刊。

（3）查询书刊的书名和作者的信息。

（4）显示所有价格超过 20 元的书籍，并且以下表的形式显示:

书　名	作　者	类　型	价　格	出 版 社

（5）查询价格在[20，30]元之间的图书的书名和作者，并且以下表的形式显示:

书　名	作　者

（6）查询所有的价格增加 5%的信息。
（7）查询所有“迪”字作者的图书信息。
（8）查询已购图书的所有出版社的信息。
（9）查询前 4 种图书的名称和作者。
（10）求所有书的平均价格、书的最高价和最低价。
（11）将各种书的情况按照价格由高到低排列。
（12）查询各出版社中平均价格在 30 元以上的出版社名称和平均单价。
（13）查询所有价格在 30 元以上的图书的单价平均值。
（14）查询“计算机基础”书籍的借出日期。
（15）查询 2018 年 1 月 1 日借出去的图书的书名和出版社。
（16）查询所有管理系读者借阅的书籍。
（17）查询“张三锋”的借阅卡号。
（18）查询“李斯”所借的书籍的信息。
（19）查询所有借阅了“市场营销”书籍的读者的姓名和借阅证号。
（20）按出版社分别统计出版社当前馆藏图书的单价的平均值、最大值和最小值。
（21）统计 2018 年 1 月 2 日以后借阅书籍的数量。
（22）查询 2018 年 1 月 1 日借出去的图书的书名和出版社（使用子查询）。
（23）利用日期和时间函数查询数据，列出借阅信息表中指定日期借阅的书刊编号。
（24）用 print 来显示读者借阅卡信息表中的记录，并且每显示 3 行用*分隔。

相关知识

一、查询编辑器的使用

前面已经介绍，在 SQL Server Management Studio 中提供了【查询编辑器】，通过【查询编辑器】可以编写和运行 T-SQL 语句脚本，实现对 SQL Server 数据库中数据的检索和更新操作。与以前版本中的查询分析器不同，该工具既可以工作在连接模式，也可以工作在断开模式。另外，像 Microsoft Visual Studio 工具一样，该工具也支持彩色代码关键字、可视化显示语法错误、允许开发人员运行和诊断代码等功能，其集成性和灵活性大大提高。

二、SELECT 语句

对数据表经常进行的操作是检索、查询数据，查询的最基本方式是使用 SELECT 语句。在众多的 T-SQL 语句中，SELECT 语句是使用频率最高的一个。利用 SELECT 语句，按照用户给定的条件从 SQL Server 2016 数据库中取出数据，并将数据通过一个或多个结果集返回给用户。

1. SELECT 语句结构

SELECT 语句的主要子句可归纳如下：

```
SELECT [ALL|DISTINCT] <目标表达式>[,…<目标表达式>]
[INTO <新表名>]
FROM  <表名或视图名>[,… <表名或视图名>]
[WHERE <条件表达式> ]
[GROUP BY <列名 1> [HAVING  <表达式> ] ]
[ORDER BY <列名 2> [ASC | DESC ] ]
```

其中，包含子句 SELECT、INTO、FROM、WHERE、GROUP BY、HAVING、ORDER BY 等，每个子句都有各自的用法和功能。

- SELECT 子句：指定由查询返回的列。
- INTO 子句：将检索结果存储到新表或视图中。
- FROM 子句：用于指定引用的列所在的表和视图。
- WHERE 子句：指定用于限制返回的行的搜索条件。
- GROUP BY 子句：指定用来放置输出行的组，并且如果 SELECT 子句<SELECT LIST>中包含聚合函数，则计算每组的汇总值。
- HAVING 子句：指定组或聚合的搜索条件。HAVING 通常与 GROUP BY 子句一起使用。如果不使用 GROUP BY 子句，HAVING 的行为与 WHERE 子句一样。
- ORDER BY 子句：指定结果集的排序。

SELECT 语句的常规使用格式如下：

```
SELECT [ALL|DISTINCT ]  [TOP N[ PERCENT ] ] 列名 1[, 列名 2, …列名 N]
FROM  表名或视图名
WHERE <条件表达式>
```

参数说明：

- ALL：指定在结果集中可以显示重复行。ALL 是默认设置。
- DISTINCT：指定在结果集中只能显示唯一数据。
- TOP N[PERCENT]：指定只从查询结果集中输出前 N 行。如果还指定了 PERCENT，则只从结果集中输出前 N%行。

（1）查询所有的列

```
SELECT  *  FROM  表名
```

在 SELECT 子句中，通配符“*”表示输出指定的表或视图中所有的列。

（2）查询特定的列

```
SELECT 列名 1[, 列名 2, …列名 N]  FROM  表名
```

在 SELECT 子句中，指定具体的字段名列表以查询特定的列。

（3）指定特定列的列名

```
SELECT 列名 1 AS 别名 1,列名 2 AS 别名 2 FROM  表名
```

查询结果中列的名称默认为与源表中的列名称相同，如果使用了表达式，该列则没有名称，可在查询中使用 AS 定义查询结果中列的名称。

（4）删除重复的列

```
SELECT DISTINCT 列名 FROM  表名
```

在执行查询时，可使用 ALL 或 DISTINCT 关键字指定在查询结果中可显示重复记录或不能显示重复记录。默认为 ALL，即在查询结果中将显示重复记录。

（5）使用 TOP 关键字

```
SELECT [TOP N | TOP N PERCENT] 列名 1[, 列名 2, …列名 N]
FROM 表名
```

参数说明：

- TOP N：表示返回最前面的 N 行，N 表示返回的行数。
- TOP N PERCENT：表示返回的前面的 N%行。此时，N 必须是介于 0 和 100 之间的整数。

（6）INTO 子句

INTO 子句用于创建新表并将查询的结果插入新表中，其语法如下：

```
SELECT 列名 1[, 列名 2, …列名 N]
INTO 新表名
FROM 表名
```

指定使用查询结果来创建新表（默认是不能保存的视图）。

2. WHERE 子句

使用 WHERE 子句的目的是从表格的数据集中过滤出符合条件的行。使用 WHERE 子句可以限制查询的范围，提高查询效率。

语法格式如下：

```
SELECT 列名 1[, 列名 2, … 列名 N]
FROM 表名
WHERE 搜索条件
```

WHERE 子句使用的搜索条件可以有多种方式，表 7-1 列出了 WHERE 子句可以使用的条件。

表 7-1 WHERE 子句使用的条件

类 别	运算符号	说 明
比较运算符	=、>、<、>=、<=、<>	比较两个表达式
逻辑运算符	NOT、AND、OR	组合两个表达式的运算结果或取反
范围运算符	BETWEEN、NOT BETWEEN	搜索值是否在范围内
列表运算符	IN、NOT IN	查询值是否属于列表值之一
字符匹配符	LIKE、NOT LIKE	字符串是否匹配
未知值	IS NULL、IS NOT NULL	查询值是否为 NULL

（1）比较运算符　语法格式为：

```
WHERE 表达式 1　比较运算符　表达式 2
```

其中，表达式 1 通常是字段名变量，而表达式 2 是某一个确定的值。

在 SQL Server 2016 中，比较运算符几乎可以连接所有的数据类型，在使用比较运算符时，运算符两边表达式的数据类型必须保持一致。当连接的数据类型不是数字时，要用单引号将比较运算符后面的数据引起来。

（2）逻辑运算符　在 T-SQL 语句中，常用的逻辑运算符分别是：

- NOT：非运算，对表达式的否定。
- AND：与运算，连接多个条件，所有的条件都成立时为真。
- OR：或运算，连接多个条件，只要有一个条件成立就为真。

在使用逻辑运算符时，要遵守以下规则：

- NOT 只应用于简单条件，不能将 NOT 应用于包含 AND 或者 OR 条件的复合条件中。
- AND 用于合并简单条件和包括 NOT 的条件，这些条件都不允许包含 OR 条件。
- OR 可以使用 AND 和 NOT 合并所有的复合条件。

在优先权上，从高到低为 NOT、AND、OR，即当处理条件时，先处理优先级高的 NOT，然后是 AND，最后才是 OR。

（3）范围运算符　使用 BETWEEN 关键字可以更方便地表示查询数据的范围。

语法格式为：

```
WHERE 表达式 [NOT]  BETWEEN  值 1  AND  值 2
```

其中 NOT 为可选项，值 1 表示范围的下限，值 2 表示范围的上限。BETWEEN 表示搜索设定范围之内的数据，NOT BETWEEN 表示搜索设定范围之外的数据。不允许值 1 大于值 2。

（4）列表运算符　在 WHERE 子句中，如果需要确定表达式的取值是否属于某一列表值之一时，可以使用关键字 IN 或 NOT IN 来限定查询条件。

语法格式为：

```
WHERE 表达式 [NOT]  IN（表达式 1, 表达式 2 [, …表达式 N] ）
```

语句中的 NOT 为可选项，括号中的列表值需要用逗号分隔。如果表达式的值不是数字，则需要用单引号引起来。

（5）字符匹配符　在 WHERE 子句中，使用字符匹配符 LIKE 或 NOT LIKE 可以把表达式与字符串进行比较，从而实现对字符串的模糊查询。

语法格式为：

```
WHERE 表达式 [NOT] LIKE '字符串'
```

当进行模糊匹配时，在'字符串'中会使用通配符。常用通配符如表 7-2 所示。

表 7-2　通配符

通　配　符	说　　明
%	代表任意多个字符
_（下画线）	代表单个字符
[ ]	代表指定范围内的单个字符
[^]	代表不在指定范围内的单个字符

（6）NULL 关键字　NULL 表示未知的、不可用的或将在以后添加的数据，NULL 值与零、零长度的字符串或空白（字符串）的含义不同。空值可用于区分输入的是零或空白字符串还是无数据输入。

在 WHERE 子句中不能使用比较运算符对空值进行判断，只能使用空值表达式来判断某个表达式是否为空值。如下所示：

```
WHERE  表达式 IS [NOT]  NULL
```

3．ORDER BY 子句

在应用程序中经常需要对检索得到的数据集进行排序。可以利用 ORDER BY 子句实现。语法格式如下：

```
SELECT    列名 1 [, 列名 2, … 列名 N]
FROM    表名
WHERE   条件表达式
ORDER BY 表达式 1   [ASC|DESC] [, 表达式 2 [ASC|DESC] [, …N]]
```

参数说明：

- 表达式 1 为排序的列名，可以按一个列排序，也可以同时按多个列排序。
- ASC 表示升序，DESC 表示降序，默认情况下，结果集为升序排列，空值被视为最低的值。
- 如果在 SELECT 中同时指定了 TOP，则 ORDER BY 无效。

4．GROUP BY 子句

在使用 SELECT 语句进行数据查询时，可以使用 GROUP BY 子句对某一列数据的值进行分组，该属性列相等的记录为一个组。通常，在每组中通过聚合函数来计算一个或多个列。其语法格式如下：

```
SELECT    列名 1[, 列名 2, … 列名 N]
FROM    表名
WHERE   条件表达式
GROUP   BY   [ALL] 列名 1[, 列名 2, …列名 N]
```

- 关键字 ALL 一般与 WHERE 子句的条件一同使用，它表示所有被 GROUP BY 子句分类的数据都将出现在结果集中，即使该列不满足 WHERE 子句的查询条件。
- GROUP BY 子句通常与聚合（统计）函数联合使用，如 COUNT、SUM、MAX、MIN、AVG 等。
- 使用 GROUP BY 子句时，将 GROUP BY 子句中的列称为分组列，必须保证 SELECT 语句中的列是可计算的值或者在 GROUP BY 列表中。换句话说，除了分组列必须包含在 SELECT 的列表中，SELECT 中的其他列则必须是可计算的值（如聚合函数）。

5．HAVING 子句

HAVING 子句相当于一个用于组的 WHERE 子句，用于指定组或聚合的搜索条件。HAVING 子句通常与 GROUP BY 子句一起使用，HAVING 子句的语法格式如下：

```
HAVING 搜索条件
```

在使用 HAVING 子句定义搜索条件时，它只与组有关，而不与单个的数据有关。

- 当 HAVING 与 GROUP BY 一起使用时，HAVING 子句的搜索条件将应用于 GROUP BY 子句创建的组。
- 如果指定了 HAVING 子句，而没有指定 GROUP BY 子句，那么 HAVING 子句的搜索条件将应用于 WHERE 子句的输出结果集。
- 如果既没有指定 WHERE 子句，也没有指定 GROUP BY 子句，那么 HAVING 子句的搜索条件将应用于 FROM 子句的输出结果集。
- 在 HAVING 子句中可以包含聚合函数，但不能使用 text、image 和 ntext 数据类型。

6. COMPUTE 子句

在 SELECT 语句中，使用 COMPUTE 子句，表示既显示查看结果的明细行，又显示汇总行，即使用 COMPUTE 子句将产生额外的汇总行，可以计算分组的汇总值，也可以计算整个结果集的汇总值。COMPUTE 子句的语法格式如下：

```
[COMPUTE  {聚合函数名（列名）} [, …N ]  [BY 列名[, … N] ]
```

其中，聚合函数名（列名）可以是 AVG（列名）等，COMPUTE 子句生成合计并作为附加的汇总列出现在结果集的最后。当与 BY 一起使用时，COMPUTE BY 子句在结果集内对指定列进行分类汇总。

使用 COMPUTE 和 COMPUTE BY 子句时，需要注意以下几个问题：

① DISTINCT 关键字不能与聚合函数一起使用。

② COMPUTE 子句中指定的列必须是 SELECT 子句中已有的。

③ COMPUTE BY 必须与 ORDER BY 子句一起使用，且 COMPUTE BY 中指定的列必须与 ORDER BY 子句指定的列相同，或者为其子集，而且两者的次序也必须相同。

三、连接与子查询

1. 连接查询（多表查询）

一个数据库通常有多个数据表，在数据查询中经常涉及多个表的数据，此时，就需要用连接进行多表查询。通过连接，可以根据各个表之间的逻辑关系从两个或多个表中检索数据。连接将定义 SQL Server 2016 如何使用一个表中的记录来选择相关联数据表中的记录。

连接条件通过以下方法定义两个表在查询中的关联方式：指定每个表中要用于连接的字段。典型的连接条件在一个表中指定外键，在另一个表中指定与其关联的键。指定比较各字段的值时，要使用逻辑运算符（=、<>等）。连接查询包括内连接、外连接和交叉连接等。

（1）内连接　内连接通常也叫自然连接，它是连接两个表的常用方法。内连接通过使用等号比较运算符，根据需要连接的数据表中公共的字段值来匹配两个表中的记录，将两个表中满足连接条件的记录组合起来作为结果。一般用 INNER JOIN 或 JOIN 关键字来指定内连接，它是连接查询默认的连接方式。内连接有两种形式的语法结构：

形式一：

```
SELECT  <选择列表>
FROM  表 1  [INNER]JOIN 表 2
ON 表 1.列=表 2.列
```

形式二：

```
SELECT  <选择列表>
FROM  表 1, 表 2
WHERE 表 1.列=表 2.列
```

【例 7-1】使用连接查询方式查询 2018 年 1 月 1 日借出去的图书的书名和出版社。

```
SELECT BookName, publisher
FROM books as A, borrow as B
WHERE A.BookID= B.BookID AND B.BorrowDate='2018-1-1'
```

注意：在连接查询中表名可以用别名来代替，以简化 T-SQL 语句。

上述查询语句也可以改为以下格式：

```
SELECT BookName, publisher
FROM books as A, borrow as B
WHERE A.BookID= B.BookID AND B.BorrowDate='2018-1-1'
```

（2）外连接　在自然连接中，只有在两个表中匹配的记录才能在结果集中出现。而在外连接中可以只限制一个表，而对另外一个表不加限制（即所有的行都出现在结果集中）。

外连接分为左外连接、右外连接和全外连接。左外连接是对连接条件中左边的表不加限制；右外连接是对连接条件中右边的表不加限制；全外连接对两个表都不加限制，所有两个表中的记录都会包括在结果集中。

① 左外连接的语法为：

```
SELECT <选择列表>
FROM 表 1 LEFT   [OUTER] JOIN 表 2
ON 表 1.列 1=表 2.列 2
```

包括第一个命名表（“左”表，出现在 JOIN 子句的最左边）中的所有行。不包括右表中的不匹配行。

② 右外连接的语法为：

```
SELECT   <选择列表>
FROM 表 1   RIGHT [OUTER] JOIN 表 2
ON  表 1.列 1=表 2.列 2
```

包括第二个命名表（“右”表，出现在 JOIN 子句的最右边）中的所有行。不包括左表中的不匹配行。

③ 全外连接的语法为：

```
SELECT   <选择列表>
FROM   表 1 FULL [OUTER]   JOIN   表 2
ON 表 1.列 1=表 2.列 2
```

包括所有连接表中的所有记录，不论它们是否匹配。

2．用嵌套查询的方式实现多表查询（子查询）

在实际应用中，经常要用到多层查询。在 SQL Server 2016 中，将一条 SELECT 语句作为另一条 SELECT 语句的一部分称为嵌套查询。外层的 SELECT 语句称为外部查询或父查询，内层的 SELECT 语句称为内部查询或子查询。T-SQL 语句允许多层嵌套，但是子查询语句中不允许出现 ORDER BY 子句，ORDER BY 子句永远只能对最终查询结果排序。

子查询（Subquery）是指嵌套在其他 T-SQL 语句中的 SELECT 语句，如嵌套在 SELECT、INSERT、UPDATE、DELETE 语句或其他子查询中。任何允许使用表达式的地方都可以使用子查询。子查询也称为内部查询或内部选择，而包含子查询的语句也称为外部查询或外部选择。通常，子查询作为外部选择的选取条件或数据来源。

（1）带有比较运算符的子查询　在该方式下，通过子查询返回一个单一的数据，该数据可以参加相关表达式的运算。当子查询返回的是单值时，可以使用>、<、=、<=、>=、!=或<>等比较运算符。

说明：在这种方式下通过子查询取得的数据必须是唯一的，不能返回多值，否则运行将出现错误。

（2）带有 IN 关键词的子查询　使用 IN 关键词连接父查询和子查询的关系，通过 IN 关键词判断查询的某项属性值是否在子查询结果中。此时子查询的返回结果往往是一个集合。

（3）带有[NOT]EXISTS 的子查询　使用[NOT]EXISTS 关键字的子查询时，相当于进行一次存在测试。子查询不返回任何实际数据，它只返回 TRUE 或 FALSE 值。

使用 EXISTS 关键字后，若内层查询结果为非空，则外层 WHERE 子句返回真值，否则返回假值。

【例 7-2】使用子查询方式查询 2018 年 1 月 1 日借出去的图书的书名和出版社。

```
SELECT BookName, publisher
FROM books
WHERE BookID in
(SELECT BookID FROM borrow WHERE BorrowDate='2018-1-1')
```

注意：子查询语句必须用小括号括起来；在比较运算中使用子查询只能有一个字段表达式；如果外部查询的 WHERE 子句包括某个字段，则子查询中的选择列表与该字段的数据类型相一致。

子查询与 SELECT 语句的使用语法完全相同，但在使用时必须遵守以下原则。

- 整个子查询语句使用小括号“（ ）”括起来。
- 在比较运算中使用的子查询的选择列表只能包括一个表达式或列名称。
- 如果外部查询的 WHERE 子句包括某个列名，则该子句使用的子查询选择列表中该列的数据类型必须兼容（不同的时候可相互转换）。
- 子查询的选择列表中不能使用 ntext、text 和 image 数据类型的列。
- 如果比较运算符之后未接 ANY（SOME）或 ALL 关键字，则子查询不能使用 GROUP BY 和 HAVING 子句。
- 使用了 GROUP BY 的子查询不能使用 DISTINCT 关键字。
- 子查询中不能使用 COMPUTE 和 INTO 子句。
- 只有在子查询中使用了 TOP 关键字时，才可以使用 ORDER BY 子句。
- 按约定，通过 EXISTS 表达式中使用的子查询的选择列表由星号（*）组成，而不使用单个列名。

子查询的返回结果可分为三种：单一值、单列的多行数据、多列的多行数据。这三种不同类型的返回结果对应了不同的使用方法。

（1）直接使用单一的返回结果　例如，使用在=、>、<等关系表达式或+、–、*、/等算术表达式中。

【例 7-3】在书刊数据表中查询哪些图书价格在均价以上。查询语句如下：

```
SELECT * FROM books
WHERE Price >= (SELECT AVG(Price) FROM books)
```

【例 7-4】首先给书刊数据表添加一个字段：库存数量 int(4) null。该字段表示某图书在库存中共有多少册。书刊数据表的修改记录如图 7-1 所示：

BookID	BookName	Author	TypeID	Price	publisher	booknum
7030101431	计算机基础	谭浩强	TP	32.0000	科学出版社	23
7030197632	电子商务应用	王洁实	F12	27.0000	科学出版社	15
7107029872	红楼梦	曹雪芹	I3	35.0000	人民教育出版社	2
7107102253	市场营销	李迪	G4	19.5000	人民教育出版社	12
7107103692	经济数学	郭瑞军	G4	30.0000	人民教育出版社	56
7111024356	会计电算化教程	梁峰	G4	27.0000	机械工业出版社	25
7111072049	VB程序设计	刘成勇	TP	25.0000	机械工业出版社	21
7115030246	物流与电子商务	何子军	F12	23.0000	人民邮电出版社	14
7121125581	经济研究	孙力	F0	25.0000	电子工业出版社	6
7121154911	数据库教程	何文华	TP	28.0000	电子工业出版社	50
7302013242	ASP.NET程序设计	马俊	TP	52.0000	清华大学出版社	34
7302035714	网页设计	武迪生	TP	41.0000	清华大学出版社	128
7302113585	经济学概论	吴畅	F0	30.0000	清华大学出版社	18
7502413517	网络营销	于得水	F12	27.5000	冶金工业出版社	10

图 7-1 增加“booknum”列及数据

然后计算并显示各图书数目占所有图书数目的比例。查询语句如下：

```
SELECT BookID, booknum*100/ (SELECT SUM (booknum) FROM books) AS 所占百分比
FROM books GROUP BY BookID, booknum
```

（2）使用单列的多行数据作为比较清单　作为比较清单的子查询通常用在 SELECT、INSERT、UPDATE 和 DELETE 等语句的 WHERE 或 HAVING 子句的逻辑表达式中，并且多使用在 IN、ALL 或 ANY（SOME）运算中，判断某个值是否在比较清单中，运算结果为 TRUE 或 FALSE。

【例 7-5】使用 IN 运算符判断给定值是否在子查询返回结果中。下面的查询返回已经借出的图书信息：

```
SELECT * FROM books
WHERE BookID IN
(SELECT BookID FROM borrow)
```

【例 7-6】使用 NOT IN 运算符判断给定值不在子查询返回结果中。下面的查询返回没有借阅记录的读者借阅卡信息：

```
SELECT * FROM readers
WHERE readerID NOT IN
(SELECT readerID FROM borrow)
```

（3）使用多列的多行数据作为测试条件　使用多列的多行数据作为测试条件，即使用 EXISTS 判断是否有返回值，运算结果为 TRUE 或 FALSE。

【例 7-7】在查询中，可使用 EXISTS 运算来测试子查询中是否有任何返回结果，如果有返回结果，则运算结果为 TRUE，否则为 FALSE。下面的查询还是返回没有借阅记录的读者借阅卡信息：

```
SELECT * FROM readers
WHERE NOT EXISTS
(SELECT * FROM borrow
WHERE readers.readerID=borrow.readerID)
```

3．在查询编辑器中设计查询

在管理工具 MS SQL Server Management Studio 中，可以使用查询设计器采用“图形化”的方式设计查询。

（1）打开查询设计器　选择菜单【查询】→【在编辑器中设计查询】，打开如图 7-2 所示的【查询设计器】对话框。【查询设计器】对话框包括关系图窗格、网格窗格、SQL 窗格 3 部分。关系图窗格用于选择创建查询使用的数据源，选择要显示在查询结果中的字段，并可定义数据表之间的 JOIN 类型。网格窗格用于选择要显示在查询中的字段，以及定义字段的排序类型、排序顺序和筛选条件等。SQL 窗格用于显示查询的 T-SQL 语句，并可以直接编辑 T-SQL 语句来设计查询。

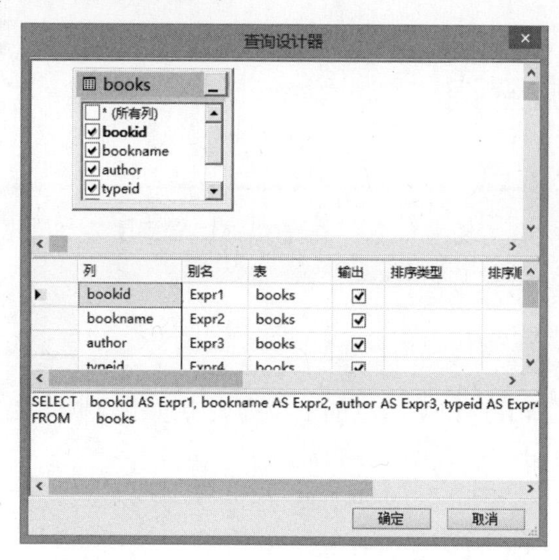

图 7-2　打开【查询设计器】对话框

（2）添加查询数据源　刚打开【查询设计器】时，首先会弹出【添加表】对话框，供设计查询时确定数据源。进入查询设计状态时，可使用鼠标右键单击关系图网格，在弹出的快捷菜单中选择【添加表】命令，打开【添加表】对话框，继续添加数据源。在对应的列表框中双击要添加的数据表、视图或函数，将其添加到关系图窗格中。添加了需要的数据源后，单击【关闭】按钮关闭【添加表】对话框。

（3）删除数据源　如果在查询中某个数据源不再使用，则可将其删除。选中要删除的数据源后按〈Delete〉键，即可将其从关系图窗格中删除。

（4）定义数据表别名　单击数据表的标题栏选中该表，单击工具栏中的【属性】按钮，打开数据源属性对话框。在【别名】文本框中输入数据表别名，如 A。单击【关闭】按钮关闭对话框。

（5）定义数据表 JOIN 类型　例如，要定义“书刊数据表”books 的“BookID”字段与“书刊借阅信息表”borrow 的“BookID”字段的连接，可从“书刊数据表”books 中将“BookID”字段拖动到“书刊借阅信息表”borrow 的“BookID”字段上，释放鼠标，即可建立两个数据表的连接。

在关系图中建立的数据表连接默认为内连接，在 SQL 窗格中同步显示了连接类型为 INNER JOIN。

（6）选择查询输出字段　在关系图窗格中，单击数据表字段前的复选框，将其标记为选中，即可在查询结果中输出该字段。取消字段复选框的选中标记，则取消输出该字段。字段选择的先后顺序决定了在查询输出中的先后顺序。

（7）定义字段排序类型　在数据表中选中要排序的字段。单击工具栏中的【升序】按钮将其设置为递增排序，或单击【降序】按钮将其设置为递减排序。

（8）定义分组　要在查询中使用 GROUP BY 分组，可单击工具栏中的【分组】按钮，查询设计器自动在输出字段名称后添加一个分组标记，同时在 SQL 窗格中插入 GROUP BY 子句。

任务实施

一、简单数据查询

1．基本查询

【训练 7-1】查询所有的图书信息。在【查询编辑器】窗口中输入如下命令并运行：

```
USE library
SELECT * FROM    books
GO
```

也可从【查询编辑器】窗口工具栏的下拉列表中选中数据库 Library，再在查询编辑器中输入并执行如下语句：

```
SELECT * FROM    books WHERE    publisher='科学出版社'
```

注意：字符串符号使用的必须是半角符号。

SELECT 语句的基本结构如下：

```
SELECT  目标列名字表
 FROM 关系表
```

（1）使用 SELECT 子句定义查询结果　目标列名字表，可以使用*，表示所有字段；也可以是字段名称，使用逗号分隔。

【训练 7-2】查询读者借阅卡的所有信息。使用*返回读者借阅卡信息表中的所有列，查询语句如下：

```
SELECT * FROM readers
```

【训练 7-3】查询部分书刊信息，书刊数据表中返回书名、作者和书的价格列。查询语句如下：

```
SELECT BookName, author, Price FROM books
```

（2）定义查询结果中列的名称　查询结果中列的名称默认为与源表中的列名称相同，如果使用了表达式，该列则没有名称，可在查询中使用 AS 定义查询结果中列的名称。

【训练 7-4】遗失图书应按图书原价的 2 倍赔偿。查询语句如下：

```
SELECT BookName as 书名, Author, Price*2 AS 赔偿价格
FROM books
```

（3）指定在查询结果中只能显示唯一记录　在执行查询时，可使用 ALL 或 DISTINCT 关键字指定在查询结果中可显示重复记录或不能显示重复记录。默认为 ALL，即在查询结果中将显示重复记录。

【训练 7-5】从 borrow 表中返回 BookID、BorrowDate 列。查询语句如下：

```
SELECT BookID, BorrowDate
FROM   borrow
```

【训练 7-6】从 borrow 表中返回 BookID、BorrowerDate 列，不显示重复记录。查询语句如下：

```
SELECT DISTINCT BookID, BorrowDate
FROM   borrow
```

（4）使用 TOP 返回指定数量记录　在 SELECT 子句中可使用 TOP n 指定只在查询结果中返回前 n 条记录。如果指定 PERCENT 关键字，则只返回前 N%条记录，此时，n 必须是介于 0～100 之间的整数。

【训练 7-7】返回 books 表中前 3 条记录。查询语句如下：

```
SELECT TOP 3 * FROM books
```

分析下列语句的意义。

```
SELECT TOP 50 PERCENT * FROM books
```

（5）使用 INTO 子句定义新表　指定使用查询结果来创建新表(默认是不能保存的视图)。

【训练 7-8】将【训练 7-4】查询的结果保存在新表“赔偿”表中。查询语句如下：

```
SELECT BookName as 书名, Author, Price*2 AS 赔偿价格
INTO 赔偿   FROM books
```

（6）指定数据源别名　在 FROM 子句定义查询数据源时，一般只需要指定源表或视图的名称，多个源表或视图使用逗号分隔。如果需要，也可在 FROM 子句中指定源表或视图

的别名。在 SELECT 子句中需要限定源表或视图的列名时，则必须使用源表或视图的别名，而不能使用其名称来限定。

【训练 7-9】从读者借阅卡信息表和书刊借阅信息表中返回读者信息和借阅信息。查询语句如下：

```
SELECT A.readerID, A.Name, A.Tel, B.BorrowDate
FROM readers A, borrow AS B
```

在指定源表或视图的别名时，可使用 AS 关键字或省略 AS。

（7）使用聚合函数　聚合函数是用来完成一组值的计算的，并且有一个返回值。常见的聚合函数有：AVG（平均值）、MAX（最大值）、MIN（最小值）、COUNT（统计）、SUM（求和）。

【训练 7-10】求所有书的平均价格、最高价和最低价。查询语句如下：

```
SELECT AVG (Price) AS 平均价格, MAX (Price) AS 最高价格, MIN (Price) AS 最低价格
FROM books
```

2．条件查询

SELECT 语句的结构如下：

```
SELECT 目标列名字表
FROM 关系表
WHERE 查询条件表达式
```

使用 WHERE 子句定义查询条件，指定源表中记录的查询条件，只有符合条件的记录才出现在查询结果中。

【训练 7-11】从【查询编辑器】窗口的工具栏的下拉列表中选中数据库 Library，再在【查询编辑器】中输入并执行如下语句：

```
SELECT * FROM books
WHERE publisher='科学出版社'
```

【训练 7-12】查询价格在[20，30]元之间图书的书名和作者。查询语句有如下两种格式：

(1)	SELECT BookName AS 书名, Author FROM books WHERE Price >=20 AND Price <=30
(2)	SELECT BookName AS 书名, Author FROM books WHERE Price BETWEEN 20 AND 30

【训练 7-13】查询所有含“迪”字作者的图书信息。查询语句如下:

```
SELECT * FROM books
WHERE Author LIKE '%迪%'
```

【训练 7-14】查询类别编号为“TP”和“F0”的图书信息。查询语句如下:

```
SELECT * FROM books
WHERE TypeID='TP' OR TypeID='F0'
```

【训练 7-15】查询书刊借阅信息表中未还的图书。查询语句如下:

```
SELECT * FROM borrow
WHERE returnDate IS NULL
```

3．排序查询

排序查询是在查询语句中加入 ORDER BY 子句实现对查询结果的顺序排列，主要是指定查询结果中记录的排列顺序。排序表达式指定用于排序的列，多个列使用逗号分隔，ASC（ascend）和 DESC（descend）分别表示升序和降序，默认为 ASC。

排序表达式中可包括未出现在 SELECT 子句选择列表中的列名。如果在 SELECT 子句中使用了 DISTINCT 关键字，或查询语句中包含 UNION 运算符，则排序列必须包含在 SELECT 子句选择列表中。不能使用 ntext、text 和 image 列进行排序。

【训练 7-16】将各种书的情况按照价格从高到低排列。查询语句如下:

```
SELECT * FROM books
ORDER BY Price DESC
```

【训练 7-17】将各种书的情况按照图书名称对应的拼音从低到高排列。查询语句如下:

```
SELECT * FROM books
ORDER BY BookName ASC
```

4．分组查询

SELECT 语句的结构如下：

```
SELECT 目标列名字表
FROM 关系表
WHERE 查询条件表达式
GROUP BY 分组字段列表
HAVING 附加筛选条件
ORDER BY 排序字段列表 ASC|DESC
```

【训练 7-18】按出版社分别统计当前馆藏图书的平均价格，并将超过 25 元的显示出来。查询语句如下：

```
SELECT publisher,AVG (Price) AS 平均价
FROM books
GROUP BY Publisher
HAVING AVG (Price)>=25
```

注意：在使用 GROUP BY 子句对记录分组查询时，出现在 SELECT 子句中的字段必须在分组表达式中。

（1）使用 GROUP BY 子句对记录分组　使用 GROUP BY 子句对查询中使用到的表中的记录进行分组，从而使 SELECT 子句中的汇总函数（如 SUM、COUNT、MIN、MAX、AVG 等）可执行分类计算。如果 SELECT 子句中没有汇总函数，则查询结果也会按分类字段排序。

在使用 GROUP BY 子句时，出现在 SELECT 子句中的字段（不包括表达式）必须在分组表达式中。例如，有 SELECT A, B, C*D，则可用 GROUP BY A, B，GROUP BY A, B, C, D，但不能使用 GROUP BY B（没有 A）和 GROUP BY A, C, D（没有 B）。另外，text、ntext 和 image 类型的列不能用于分组表达式。

【训练 7-19】将书刊借阅信息表复制成 borrowbak 表（该新表没有设置主键）。查询语句如下：

```
SELECT *
INTO borrowbak
FROM borrow
```

（2）比较无汇总函数时使用 GROUP BY 子句　下面的【训练 7-20】和【训练 7-21】比较了在 SELECT 子句中没有使用汇总函数时，不使用和使用 GROUP BY 子句时的查询结果。

【训练 7-20】从 borrowbak 表中获得书刊编号、读者编号、借书日期。查询语句如下：

```
SELECT BookID, readerID, BorrowDate
FROM borrowbak
```

【训练 7-21】从 borrowbak 表中获得书刊编号、读者编号、借书日期，并进行分组。查询语句如下：

```
SELECT BookID, readerID, BorrowDate
FROM borrowbak
GROUP BY BorrowDate, BookID, readerID
```

（3）使用汇总函数执行分组查询

【训练 7-22】从读者借阅卡信息表中获得各部门的人数。查询语句如下：

```
SELECT   deptID, count (deptID) AS 部门人数
FROM readers
GROUP BY deptID
```

（4）使用 ALL 忽略 WHERE 子句　如果在 GROUP BY 子句中使用 ALL 关键字，则表示使用源表中的所有记录进行分组汇总。在查询结果中，不满足 WHERE 子句指定条件的分组返回值为空值。

【训练 7-23】按出版社分别统计当前馆藏图书中价格在 25 元以上的平均价，没有满足条件的出版社显示空值。查询语句如下：

```
SELECT publisher, AVG (Price) AS 平均价
FROM books
WHERE Price>25
GROUP BY all publisher
```

（5）HAVING 子句　指定查询结果的附加筛选。从逻辑上讲，HAVING 子句从中间结果对记录进行筛选，这些中间结果是用 SELECT 语句中的 FROM、WHERE 或 GROUP BY 子句创建的。HAVING 子句通常与 GROUP BY 子句一起使用，尽管 HAVING 子句前面不必有 GROUP BY 子句。

【训练 7-24】按出版社分别统计当前馆藏图书中平均价格在 25 元以上的出版社图书的平均价。查询语句如下：

```
SELECT publisher, AVG (Price) AS 平均价
FROM books
GROUP BY publisher
HAVING AVG (Price)>=25
```

二、连接查询

1. 内连接查询

【训练 7-25】使用连接查询方式查询 2018 年 1 月 1 日借出去的图书的书名和出版社。查询语句如下：

```
SELECT BookName, publisher
FROM books AS A INNER JOIN borrow AS B
on A.BookID= B.BookID    AND    B.BorrowDate='2018-1-1'
```

注意：在连接查询中经常使用的是内连接。内连接通过使用比较运算符，根据需要联接的数据表中公共的字段值来匹配两个表中的记录，将两个表中满足连接条件的记录组合起来作为结果。

内连接有两种形式的语法结构，因此，上述查询语句也可以改为以下格式：

```
SELECT BookName, publisher
FROM books AS A, borrow AS B
WHERE A.BookID= B.BookID   AND   B.BorrowDate='2018-1-1'
```

2．外连接查询

外连接分为左外连接、右外连接和全外连接三种。其中左外连接对连接双方左边的表或视图的数据不受限制，右外连接对连接双方右边的表或视图的数据不受限制，全外连接则双方均不受限制。

【训练 7-26】使用左外连接查询每个读者的借书情况。如果读者没有借书，则在书刊借阅信息表中没有该读者的借阅记录，书刊编号和借阅日期用空值填充。查询语句如下：

```
SELECT A.readerID, Name, BookID, BorrowDate
FROM readers AS A LEFT OUTER JOIN borrow as B
ON A.readerID=B.readerID
```

【训练 7-27】将【训练 7-26】的左外连接改为使用右外连接，则查询结果为每本书的借阅读者情况。如果有借书，而读者借阅信息卡中无此读者卡编号，则用空值填充。通常该情况表明，数据出现不一致，即书刊借阅信息表中出现的读者卡编号，在读者借阅信息卡中无法查到。查询语句如下：

```
SELECT B.readerID, Name, BookID, BorrowDate
FROM readers AS A RIGHT OUTER JOIN borrow AS B
ON A.readerID=B.readerID
```

【训练 7-28】将【训练 7-27】的右外连接改为使用全外连接，则查询结果为每本书的借阅读者情况和每个读者的借书情况。如果有借书，而读者借阅信息卡中无此读者卡，则用空值填充。如果有该读者，而没有借阅书刊，则书刊借阅信息表的列为空值。查询语句如下：

```
SELECT A.readerID, B.readerID, Name, BookID, BorrowDate
FROM readers AS A FULL OUTER JOIN borrow AS B
ON A.readerID=B.readerID
```

注意：为看到上述右外连接和全连接的查询效果，可以将两个表“读者借阅卡信息表”和“书刊借阅信息表”的外键约束先删除，再添加一些相关数据，即可看到当数据不一致时出现的查询结果。

三、嵌套查询

嵌套查询的求解方法是由里向外处理，即每个子查询在其上一级查询处理之前求解，子查询的结果用于建立其外部查询的查找条件，子查询得到的查询结果不显示出来，显示的是外部查询的结果。

【训练 7-29】查询与借阅卡号为“2018061201”的读者在同一个部门的读者借阅卡号和姓名。

该查询可以首先确定“2018061201”所在的部门，然后再查找在该部门的读者信息，因此，可以分步来完成此查询。

（1）确定“2018061201”所在的部门

```
SELECT  deptID  FROM  readers
WHERE readerID='2018061201'
```

（2）查找所有在“xi02”部门的读者信息

```
SELECT readerID, Name FROM readers
WHERE deptID='xi02'
```

分步查询比较麻烦，上述查询可以用嵌套子查询来实现，即将第一步查询嵌入第二步查询中，以构造第二步查询的条件。代码如下：

```
SELECT readerID, Name FROM readers
WHERE deptID= (SELECT deptID  FROM  readers
WHERE readerID='2018061201')
```

【训练 7-30】查询借书数高于读者借阅卡信息表中平均借书数的读者借阅号、姓名和借书数目。代码如下:

```
SELECT readerID, Name, borrowNum FROM readers
WHERE borrowNum> (SELECT AVG (borrowNum)
FROM  readers )
```

该查询中，首先获得“select Avg (borrowNum) from readers”的结果集，该结果集为单行单列，然后将其作为外部查询的条件执行外部查询，并得到最终结果。

【训练 7-31】查询与读者“田英”在同一个部门的读者信息。

由于“田英”这个读者可能在读者借阅卡信息表中会有重名的情况，也就是说，内查询“田英”所在的部门的结果可能不是唯一值，因此，该查询要用带 IN 谓词的嵌套子查询来实现。代码如下：

```
SELECT readerID, Name FROM readers
WHERE deptID  IN  (SELECT deptID  FROM  readers
WHERE Name='田英')
```

【训练 7-32】查询所有借阅了“7030101431”号书刊的读者借阅卡号和姓名。代码如下:

```
SELECT readerID, Name FROM readers
WHERE EXISTS (SELECT * FROM borrow
WHERE readerID=readers.readerID
AND BookID='7030101431')
```

带有 EXISTS 谓词的子查询不返回任何实际的数据，它只产生逻辑真值“TRUE”或假值“FALSE”。

由 EXISTS 引出的子查询，其目标列表达式通常都用“*”，因为带有 EXISTS 的子查询只返回真值或假值，给出列名亦无实际意义。

四、联合查询

联合查询是指使用 UNION 运算将多个查询结果合并到一起，其语法格式如下：

```
SELECT 语句 1
UNION
SELECT 语句 2 [...n]
```

【训练 7-33】显示不同类别书刊的平均价格，及全部库存书刊的平均价格。查询语句如下：

```
SELECT TypeID, AVG (Price) AS 均价
FROM books
GROUP BY TypeID
UNION
SELECT '全部均价', AVG (Price) AS 均价
FROM books
```

【训练 7-34】查询每个借阅者借书的数目。查询语句如下：

```
SELECT a.Name, COUNT (b.readerID) AS 借阅数目
FROM readers A INNER JOIN borrow AS B
on A.readerID=B.readerID
GROUP BY name
```

【训练 7-35】查询已借出的书刊总数目。查询语句如下：

```
SELECT '借阅总数目', COUNT (readerID) AS 借阅数目
FROM borrow
```

【训练 7-36】联合查询，获得每个借阅者借书的数目和已借出的书刊总数目。查询语句如下：

```
SELECT a.Name, COUNT (b.readerID) AS 借阅数目
FROM readers A INNER JOIN borrow AS B
ON a.readerID=b.readerID
GROUP BY name
```

```
UNION
SELECT '借阅总数目', COUNT (readerID) AS 借阅数目
FROM borrow
```

在使用 UNION 合并两个查询结果时，必须满足下面两个基本规则：

- 所有查询中列的数目必须相同。
- 对应列的数据类型必须兼容，即在数据类型不同时，可以进行相互转换。

在合并的查询结果中，列名称为第一个查询中的列名称，其他查询的列名被忽略。在转换不同类型的对应列值时，以“容纳最多数据”为基本原则，如两个查询的对应列数据类型分别为 varchar（5）、varchar（15），则合并后该列的数据类型为 varchar（15）。

能力拓展

使用系统函数

在 T-SQL 语句中，函数被用来执行一些特殊的运算以支持 SQL Server 的标准命令。在 SQL Server 中可以对检索的数据进行各种运算，可以在 T-SQL 语句 SELECT 关键字后列出的项中使用各种运算符和函数。

系统函数用于返回有关 SQL Server 系统、用户、数据库和数据库对象的信息。系统函数可以让用户在得到信息后使用条件语句，根据返回的信息进行不同的操作。与其他函数一样，可以在 SELECT 语句的 SELECT 和 WHERE 子句以及表达式中使用系统函数。这些数据在管理和维护数据库服务器等方面很有价值。表 7-3 列出了常用的一些 SQL Server 系统函数。

表 7-3　常用的系统函数

函　数　名	功　　能
关于系统安全	
IS_MEMBER（'group'|'role'）	判断当前用户是否为指定 NT 组或 SQL Server 角色成员
SUSER_SID（'login'）	返回指定账户注册信息的安全标志 ID
SUSER_SNAME（[server_user_sid]）	根据指定的服务器用户安全标志 ID，返回相应的用户注册登录使用的账户信息
IS_SRVROLEMEMBER（'role', ['login']）	判断指定的登录账户是否已指定服务器角色成员
USER_ID（['user']）	返回指定用户在数据库中的标志 ID
USER	返回用户在数据库中的名字
CURRENT_USER	返回当前用户信息
SYSTEM_USER	返回当前用户的登录账户信息
HOST_ID（）	返回运行 SQL Server 的计算机的标志 ID
HOST_NAME（）	返回运行 SQL Server 的计算机的名字

（续）

函　数　名	功　能
关于数据库、数据库对象	
DB_ID（[database_name]）	返回指定数据库的标志 ID
DB_NAME（database_id）	根据数据库的 ID 返回相应的数据库的名字
DATABASEPROPERTY（database, property）	返回指定数据库在指定属性上的取值
OBJECT_ID（'object'）	返回指定数据库对象的标志 ID
OBJECT_NAME（object_id）	根据数据库对象的 ID 返回相应的数据库对象名
OBJECTPROPERTY（id，property）	返回指定数据库对象在指定属性上的取值
COL_LENGTH（'table', 'column'）	返回指定表的指定列的长度
COL_NAME（table_id, column_id）	返回指定表的指定列的名字
INDEX_COL（'table', index_id, key_id）	返回指定表格上指定索引的名字
TYPEPROPERTY（type, property）	返回指定数据类型在指定属性上的取值

【训练 7-37】查询当前图书管理数据库的用户信息。代码如下:

```
USE library
GO
SELECT   user
```

【训练 7-38】查询当前系统运行 SQL Server 的计算机的名字。代码如下:

```
USE library
GO
SELECT   HOST_NAME()
```

【训练 7-39】查询 book 表中书号为“7111024356”的 publisher 列的定义长度和数据长度。代码如下:

```
SELECT COL_LENGTH('books', 'publisher') AS 定义长度,
  DATALENGTH(publisher) AS 数据长度
FROM books WHERE bookid='7111024356'
```

其中，系统函数 COL_LENGTH 将获取指定表 books 的 publisher 列的定义长度，而不是其中存储的任何单个字符的长度。用 DATALENGTH 函数来确定待定值中的字符总数。

【训练 7-40】查询 booklibrary 数据库，返回 books 表中第二列的名称。代码如下:

```
SELECT COL_NAME(OBJECT_ID('books'), 2)
```

工作评价与思考

一、选择题

1．下列关于执行查询叙述正确的是（　　）。

A．如果没有选中的命令，则只执行最前面的第一条命令

B．如果有多条命令选择，则只执行选中命令中的第一条命令

C．如果查询中有多条命令有输出，则按顺序显示所有结果

D．都正确

2．假设数据表“test1”中有 10 条记录，可获得最前面两条记录的命令为（　　）。

A．SELECT 2 * FROM test1

B．SELECT TOP 2 * FROM test1

C．SELECT PERCENT 2 * FROM test1

D．SELECT PERCENT 20 * FROM test1

3．关于查询语句中 ORDER BY 子句使用正确的是（　　）。

A．如果未指定排序字段，则默认按递增排序

B．数据表的字段都可用于排序

C．如果在 SELECT 子句中使用了 DISTINCT 关键字，则排序字段必须出现在查询结果中

D．联合查询不允许使用 ORDER BY 子句

4．SQL 语言是（　　）的语言，容易学习。

A．过程化　　B．非过程化　　C．格式化　　D．导航式

5．在 T-SQL 语法中，SELECT 语句的完整语法较复杂，但至少包括的部分为（　　）。

A．SELECT, INTO　　B．SELECT, FROM

C．SELECT, GROUP　　D．仅 SELECT

6．在 SELECT 语句中，使用关键字（　　）可以把重复行屏蔽。

A．DISTINCT　　B．UNION　　C．ALL　　D．TOP

7．在 WHERE 子句的条件表达式中，可以匹配 0 个到多个字符的通配符是（　　）。

A．*　　B．%　　C．-　　D．?

8．在 SELECT 语句中与 HAVING 子句同时使用的是（　　）子句。

A．ORDER BY　　B．WHERE　　C．GROUP BY　　D．无需配合

9．SQL 语言集数据查询、数据操纵、数据定义和数据控制功能于一体，其中，CREATE、DROP、ALTER 语句是实现（　　）功能。

A．数据查询　　B．数据操纵　　C．数据定义　　D．数据控制

10．将多个查询结果返回一个结果集合的运算符是（　　）。

A．JOIN　　B．UNION　　C．INTO　　D．LIKE

11．命令 SELECT s_no，AVG（grade）AS ‘平均成绩’ FROM score GROUP BY s_no HAVING AVG（grade）>=85，表示（　　）。

A．查找 score 表中平均成绩在 85 分以上的学生的学号和平均成绩

B．查找平均成绩在 85 分以上的学生

C．查找 score 表中各科成绩在 85 分以上的学生

D．查找 score 表中各科成绩在 85 分以上的学生的学号和平均成绩

12．在（　　）子查询中，内层查询只处理一次，得到一个结果集，再依次处理外层查询。

A．IN 子查询　　　　B．EXIST 子查询

C．NOT EXIST 子查询　　　　D．JOIN 子查询

13．要查询 information 表中姓“王”且单名的学生情况，可用（　　）命令。

A．SELECT * FROM information WHERE 姓名 LIKE '王%'

B．SELECT * FROM information WHERE 姓名 LIKE '王_'

C．SELECT * FROM information WHERE 姓名= '王%'

D．SELECT * FROM information WHERE 姓名= '王__'

14．要查询 information 表中学生姓名中含有“张”的学生情况，可用（　　）命令。

A．SELECT * FROM information WHERE s_name LIKE '张%'

B．SELECT * FROM information WHERE s_name LIKE '张_'

C．SELECT * FROM information WHERE s_name LIKE '%张%'

D．SELECT * FROM information WHERE s_name='张'

15．SELECT s_no=学号，s_name=姓名 FROM information WHERE 班级名='软件 021' 表示（　　）。

A．查询 information 表中'软件 021'班学生的学号、姓名

B．查询 information 表中'软件 021'班学生的所有信息

C．查询 information 表中学生的学号、姓名

D．查询 information 表中计算机系学生的记录

16．如果要删除 Student 数据库中的 Information 表，则可以使用命令（　　）。

A．DELETE TABLE information

B．TRUNCATE TABLE information

C．DROP TABLE information

D．ALTER TABLE information

17．假设表中某列的数据类型为 VARCHAR（100），而输入的字符串为“ahng3456”，则存储的是（　　）。

A．ahng3456，共 8 字节　　　　B．ahng3456 和 92 个空格

C．ahng3456 和 12 个空格　　　　D．ahng3456 和 32 个空格

18．用来表示可变长度的非 Unicode 数据的类型是（　　）。

A．CHAR　　　　B．NCHAR

C．VARCHAR　　　　D．NVARCHAR

19．在 SQL 语言中，子查询是（　　）。

A．返回单表中数据子集的查询语言

B．选取多表中字段子集的查询语句

C．选取单表中字段子集的查询语句

D．嵌入另一个查询语句之中的查询语句

20．有关系 S（S＃，SNAME，SAGE），C（C＃，CNAME），SC（S＃，C＃，GRADE）。

其中 S#是学生号，SNAME 是学生姓名，SAGE 是学生年龄，C#是课程号，CNAME 是课程名称。要查询选修“ACCESS”课的年龄不小于 20 的全体学生姓名的 SQL 语句是 SELECT SNAME FROM S，C，SC WHERE 子句。这里 WHERE 子句的内容是（　　）。

A．S.S#=SC.S# and C.C#=SC.C# and SAGE>=20 and CNAME='ACCESS'

B．S.S#=SC.S# and C.C#=SC.C# and SAGE in>=20 and CNAME in 'ACCESS'

C．SAGE in>=20 and CNAME in 'ACCESS'

D．SAGE>=20 and CNAME=' ACCESS'

21．设关系数据库中一个表 S 的结构为 S（SN，CN，grade），其中 SN 为学生名，CN 为课程名，二者均为字符型；grade 为成绩，数值型，取值范围 0～100。若要把“张二的化学成绩 80 分”插入 S 中，则可用（　　）。

A．ADD INTO S VALUES（'张二'，'化学'，'80'）

B．INSERT INTO S VALUES（'张二'，'化学'，'80'）

C．ADD INTO S VALUES（'张二'，'化学'，80）

D．INSERT INTO S VALUES（'张二'，'化学'，80）

22．（　　）关键字用于测试跟随的子查询中的行是否存在。

A．MOV　　B．EXISTS　　C．UNION　　D．HAVING

23．查询员工工资信息时，结果按工资降序排列，正确的是（　　）。

A．ORDER BY 工资　　B．ORDER BY 工资 desc

C．ORDER BY 工资 asc　　D．ORDER BY 工资 dictinct

24．下列聚合函数中正确的是（　　）。

A．SUM (*)　　B．MAX (*)　　C．COUNT (*)　　D．AVG (*)

25．模糊查找 like '_a%', 下面哪个结果是可能的（　　）。

A．aili　　B．Baibai　　C．Bba　　D．ccaa

26．设关系数据库中一个表 S 的结构为 S（SN，CN，grade），其中 SN 为学生名，CN 为课程名，二者均为字符型；grade 为成绩，数值型，取值范围 0～100。若要更正王二的化学成绩为 85 分，则可用（　　）。

A．UPDATE S SET grade＝85 WHERE SN＝'王二' AND CN＝'化学'

B．UPDATE S SET grade＝'85' WHERE SN＝'王二' AND CN＝'化学'

C．UPDATE grade＝85 WHERE SN＝'王二' AND CN＝'化学'

D．UPDATE grade＝'85' WHERE SN＝'王二' AND CN＝'化学'

27．SQL 语言中，条件表示年龄在 40～50 之间的表达式为（　　）。

A．IN (40, 50)　　B．BETWEEN 40 AND 50

C．BETWEEN (40, 50)　　D．BETWEEN 40 , 50

28．SQL 语言中，条件年龄 BETWEEN 15 AND 35 表示年龄在 15～35 之间，且（　　）。

A．包括 15 岁和 35 岁　　B．不包括 15 岁和 35 岁

C．包括 15 岁但不包括 35 岁　　D．包括 35 岁但不包括 15 岁

29．与 WHERE G BETWEEN 60 AND 100 语句等价的子句是（　　）。

A．WHERE G>60 AND <100　　B．WHERE G>=60 AND <=100

C．WHERE G>60 AND G<100　　D．WHERE G>=60 AND G<=100

30．若要撤销数据库中已经存在的表 S，可用（　　）。

A．DELETE TABLE S　　B．DELETE S
C．DROP TABLE S　　D．DROP S

31．学生关系模式 S（S#，Sname，Sex，Age），S 的属性分别表示学生的学号、姓名、性别、年龄。要在表 S 中删除一个属性“年龄”，可选用的 SQL 语句是（　　）。

A．DELETE Age from S　　B．ALTER TABLE S DROP Age
C．UPDATE S Age　　D．ALTER TABLE S 'Age'

32．用于模糊查询的匹配符是（　　）。

A．_　　B．[]　　C．^　　D．LIKE

33．有关系 S（S#，SNAME，SEX），C（C#，CNAME），SC（S#，C#，GRADE）。其中 S# 是学生号，SNAME 是学生姓名，SEX 是性别，C# 是课程号，CNAME 是课程名称。要查询选修“数据库”课程的全体男生姓名的 T-SQL 语句是 SELECT SNAME FROM S，C，SC WHERE 子句。这里 WHERE 子句的内容是（　　）。

A．S.S#=SC.S# and C.C#=SC.C# and SEX='男' and CNAME='数据库'
B．S.S#=SC.S# and C.C#=SC.C# and SEX in'男'and CNAME in'数据库'
C．SEX '男' and CNAME '数据库'
D．S.SEX='男' and CNAME='数据库'

34．在 MS SQL Server 中，用来显示数据库信息的系统存储过程是（　　）。

A．sp_dbhelp　　B．sp_db
C．sp_help　　D．sp_helpdb

35．要在基本表 S 中增加一列 CN（课程名），可用（　　）。

A．ADD TABLE S（CN CHAR（8））
B．ADD TABLE S ALTER（CN CHAR（8））
C．ALTER TABLE S ADD（CN CHAR（8））
D．ALTER TABLE S（ADD CN CHAR（8））

36．假设学生关系 S（S#，SNAME，SEX），课程关系 C（C#，CNAME），学生选课关系 SC（S#，C#，GRADE）。要查询选修“Computer”课的男生姓名，将涉及关系（　　）。

A．S　　B．S，SC
C．C，SC　　D．S，C，SC

37．若用如下的 SQL 语句创建了一个表 SC：CREATE TABLE SC（S# CHAR（6）NOT NULL，C# CHAR（3）NOT NULL，SCORE INTEGER，NOTE CHAR（20））；（　　）行可以被插入表 SC。

A.（'201009'，'111'，60，必修）
B.（'200823'，'101'，NULL，NULL）
C.（NULL，'103'，80，'选修'）
D.（'201132'，NULL，86，''）

38．如果查询的 SELECT 子句为 SELECT A, B, C * D，则不可以使用的 GROUP BY 子句是（　　）。

A．GROUP BY A　　B．GROUP BY A, B
C．GROUP BY A, B, C*D　　D．GROUP BY A, B, C, D

39．在 SELECT 语句中，判断“电子邮件”是否为空，WHERE 子句应为（　　）。

A．电子邮件=''　　B．电子邮件=0

C．电子邮件 IS NULL　　D．电子邮件 IS　''

40．下列字符与“%a%b”匹配的有（　　）。

A．ab　　B．adddb　　C．asdf　　D．sinbade

41．下列（　　）函数属于集函数。

A．AVG　　B．COUNT　　C．MAX　　D．SUM

42．关键字 SELECT 之后的属性列的列表中可以出现（　　）。

A．字符串常量　　B．函数　　C．属性列名　　D．表达式

43．使用关键字（　　），可以使得查询结果没有重复的记录。

A．ALL　　B．DISTINCT　　C．ASC　　D．DESC

44．如果在<匹配串>中不含任何通配符，那么关键字 LIKE 可以用（　　）来代替。

A．=　　B．<　　C．>　　D．!=

45．在 SELECT 语句中，需要对分组情况应满足的条件进行判断时，应使用（　　）。

A．WHERE　　B．GROUP BY　　C．ORDER BY　　D．HAVING

46．在 SELECT 语句中使用 GROUP BY SNO 时，SNO 必须（　　）。

A．在 WHERE 中出现　　B．在 FROM 中出现

C．在 SELECT 中出现　　D．在 HAVING 中出现

二、填空题

1．在查询语句中，应在______________子句中指定输出字段。

2．如果要使用 SELECT 语句返回指定条数的记录，则应使用______________关键字来限定输出字段。

3．左外连接返回连接中左表的______________记录，而只返回右表中符合条件的记录。

4．在 SELECT 查询语句中，在使用 HAVING 子句前，应保证 SELECT 语句中已经使用了______________子句。

5．模糊查询只能针对______________类型字段查询。

6．在 SELECT 语句的 FROM 子句中最多可以指定______________个表或视图。

7．查询数据库中记录的命令动词是______________。

8．SQL Server 中数据操作语句包括______________、update、delete 和 select 语句。

9．SQL Server 聚合函数有最大、最小、求和、平均和计数等，它们分别是 max、min、sum、______________和 count。

10．______________是一个非常特殊但又非常有用的函数，它可以计算出满足约束条件的一组条件的行数。

11．使用 GROUP BY 对查询结果______________，是一种非常有效的清晰显示数据查询结果的方法。

12．在大多数情况下，使用统计函数返回的是所有行数据的统计结果。如果需要按某一列数据的值进行分类，在分类的基础上再进行查询，就需要使用到______________。

13．当完成数据结果的查询和统计后，可以使用 HAVING 关键字来对查询和计算的结果进行______________。

三、简答题

1. LIKE 匹配字符有哪几种？如果要查询的字符中包含匹配字符应该如何处理？
2. 简述 WHERE 子句与 HAVING 子句的区别。
3. SQL Server 中常用的统计函数有哪些？
4. 如果仅想得到两个连接的表中互相匹配的行，应使用哪种类型的连接？
5. 什么是全外连接？
6. 什么是自然连接？
7. 在一个包含聚合函数的 SELECT 语句中，GROUP BY 子句有哪些用途？

四、应用题

数据模型如下：

厂家 S（SNO，SNAME，STATUS，CITY）。

产品 P（PNO，PNAME，WEIGHT，COLOR）。

工程 J（JNO，JNAME，CITY）。

供货 SPJ（SNO，PNO，JNO，QTY）。

编写 SQL 语句完成如下任务处理：

1. 给出为工程 J1 供货的厂商号，并按厂商号升序。
2. 给出供货量在 300～500 之间的所有供货情况。
3. 给出有 LODON 的厂商供给 LODON 的工程的产品号。
4. 给出满足如下条件的所有产品号：提供该零件的厂商和使用该零件的工程在同一城市。
5. 给出由 S1 提供产品的工程名。
6. 给出使用了由供应红色产品的厂商供应的产品的工程名。
7. 求使用了全部零件的工程名。
8. 给出未采用由 LODON 供应商提供红色零件的工程名。
9. 给出全部由 S2 提供零件的工程名。
10. 求供给 LODON 的所有工程的零件名。
11. 给出至少使用了 S1 所提供的全部零件的工程名。
12. 给出由提供红色零件的每个供应者供给零件的工程名。
13. 给出由供应者 S1 提供零件的工程项目总数。
14. 给出供应 P1、P2 两种产品的厂家名。
15. 显示与“TV”颜色相同的产品名。

任务八

创建和使用视图、存储过程和触发器

能力目标

- 能够创建、删除、查询和更新视图。
- 能够使用 CREATE VIEW、ALTER VIEW 和 DROP VIEW 等 T-SQL 语句建立和维护视图。
- 能够创建、执行和删除存储过程。
- 能够创建和删除触发器。

知识目标

- 熟悉视图的概念和优点，了解使用视图的注意事项。
- 熟悉 sp_help、sp_helptext 等系统存储过程的使用。
- 熟悉存储过程的概念和优点。
- 熟悉触发器的概念和分类。

任务导入

数据库是由表、视图、存储过程等数据库对象组成的，也可以说，数据库是数据和数据库对象的集合。为了更有效地使用和管理图书管理数据库，还需要创建视图、存储过程和触发器等数据库对象。具体任务如下：

（1）在图书管理数据库中创建一个管理信息视图，其中包括读者借阅卡信息表的所有信息和部门信息表中的部门名称，视图名称为读者信息。

（2）在图书管理数据库中创建一个借阅信息视图，其中包括借阅卡编号、姓名、图书编号、图书名称、部门名称，并按借阅卡编号升序排列。

（3）创建一个读者视图，查询读者的编号和姓名。

（4）浏览借阅信息视图的基本信息。

（5）修改视图借阅信息，找出借阅日期在“2018-5-1”以前的记录。

（6）删除读者视图。

（7）创建一个存储过程 readerpro1，用于查询指定读者编号的读者信息。

（8）创建一个存储过程 bookpro1，用于增加书刊记录。

（9）修改存储过程 readerpro1，使读者信息中包含其所在部门名称。

（10）删除存储过程 bookpro1。

（11）在借阅信息表上创建触发器“借阅限制”，实现借阅图书数量不能超过 5 本。

（12）在读者信息表上创建触发器“删除”，如果读者所借图书没有完全归还，则不能删除相关信息。

（13）显示触发器的类型和代码。

相关知识

一、视图

视图是从一个或者多个表或视图中导出的表，其结构和数据是建立在对表的查询基础上的。和真实的表一样，视图也包括几个被定义的数据列和多个数据行，但从本质上讲，这些数据列和数据行来源于其所引用的表。因此，视图不是真实存在的基础表，而是一个虚拟表，视图所对应的数据并不实际地以视图结构存储在数据库中，而是存储在视图所引用的表中。

1．视图的功能与应用

视图主要有以下几个功能：

① 可以使用户关注特定的数据。视图使用户能够着重于他们所感兴趣的特定数据和所负责的特定任务。不必要的数据或敏感数据可以不出现在视图中。

② 可以使用户简化数据操作。可以将常用连接、投影、UNION 查询和 SELECT 查询定义为视图，通过视图屏蔽了数据的复杂性，不仅简化了用户对数据的理解，而且也方便了对数据的使用和管理，同时也简化了数据的权限管理。

③ 提供有效的安全机制。允许用户通过视图访问数据，而不授予用户直接访问视图基础表的权限。视图可以让不同的用户以不同的方式看到不同或者相同的数据集。

④ 增强逻辑数据的独立性。视图对数据库重构提供一定程度的逻辑独立性。视图可以帮助用户屏蔽真实表结构变化带来的影响。视图可以使应用程序和数据库表在一定程度上独立。有了视图，程序可以建立在视图之上，从而使程序与数据库表被视图分割开来。

视图被定义后便存储在数据库中，对视图中的数据可以进行查询、修改和删除，但对数据的操作要满足一定的条件。对视图的数据进行修改时，相应的基表的数据也会发生改变。同时，若基表的数据发生变化，这种变化也会自动反映到视图中。

2．视图的创建和使用

（1）创建视图　创建视图时应该注意以下情况：

1）只能在当前数据库中创建视图。

2）如果视图引用的基表或者视图被删除，则该视图不能再被使用，直到创建新的基表或者视图。

3）如果视图中某一列是函数、数学表达式、常量或者来自多个表的列名相同，则必须为列定义名称。

4）不能在视图上创建索引，不能在规则、默认、触发器的定义中引用视图。

5）当通过视图查询数据时，SQL Server 要检查以确保语句中涉及的所有数据库对象存在，而且数据修改语句不能违反数据完整性规则。

6）视图的名称必须遵循标识符的规则，且对每个用户必须是唯一的。此外，该名称不得与该用户拥有的任何表的名称相同。

① 利用管理工具创建视图。在管理工具 Microsoft SQL Server Management Studio 中，用鼠标右键单击数据库【视图】选项，在弹出的快捷菜单中选择【新建视图】命令。打开创建视图窗口，如图 8-1 所示。

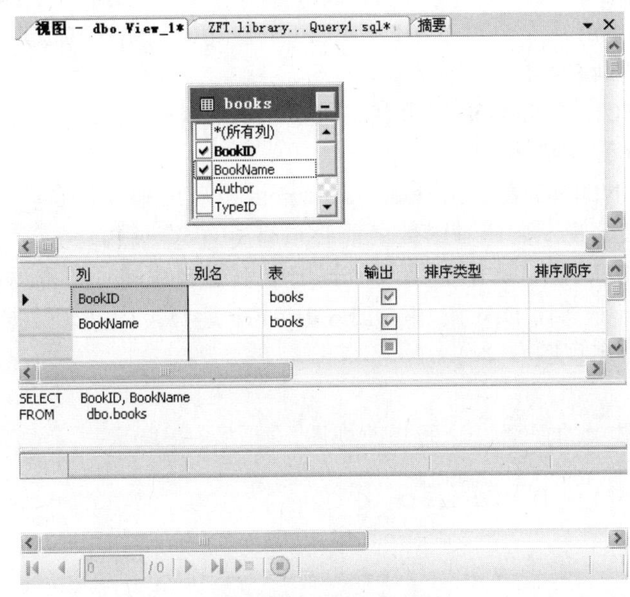

图 8-1　视图设计器

【关系图】窗格显示正在查询的表和其他表结构化对象。每个矩形代表一个表或表结构化对象，并显示可用的数据列以及表示每列如何用于查询的图标。

【网格】窗格包含一个类似电子表格的网格，用户可以在其中指定选项，比如要显示哪些数据列、要选择什么行、如何对各行进行分组等。

【SQL】窗格显示用于查询或视图的 SQL 语句。可以对设计器所创建的 SQL 语句进行编辑，也可以输入自己的 SQL 语句。

【结果】窗格显示含有由查询或视图检索的数据的网格。在查询设计器中，该窗格显示最近执行的选择查询的结果。可以通过编辑该网格单元中的值对数据库进行修改，而且可以添加或删除行。

可以在任意窗格内进行操作以创建查询或视图：可以通过在【关系图】窗格中选择某列，将该列输入【网格】窗格中，或者使其成为【SQL】窗格中 SQL 语句的一部分等方法，指定要显示的列。【关系图】窗格、【网格】窗格和【SQL】窗格都是同步的——当在某一窗格中进行更改时，其他窗格自动反映所做的更改。

② 利用 T-SQL 语句中的 CREATE VIEW 命令创建视图。使用 T-SQL 语句中的 CREATE VIEW 创建视图的语法形式如下：

```
CREATE VIEW [ < database_name > .] [ < owner > .] view_name [ ( column [,...n ] ) ]
[ WITH < view_attribute > [ ,...n ] ]
```

```
AS
select_statement
[WITH CHECK OPTION ]
< view_attribute > ::=
 { ENCRYPTION | SCHEMABINDING | VIEW_METADATA }
```

参数说明：

- view_name 用于指定视图的名称，column 用于指定视图中的字段名称。
- select_statement 用于创建视图的 SELECT 语句，利用 SELECT 命令可以从表中或者视图中选择列构成新视图的列。
- WITH CHECK OPTION 用于强制视图上执行的所有数据修改语句都必须符合由 select_statement 设置的准则。
- SCHEMABINDING 表示在 select_statement 语句中如果包含表、视图或者引用用户自定义函数，则表名、视图名或者函数名前必须有所有者前缀。
- VIEW_METADATA 表示如果某一查询中引用该视图且要求返回浏览模式的元数据时，那么 SQL Server 将向 DBLIB 和 OLE DB APIS 返回视图的元数据信息。

（2）修改和重命名视图

1）修改视图。

① 利用管理工具中的视图设计器修改视图，如图 8-2 所示。

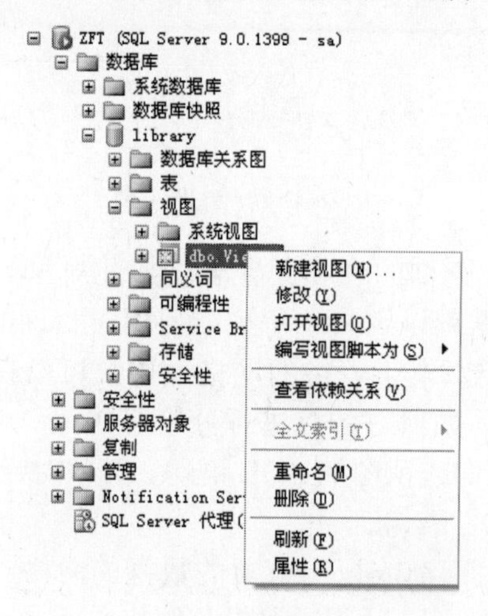

图 8-2　修改视图

通过在要修改的视图名称上右击，在弹出的快捷菜单中选择【设计】命令，进入视图设计器，即可重新对视图的定义进行设置。

② 使用 ALTER VIEW 语句修改视图。语法形式如下：

```
ALTER VIEW view_name
[(column[, ...n])]
[WITH ENCRYPTION]
AS
```

```
select_statement
[WITH CHECK OPTION ]
```

2）重命名视图。

① 可以利用 SQL Server Management Studio 重命名视图。

② 也可以使用系统存储过程 sp_rename 修改视图的名称，该过程的语法形式如下：

```
sp_rename    old_name, new_name
```

（3）查看视图信息、删除视图

1）查看视图信息。每当创建了一个新的视图后，在系统说明的系统表中就定义了该视图的存储，因此，可以使用系统存储过程 sp_help 显示视图特征，使用 sp_helptext 显示视图在系统表中的定义，使用 sp_depends 显示该视图所依赖的对象。它们的语法形式分别如下：

```
sp_help    数据库对象名称
sp_helptext    视图（触发器、存储过程）
sp_depends    数据库对象名称
```

使用 SQL Server 查询分析器可以方便地显示视图信息，另外，也可以使用 SQL Server Management Studio 来显示视图的定义。

2）删除视图。

① 使用 SQL Server Management Studio 删除视图。

② 使用 T-SQL 语句 DROP VIEW 删除视图的语法形式如下：

```
DROP VIEW    {view_name} [, …n]
```

可以使用该命令同时删除多个视图，只需在要删除的视图名称之间用逗号隔开即可。

（4）通过视图修改记录　使用视图修改数据时，需要注意以下几点：

- 修改视图中的数据时，不能同时修改两个或者多个基表，可以对基于两个或多个基表或者视图的视图进行修改，但是每次修改都只能影响一个基表。
- 不能修改那些通过计算得到的字段。
- 如果在创建视图时指定了 WITH CHECK OPTION 选项，那么当使用视图修改数据库信息时，必须保证修改后的数据满足视图定义的范围。
- 执行 UPDATE、DELETE 命令时，所删除与更新的数据必须包含在视图的结果集中。
- 当视图引用多个表时，无法用 DELETE 命令删除数据。

1）插入数据记录。可以像对待表一样，通过使用管理工具 Microsoft SQL Server Management Studio 向视图中插入数据。也可以使用 T-SQL 语句向视图插入数据，其语法如下：

```
INSERT Into VIEW_NAME
Values(……)
```

2）更新数据记录。使用视图可以更新数据记录，但应该注意的是，更新的只是数据库中的基表。同样，除了可以使用管理工具 Microsoft SQL Server Management Studio 更新数据外，还可以使用 T-SQL 语句更新数据，其语法如下：

```
UPDATE    VIEW_NAME
SET    <字段名>=<字段值>
[WHERE    条件子句]
```

3）删除数据记录。从视图中删除数据的 T-SQL 语句，其语法如下：

```
DELETE FROM   VIEW_NAME
WHERE   <字段名>=<字段值>
```

使用视图删除记录，可以删除任何基表中的记录，直接利用 DELETE 语句删除记录即可。但应该注意，必须指定在视图中定义过的字段来删除记录。

二、存储过程

SQL Server 提供了一种方法，它可以将一些固定的操作集中起来由 SQL Server 数据库服务器来完成，以实现某个任务，这种方法就是存储过程。存储过程实际上是为完成某项任务而预先编译的 T-SQL 语句。存储过程作为数据库的一部分存储在 SQL Server 数据库服务器中，并由 SQL Server 服务器通过过程名调用它们产生执行结果。

在 SQL Server 中存储过程分为两类：系统提供的存储过程和用户自定义的存储过程。系统存储过程是系统自带的存储过程，在 SQL Server 安装成功后就已经存储在系统数据库中，目的在于能够方便地从系统表中查询信息或完成与更新数据库表相关的管理任务。系统存储过程以“sp_”开头，为数据库管理者所有。用户自定义的存储过程是用户在用户数据库中为完成某些特定的数据库操作任务而创建的存储过程，其名称不能以“sp_”为前缀。

1．存储过程的作用

SQL Server 中的存储过程类似于编程语言中的过程和函数，主要体现在：

- 接受输入参数的值，并以输出参数的形式返回多个输出值。
- 包含对数据库进行查询、修改的编程语句，其中可以包含对其他存储过程的调用。
- 返回执行存储过程的状态值以及反映存储过程的执行情况。

存储过程具有以下优点：

① 减少了网络传输量。由多条 T-SQL 语句组成的存储过程存放在服务器端，用户通过一条语句就可以直接调用，而不必通过网络传输这些 T-SQL 语句。

② 执行速度更快，改善了性能。存储过程是 T-SQL 语句和部分控制流语句的预编译集合。存储过程被进行了编译和优化，当存储过程第一次执行时，SQL Server 为其产生查询计划并将其保留在内存中，这样以后在调用存储过程时就不必再进行编译，在一定程度上改善了系统性能。

③ 模块化程序设计，具有可移植性。存储过程一旦创建并存储于数据库中，就可以在应用程序中反复调用，以完成某些例行的操作。

④ 强化商务规则，增强安全机制。对于存储过程，可以设置哪些用户有权执行它。这样，就可以达到较完善的安全控制和管理。

2．存储过程的创建和使用

（1）创建存储过程　在 SQL Server 中，可以使用两种方法创建存储过程：

① 利用 SQL Server 管理工具创建存储过程，进入存储过程编辑。

② 使用 T-SQL 语句中的 CREATE PROCEDURE 命令直接创建存储过程。

创建存储过程时，需要确定存储过程的三个组成部分：

① 所有的输入参数以及传回给调用者的输出参数。

② 被执行的针对数据库的操作语句，包括调用其他存储过程的语句。

③ 返回给调用者的状态值，以指明调用是成功还是失败。

1）在管理工具中，右击在【数据库】的【可编程性】项下的【存储过程】，在弹出的快捷菜单中选择【新建存储过程...】命令，即在查询编辑器中进入存储过程编写状态，如图 8-3 所示。

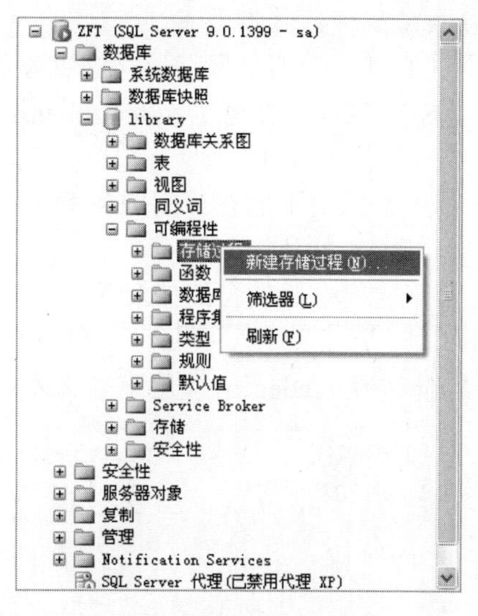

图 8-3　新建存储过程

2）使用 T-SQL 语句中的 CREATE PROCEDURE 命令创建存储过程。

创建存储过程前，应该考虑下列几个事项：

① 不能将 CREATE PROCEDURE 语句与其他 SQL 语句组合到单个批处理中。

② 创建存储过程的权限默认属于数据库所有者，该所有者可将此权限授予其他用户。

③ 存储过程是数据库对象，其名称必须遵守标识符规则。

④ 只能在当前数据库中创建存储过程。

⑤ 一个存储过程的 SQL 代码最大容量为 128MB。

使用 CREATE PROCEDURE 创建存储过程的语法形式如下：

```
CREATE   PROC[EDURE]   procedure_name[; number]
[{@parameter data_type}
[VARYING][=default][OUTPUT]
 ][, ...n]
 WITH
   {RECOMPILE|ENCRYPTION|RECOMPILE, ENCRYPTION}]
[FOR REPLICATION]
AS     sql_statement [ ...n ]
```

参数说明：

● procedure_name：用于指定要创建的存储过程的名称。

● number：该参数是可选的整数，它用来对同名的存储过程分组，以便用一条 DROP PROCEDURE 语句即可将同组的过程一起除去。

● @parameter：过程中的参数。在 CREATE PROCEDURE 语句中可以声明一个或多个参数。

- data_type：用于指定参数的数据类型。
- VARYING：用于指定作为输出 OUTPUT 参数支持的结果集。
- default：用于指定参数的默认值。
- OUTPUT：表明该参数是一个返回参数。
- RECOMPILE：表明 SQL Server 不会保存该存储过程的执行计划。
- ENCRYPTION：表示 SQL Server 加密了 syscomments 表，该表的 text 字段是包含 CREATE PROCEDURE 语句的存储过程文本。
- FOR REPLICATION：用于指定不能在订阅服务器上执行为复制创建的存储过程。
- AS：用于指定该存储过程要执行的操作。
- sql_statement：表明存储过程中要包含的任意数目和类型的 T-SQL 语句。

【训练 8-1】创建一个存储过程 reader_p1，用于查询指定读者编号的读者信息。

```
CREATE   PROCEDURE   reader_p1
@借阅卡编号_1   char (10)='2018061201'
AS
SELECT*FROM readers
WHERE readerID=@借阅卡编号_1
GO
EXEC   reader_p1
```

【训练 8-2】重新编写存储过程 readerproc1，使读者信息中包含其所在部门名称。

```
CREATE   PROCEDURE   readerproc1
@readid   char(10)
AS
SELECT readerID, Name, department.dept
FROM readers INNER JOIN department
ON readers.deptID=department. deptID
WHERE readerID=@readid
GO
```

（2）执行存储过程　用 EXECPROCEDURE 执行存储过程，其语法形式如下：

```
[[EXEC[UTE]]
  {
    [@return_status=]
       {procedure_name[; number]|@procedure_name_var}
  [[@parameter=]{value|@variable[OUTPUT]|[DEFAULT]}
    [, ...n]
[ WITH RECOMPILE ]
```

参数说明：

- @return_status：一个可选的整型变量，保存存储过程的返回状态。这个变量在用于 EXECUTE 语句之前，必须在批处理、储存过程或函数中声明过。
- procedure_name：用于指定要执行的存储过程的名称。
- number：可选的整数，用来对同名的存储过程进行组合，以便用一条 DROP PROCEDURE 语句即可将同组的过程一起除去。
- @procedure_name_var：局部定义变量名，代表存储过程的名称。
- @parameter：过程参数。在 CREATE PROCEDURE 语句中定义，参数名称前必须加上符号@。
- value：过程中参数的值。如果参数名称没有指定，参数值必须以 CREATE PROCEDURE 语句中定义的顺序给出。
- OUTPUT：指定存储过程必须返回一个参数。
- DEFAULT：用于指定参数的默认值。

例如，使用存储过程 readerproc1 查询读者编号为“2018061202”的读者信息。

```
EXEC    readerproc1 '2018061202'
```

（3）查看和修改存储过程　存储过程被创建之后，它的名字就存储在系统表 sysobjects 中，它的源代码存放在系统表 syscomments 中。可以使用管理工具或系统存储过程来查看用户创建的存储过程。

1）使用系统存储过程来查看用户创建的存储过程。可供使用的系统存储过程及其语法形式如下：

- sp_help：用于显示存储过程的参数及其数据类型。

```
sp_help [[@objname=] name]
```

参数 name 为要查看的存储过程的名称。

- sp_helptext：用于显示存储过程的源代码。

```
sp_helptext [[@objname=] name]
```

参数 name 为要查看的存储过程的名称。

- sp_depends：用于显示和存储过程相关的数据库对象。

```
sp_depends [@objname=]'object'
```

参数 object 为要查看依赖关系的存储过程的名称。

2）修改存储过程。存储过程可以根据用户的要求或者基表定义的改变而改变。使用 ALTER PROCEDURE 语句可以更改先前通过执行 CREATE PROCEDURE 语句创建的过程，但不会更改权限，也不影响相关的存储过程或触发器。其语法形式如下：

```
ALTER    PROC[EDURE] procedure_name[; number]
 [{@parameter data_type}
 [VARYING][=default][OUTPUT]][, ...n]
[WITH
   {RECOMPILE|ENCRYPTION|RECOMPILE, ENCRYPTION}]
[FOR REPLICATION]
AS
  sql_statement    [ ...n ]
```

（4）重命名和删除存储过程

1）重命名存储过程。修改存储过程的名称可以使用系统存储过程 sp_rename，其语法形式如下：

```
sp_rename   原存储过程名称，新存储过程名称
```

另外，利用管理工具也可以直接通过【重命名】修改存储过程的名称。

2）删除存储过程。删除存储过程可以使用 DROP 命令，DROP 命令可以将一个或者多个存储过程或者存储过程组从当前数据库中删除，其语法形式如下：

```
DROP PROCEDURE {procedure_name} [, …n]
```

当然，利用管理工具的快捷菜单，也可以很方便地删除存储过程。

三、触发器

1．触发器的概念

触发器是一种特殊类型的存储过程，不同于前面介绍过的存储过程。触发器被捆绑在指定数据表或视图上，而存储过程是一个独立的数据库对象；触发器主要是通过事件进行触发而被执行，即当某个表进行诸如修改（UPDATE）、插入（INSERT）和删除（DELETE）操作时，SQL Server 就会自动执行触发器所定义的 T-SQL 语句，以确保对数据的处理必须符合由 T-SQL 语句所定义的规则，而存储过程必须通过存储过程名称直接调用；触发器的主要作用是实现由主键和外键所不能保证的复杂的参照完整性和数据一致性，存储过程则用于提供大规模功能集和业务服务。

触发器分为基本的 INSERT 触发器、UPDATE 触发器和 DELETE 触发器，当执行这些操作时，SQL Server 会自动执行触发器所定义的 SQL 语句，从而确保对数据的处理符合由这些 SQL 语句所定义的规则。INSERT 触发器、UPDATE 触发器和 DELETE 触发器也可以结合起来使用。

触发器的作用主要有以下几点：

① 强化约束。触发器能够实现由主键和外键所不能保证的复杂的参照完整性和数据一致性，能够实现比 CHECK 约束更为复杂的限制。但是，如果使用约束、规则、默认就可以实现预定的数据完整性，则应该优先使用这些措施。

② 跟踪变化。触发器可以侦测数据库内的操作，不允许数据库中出现未经许可指定的更新和变化。

③ 级联运行。触发器可以侦测数据库内的操作，并自动地级联影响整个数据库的各项内容。触发器可以通过数据库中的相关表进行层叠更改。例如，某个表上的触发器中包含对另外一个表的数据操作，而该操作又导致该表上的触发器被触发。

④ 存储过程的调用。为了促使数据库更新，触发器可以调用一个或多个存储过程，甚至可以通过外部过程的调用而在数据库管理系统之外进行操作。

除了当数据操作引发的触发器（DML 触发器）外，SQL Server 2016 新增加了 DDL 触发器，它是当服务器或数据库中发生数据定义语言事件时所调用的触发器。这里不再详细介绍。

2．触发器的使用

（1）触发器的原理　在定义触发器的表上发生修改、插入和删除时，会自动生成插入

视图 inserted 和删除视图 deleted，它们和原表具有完全相同的结构，相当于两个临时表，一旦触发器完成任务，则自动删除。这两个表是只读的，用户不能直接修改，但可以引用。一旦触发器遇到了强迫它中止的语句被执行时，删除的那些行可以从删除表中得以还原。

在触发器中可以查询其他表，也可以执行更复杂的 T-SQL 语句。触发器和引起触发器执行的 T-SQL 语句被当做一次事务（Transaction）处理，因此，如果发现引起触发器执行的 T-SQL 语句执行了一个非法操作，则可以通过回滚事务使语句不能执行，回滚后，SQL Server 会自动返回到此事务执行前的状态。

（2）创建触发器应该考虑的几个问题

① CREATE TRIGGER 语句必须是批处理中的第一个语句。

② 创建触发器的权限默认分配给表的所有者，且不能将该权限转给其他用户。

③ 触发器为数据库对象，其名称必须遵循标识符的命名规则。

④ 虽然触发器可以引用当前数据库以外的对象，但只能在当前数据库中创建触发器。

⑤ 虽然不能在临时表或系统表上创建触发器，但是触发器可以引用临时表。

⑥ 在含有用 DELETE 或 UPDATE 操作定义的外键的表中，不能定义 INSTEAD OF 和 INSTEAD OF UPDATE 触发器。

⑦ 虽然 TRUNCATE TABLE 语句类似于没有 WHERE 子句（用于删除行）的 DELETE 语句，但它并不会引发 DELETE 触发器，因为 TRUNCATE TABLE 语句没有记录。

⑧ WRITETEXT 语句不会引发 INSERT 或 UPDATE 触发器。

⑨ 当创建一个触发器时必须指定：名称；在其上定义触发器的表；触发器将何时激发；激活触发器的数据修改语句。

（3）使用管理工具中的快捷菜单直接进入创建触发器的编写状态　在管理工具中，展开指定的服务器和数据库项，然后展开要在其上创建触发器的表所在的数据库，用右键单击【触发器】，从弹出的快捷菜单中选择【新建触发器...】命令（如图 8-4 所示），则出现在右侧窗格中的查询编辑器直接进入触发器的编写状态。编写完成后，单击【执行】按钮，成功执行后，则创建了触发器。

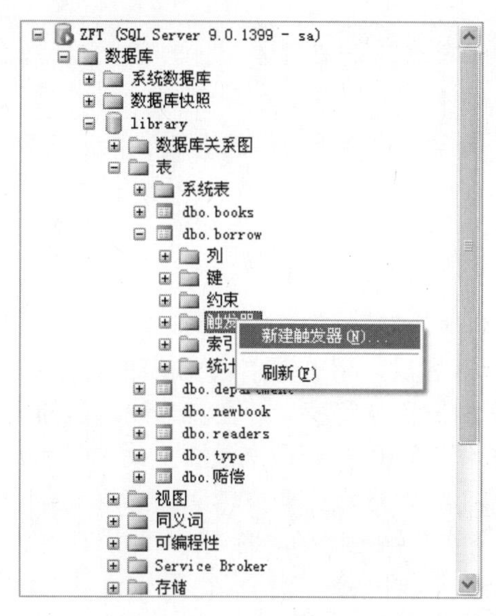

图 8-4　新建触发器

（4）使用 CREATE TRIGGER 命令创建触发器　其语法形式如下：

```
CREATE TRIGGER    trigger_name
ON    {table|view}
[WITH ENCRYPTION]
{
  { { FOR | AFTER | INSTEAD OF } { [DELETE][, ][ INSERT ] [ , ] [ UPDATE ] }
     [WITH APPEND]
     [NOT FOR REPLICATION]
                         AS
                        [{IFUPDATE(column)
                                [{AND|OR}UPDATE(column)]
                                  [...n]
                             |IF(COLUMNS_UPDATED(){bitwise_operator}updated_bitmask)
                                  {comparison_operator}column_bitmask[...n]
                             }]
                             sql_statement[...n]
                           }
                         }
```

3．查看、修改和删除触发器

（1）查看触发器

1）使用管理工具中的触发器，通过快捷菜单中的【修改】命令查看触发器信息。

2）使用系统存储过程查看触发器。

sp_help、sp_helptext 和 sp_depends 的具体用途和语法形式如下。

sp_help：用于查看触发器的一般信息，如触发器的名称、属性、类型和创建时间。

```
sp_help    '触发器名称'
```

sp_helptext：用于查看触发器的正文信息。

```
sp_helptext    '触发器名称'
```

sp_depends：用于查看指定触发器所引用的表或者指定的表涉及的所有触发器。

```
sp_depends    '触发器名称'
sp_depends    '表名'
```

（2）修改触发器

1）使用管理工具进入修改触发器正文。在管理工具中，展开指定的服务器和数据库，选择指定的数据库和表，展开表后，用右键单击要修改的触发器，从弹出的快捷菜单中选择【修改】命令，则会出现触发器编写窗口。在查询编辑器的文本框中修改触发器的 SQL 语句，单击【检查语法】按钮，可以检查语法是否正确。最后，执行成功后，则完成触发器的修改。

2）使用 sp_rename 命令修改触发器的名称。

sp_rename 命令的语法形式如下：

```
sp_rename oldname, newname
```

3）使用 ALTER TRIGGER 命令修改触发器正文。

```
ALTER TRIGGER 命令的语法形式如下：
ALTER TRIGGER    trigger_name
ON(table|view)
[WITH ENCRYPTION]
{
  { ( FOR | AFTER | INSTEAD OF ) { [ DELETE ] [ , ] [ INSERT ] [ , ] [ UPDATE ] }
     [NOT FOR REPLICATION]
     AS
     sql_statement[...n]}
  | {(FOR|AFTER|INSTEAD OF){[INSERT][,]UPDATE}}
     [NOT FOR REPLICATION]
     AS
     {IF UPDATE(column)
     [{AND|OR}UPDATE(column)]
     [...n]
     | IF ( COLUMNS_UPDATED ( ) { bitwise_operator } updated_bitmask    )
     {comparison_operator}column_bitmask[...n]
     }
     sql_statement[...n]
}
```

（3）删除触发器

1）使用系统命令 DROP TRIGGER 删除指定的触发器，其语法形式如下：

```
DROP TRIGGER {trigger } [, ...n ]
```

2）删除触发器所在的表时，SQL Server 将会自动删除与该表相关的触发器。

3）在管理工具中，在相应表展开后，用右键单击要删除的触发器，从弹出的快捷菜单选择【删除】命令，即可删除该触发器。

4．触发器的应用

（1）使用 INSERT 触发器　INSERT 触发器通常用来更新时间标记字段，或者用来验证被触发器监控的字段中的数据是否满足要求的标准条件，以确保数据完整性。

（2）使用 UPDATE 触发器　UPDATE 触发器和 INSERT 触发器的工作过程基本一致，修改一条记录等于插入了一条新的记录并且删除一条旧的记录。

（3）使用 DELETE 触发器　DELETE 触发器通常用于两种情况，第一种情况是为了防止那些确实需要删除但会引起数据一致性问题的记录的删除。第二种情况是执行可删除主记录及子记录的级联删除操作。

（4）使用嵌套的触发器　如果一个触发器在执行操作时引发了另一个触发器，而这个触发器又接着引发下一个触发器……这些触发器就是嵌套触发器。触发器可嵌套至 32 层，并且可以控制是否通过“嵌套触发器”服务器配置选项进行触发器嵌套。如果允许使用嵌套触发器，且链中的一个触发器开始一个无限循环，则超出嵌套级，而且触发器将终止。在执行过程中，如果一个触发器修改某个表，而这个表已经有其他触发器，这时就要使用嵌套触发器。

任务实施

一、建立和使用视图

1. 使用 SQL Server Management Studio 向导创建视图

1）用右键单击【视图】选项，在弹出的快捷菜单中选择【新建视图】命令，如图 8-5 所示。

2）用右键单击窗口中的图表窗格，在弹出的快捷菜单中选择【添加表】命令，如图 8-6 所示。选定【表】选项卡，单击【添加】按钮，添加创建视图的基表。

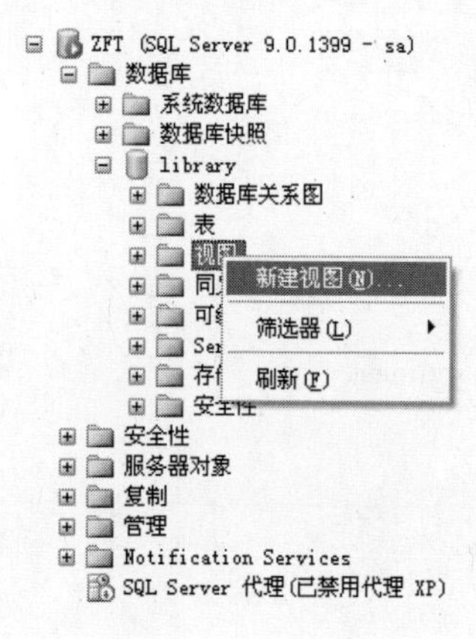

图 8-5　新建视图

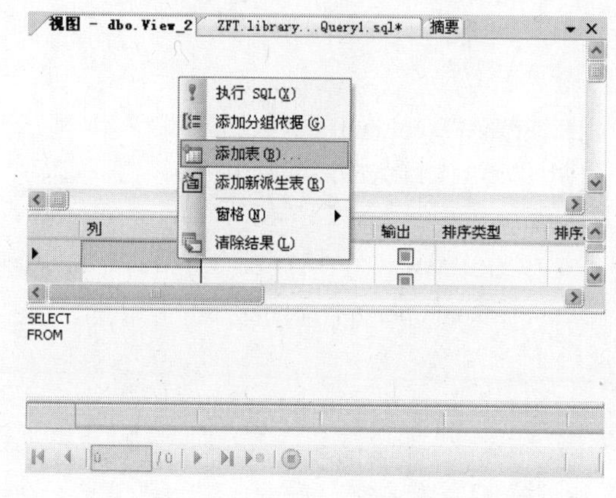

图 8-6　在新建视图时添加表

3）选定列，在条件窗格中可以指定查询条件。

4）保存视图。

2. 使用 T-SQL 语句创建视图

【训练 8-3】在图书管理数据库中，根据书刊数据表创建一个视图 view_book，仅包含“清华大学出版社”的图书。代码如下:

```
CREATE VIEW view_book
AS
SELECT * FROM books WHERE publisher='清华大学出版社'
```

【训练 8-4】创建一个视图 view_borrow2018，其内容为还书到期时间是“2018-4-1”之前的借阅信息，并加密视图的定义。

```
CREATE VIEW view_borrow2018
WITH ENCRYPTION
AS SELECT * FROM borrow
WHERE returndate<'2018-4-1'
```

在查询编辑器中输入视图创建语句，单击【执行】命令，视图就创建完成了。在左侧视图目录树中的【视图】项下，刷新后就可以看到新创建的视图，如图 8-7 所示。

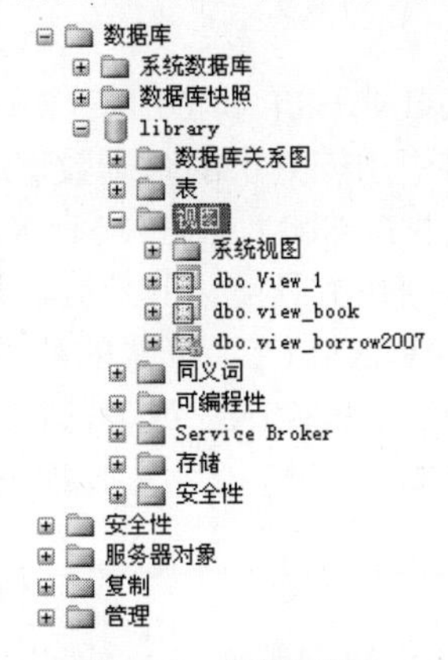

图 8-7　视图列表

【训练 8-5】创建一个视图，其内容是每位读者所借书籍的价格的平均值。代码如下:

```
CREATE VIEW view_readprice
(readerID, Price)
AS SELECT readerID, AVG(Price) FROM borrow, books
WHERE borrow.BookID= books.BookID
GROUP BY readerID
```

3. 通过视图查询和更新数据

视图的查询方式与普通表的查询方式相同。如果修改视图所引用对象的名称，则必须更改视图，使其能反映新的名称。因此，在重命名对象之前，首先显示该对象的相关情况，以确定即将发生的更改是否会影响任何视图。

【训练 8-6】查询视图，得出每位读者所借书籍的平均价格。代码如下:

```
SELECT * FROM view_readprice
```

结果显示如图 8-8 所示。

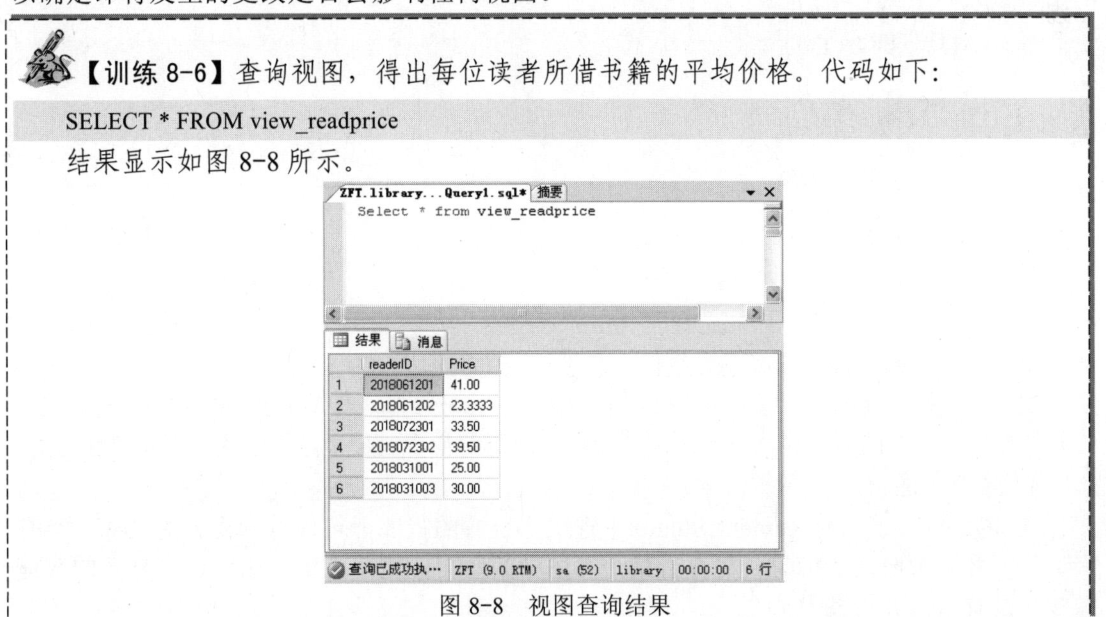

图 8-8　视图查询结果

可以通过视图修改基础表的数据，其方式与使用 UPDATE、INSERT 和 DELETE 语句，或使用 bcp 实用工具和 BULK INSERT 语句在表中修改数据一样。但是，以下限制应用于更新视图，不应用于表：

① 任何修改（包括 UPDATE、INSERT 和 DELETE 语句）都只能引用一个基表的列。

② 在视图中修改的列必须直接引用表列中的基础数据。它们不能通过其他方式派生，例如，不能通过聚合函数（AVG、COUNT、SUM、MIN、MAX、GROUPING、STDEV、STDEVP、VAR 和 VARP)；不能通过表达式并使用列计算出其他列，使用集合运算符（UNION、UNION ALL、CROSSJOIN、EXCEPT 和 INTERSECT）形成的列得出的计算结果不可更新。

③ 被修改的列不受 GROUP BY、HAVING 或 DISTINCT 子句的影响。

④ 同时指定了 WITH CHECK OPTION 之后，不能在视图的 select_statement 中的任何位置使用 TOP。

【训练 8-7】通过视图，向表中添加数据。代码如下：

```
IF OBJECT_ID ('dbo.T1', 'U') IS NOT NULL
    DROP TABLE dbo.T1;
GO
IF OBJECT_ID ('dbo.V1', 'V') IS NOT NULL
    DROP VIEW dbo.V1;
GO
CREATE TABLE T1 ( column_1 int, column_2 varchar(30));
GO
CREATE VIEW V1 AS
SELECT column_2, column_1
FROM T1;
GO
INSERT INTO V1
    VALUES ('Row 1', 1);
GO
SELECT column_1, column_2
FROM T1;
GO
SELECT column_1, column_2
FROM V1;
 GO
```

对于更新视图中的数据或删除数据，与更新表中的数据方式一样，但是在视图使用了多个底层基表连接的情况下，每次更新操作只能更新来自一个基表中的数据列的值。此外，在通过视图修改基表中的数据时，一定要注意数据修改语句是否违反了基表中的数据完整性约束。

4. 修改视图

在 SQL Server Management Studio 中选中要查看的视图，可以看到视图的名称、所有者、类型和创建时间等信息。要查看某个视图中的数据，则用右键单击它，在打开的快捷菜单中选择【打开视图】命令。

如果要修改视图定义文本中的具体内容，则选择【修改】命令。在弹出的视图编辑器窗口中进行修改，然后单击【保存】按钮。

5．删除视图

从当前数据库中删除一个或多个视图，可对视图执行 DROP VIEW 语句。语法为

```
DROP VIEW {view} [, …n]
```

【训练 8-8】删除视图 view_1，代码如下：

```
DROP   VIEW   view_1
```

删除视图的效果如图 8-9 所示。

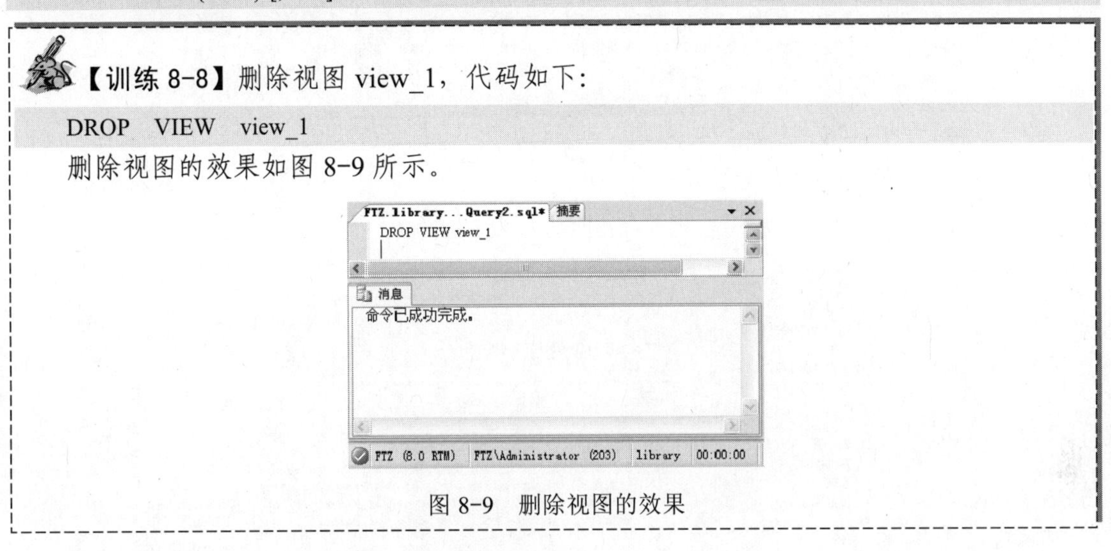

图 8-9　删除视图的效果

二、建立和使用存储过程

1．使用 SQL Server Management Studio 创建存储过程

1）在 SQL Server Management Studio 中，选择【对象资源管理器】窗格中指定的服务器和数据库，展开【可编程性】，用右键单击【存储过程】，在弹出的快捷菜单中选择【新建|存储过程…】命令，如图 8-10 所示。

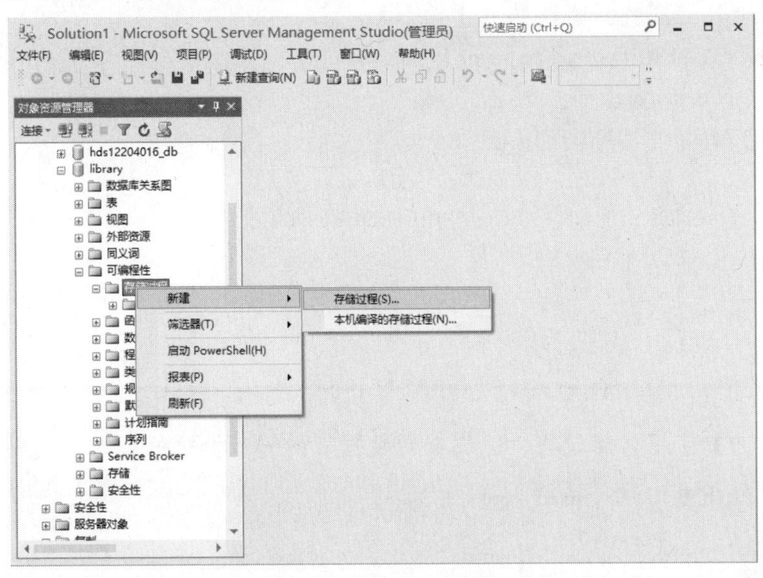

图 8-10　创建存储过程

2）选择【新建存储过程...】命令后，即在查询编辑器窗口中自动生成存储过程编写的模板代码（如图 8-11 所示），在文本框中可以输入创建存储过程的 T-SQL 语句，单击【检查语法】按钮，则可以检查语法是否正确。单击【执行】按钮，即可成功创建该存储过程。

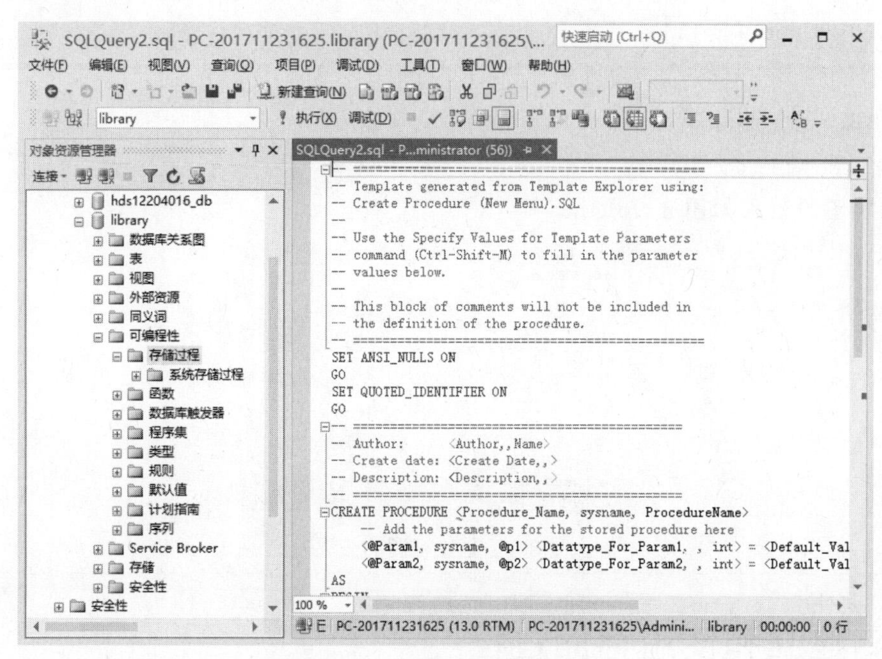

图 8-11　存储过程创建模板

2．使用 T-SQL 语句创建存储过程

在管理工具中，直接单击【新建查询】按钮，进入查询编辑器窗口，输入创建存储过程的 T-SQL 语句，编写完成并成功执行即完成存储过程的创建。与上一步编写存储过程程序的代码实质上是一样的。语法如下：

```
CREATE PROC[EDURE] procedure_name [; number]
  [{@parameter data_type}
[VARYING][=default][OUTPUT]][, ...n]
WITH
 {RECOMPILE | ENCRYPTION | RECOMPILE, ENCRYPTION}]
 [FOR    REPLICATION]
AS
sql_statement [ ...n ]
```

【训练 8-9】使用存储过程，完成书刊数据表的一行数据的插入。代码如下：

```
CREATE   PROCEDURE   insert_books_1
  (@图书编号_1      char(10),
  @图书名称_2      varchar(50),
```

```
    @作者_3      char(10),
    @类别编号_4      char(4),
    @单价_5      money,
    @出版社_6   varchar(20)  )
AS   INSERT   INTO   library.dbo.books
    ( BookID, BookName, Author, TypeID, Price, publisher)
    VALUES( @图书编号_1, @图书名称_2, @作者_3, @类别编号_4, @单价_5, @出版社_6)
```

【训练 8-10】在图书管理数据库中创建一个存储过程，存储过程名为“reader_borrow”，要求实现如下功能：根据借阅卡号查询该读者的借书情况，其中包括该读者的借阅卡号、姓名、书号、书名、借阅日期等。代码如下:

```
CREATE   PROCEDURE   reader_borrow
    @借阅卡号_1      char(10)
AS
select readers.readerID, Name, borrow.BookID, BookName, BorrowDate
from readers, borrow, books
where readers.readerID=borrow.readerID and
borrow.BookID=books.BookID   and
readers.readerID=@借阅卡号_1
```

3. 存储过程的执行

存储过程一旦成功创建，就存在于对应的数据库中。要调用此存储过程，只要执行调用语句即可。

【训练 8-11】调用刚刚创建的 insert_books_1 存储过程，向书刊数据表中插入一条记录。

执行带输入参数的存储过程，SQL Server 提供了两种传递参数的方法。

（1）按位置传送　在调用存储过程的语句中直接给出参数的值。当多于一个参数时，给出的参数值的顺序与创建过程定义的顺序要一致。用这种方式执行 insert_books_1 存储过程，代码如下:

```
exec insert_books_1 '7030197633','电子商务实务','李国强','05', 28.80, '广东出版社'
```

（2）通过参数名传递　在调用存储过程的语句中，使用“参数名=参数值”的形式给出参数值。使用这种方法的好处是参数可以按任意顺序给出，不需要与参数定义的顺序一致。用这种方式执行 insert_books_1 存储过程，代码如下:

```
exec insert_books_1 @图书编号_1='7030197634', @作者_3='余国强', @图书名称_2='电子商务大全',
@单价_5=25, @出版社_6='番禺出版社', @类别编号_4='05'
```

【训练 8-12】使用输入参数，创建一个存储过程 dept_reader，要求实现如下功能：根据部门号码查询该部门的所有读者信息，其中包括读者的借阅卡号、姓名、电话、E-mail等。代码如下：

```
CREATE PROC dept_reader
@bmh char(10)
AS
SELECT borrowerID, name, tel, email
FROM 读者借阅卡信息表, 读者部门信息表
WHERE 读者借阅卡信息表.deptID=读者部门信息表.deptID AND 读者部门信息表.deptID=@bmh
```

调用并执行该存储过程时，可按位置传送参数或按参数名传递进行。代码如下：

```
EXEC dept_reader @bmh='xi02'
```

执行结果如图 8-12 所示。

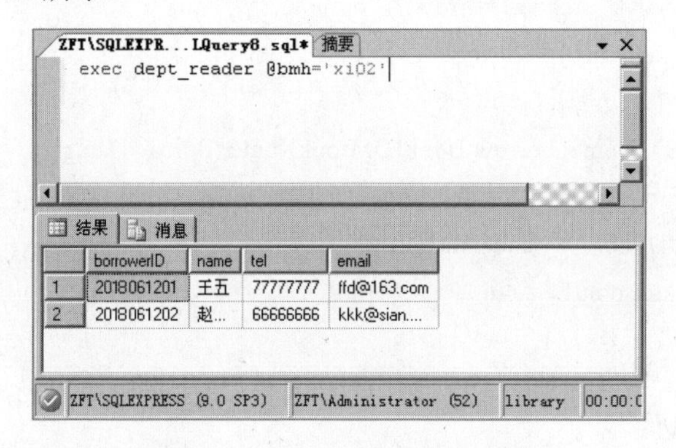

图 8-12　带参数执行存储过程

【训练 8-13】使用默认参数。执行存储过程 dept_reader 时，如果没有给出参数，则系统会报错。如果希望不给出参数时能查询所有部门的读者信息，则可以使用默认参数值来实现。为此创建一个新的存储过程 dept_reader2，代码如下：

```
CREATE PROC dept_reader2
@bmh char(10)=null
AS
IF @bmh IS NULL
 SELECT readerID, name, tel, email
 FROM readers, department
 WHERE readers.deptID=department.deptID
ELSE
 SELECT readerID, name, tel, email
 FROM readers, department
 WHERE readers.deptID=department.deptID
 AND department.deptID=@bmh
```

调用并执行该存储过程时，给出具体的参数值，则输出结果如【训练 8-10】。如果不给出参数，代码如下：

```
EXEC dept_reader2
```

运行结果如图 8-13 所示。

图 8-13　不给参数，使用默认参数时的执行结果

4．修改存储过程

【训练 8-14】使用 T-SQL 语句修改存储过程 reader_borrow，要求用户不是通过提供借阅卡号来查询读者的借书情况，而是通过读者姓名来查询。其中包括该读者的借阅卡号、姓名、书号、书名、借阅日期等。代码如下：

```
ALTER　PROCEDURE　reader_borrow
  @读者姓名_1　　varchar(10)
AS
SELECT readers.readerID, Name, borrow.BookID, BookName, BorrowDate
FROM readers, borrow, books
WHERE readers.readerID=borrow.readerID AND
borrow.BookID=books.BookID　AND
readers.Name=@读者姓名_1
```

存储过程创建后，保存在对应的数据库中。如果带有 WITH ENCRYPTION 选项，则此存储过程被加密后，无法看到其 SQL 部分的定义。与加密的视图类似，即使是 sa 或 dbo 用户也无法查看加密存储过程的定义内容，所以对加密的存储过程一定要以其他方式保存。

5．重命名存储过程

在 SQL Server Management Studio 中，存储过程的重命名比较简单，直接用右键单击选中的存储过程名，在弹出的快捷菜单中选择【重命名】命令，直接编辑修改名称，这里改名直接影响到存储过程定义的 T-SQL 语句。

另外，可利用系统存储过程 sp_rename 实现存储过程的改名，语法如下：

```
sp_rename 原存储过程名，新存储过程名
```

【训练 8-15】使用系统存储过程 sp_rename 将 reader_borrow 更名为 reader_borrow_books，代码如下：

```
sp_rename reader_borrow, reader_borrow_books
```

运行结果如图 8-14 所示。

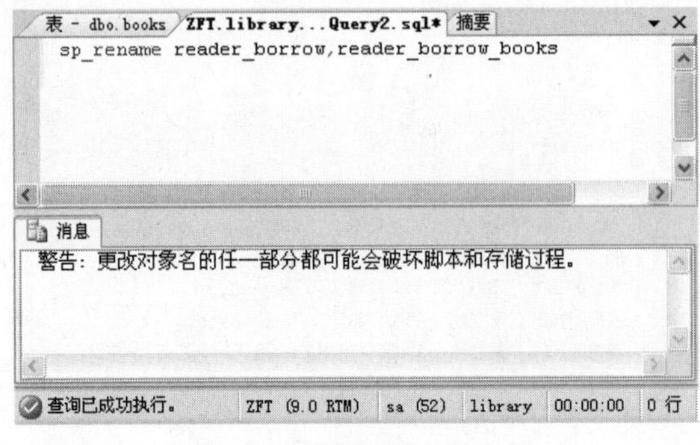

图 8-14　对存储过程改名

成功改名后，会同时给出一个警告，提醒用户对系统对象改名需谨慎。

6. 删除存储过程

在 SQL Server Management Studio 中，存储过程的删除比较简单，直接用右键单击选中的存储过程名，在弹出的快捷菜单中选择【删除】命令，则数据库中不再存储该存储过程对象。

在大多数情况下，使用 DROP 语句实现存储过程的删除。

【训练 8-16】使用 T-SQL 语句删除存储过程 reader_borrow。

在执行【新建查询】命令后的查询编辑器窗口中输入并运行如下代码：

```
USE Library
GO
DROP PROCEDURE    reader_borrow
```

通常，当人们发现要对存储过程修改时，常常对其创建的代码直接修改，在重新创建之前，则将数据库中存储的同名正使用的存储过程删除，以避免修改后重新创建时系统检查重名对象已存在，从而禁止创建。

三、建立和使用触发器

1. 使用 SQL Server Management Studio 创建触发器

在 SQL Server Management Studio 创建触发器的步骤如下：

1）选中数据库，展开该节点。

2）展开该数据库节点的要创建触发器对应的表节点。

3）选中指定的表下的【触发器】节点，用右键单击，从弹出的快捷菜单中选择【新建触发器】命令。

4）在右侧的查询编辑器窗口中，即进入触发器编写的模板。

5）在【文本】文本框中输入触发器的语句。

6）单击【检查语法】按钮，检查语法错误。

7）单击【确定】按钮完成触发器的创建。

2. 使用 T-SQL 语句创建触发器

使用 CREATE TRIGGER 命令创建触发器，语法格式如下：

```
CREATE TRIGGER 触发器名
ON      表名  [WITH ENCRYPTION]
{FOR | AFTER | INSTEAD OF}
    {[DELETE] [,] [INSERT] [,] [UPDATE]}      [NOT FOR REPLICATION]
  AS
    SQL_STATEMENT
 [RETURN 整数表达式]
```

【训练 8-17】在书刊借阅信息表中创建一个触发器，如果读者的借阅数量超过 4 本就不能再借阅书刊。代码如下：

```
CREATE TRIGGER    TRIGGER_in2 ON borrow
FOR INSERT
AS
IF (select borrowNum FROM readers INNER JOIN inserted
ON readers.readerID= inserted.readerID)>4
BEGIN
  PRINT '借书超过 4 本，不能借书'
  ROLLBACK TRANSACTION    --事务回滚
END
```

执行下面的插入语句，其执行结果会出现提示“借书超过 4 本，不能借书”。

```
INSERT INTO borrow
VALUES('7111072049','2018061202','',2018-8-12)
```

执行结果如图 8-15 所示。

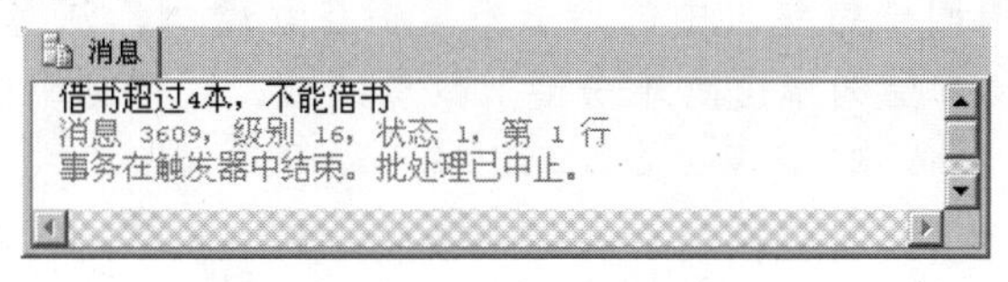

图 8-15　系统自动执行触发器的结果

当某位读者实际借书的数量没有超过 4 本时，系统会正常执行书刊借阅信息表的数据插入操作，并且触发器触发时，没有任何信息反馈。

【训练 8-18】在读者借阅卡信息表中建立一个触发器，如果读者所借图书没有还清，则不能删除该读者的信息。代码如下：

```
CREATE TRIGGER TRIGGER_del ON readers
FOR DELETE
AS
```

```
IF (SELECT borrowNum FROM deleted)>0
BEGIN
  PRINT '图书尚未还清，不能删除！'
  ROLLBACK TRANSACTION
END
```

执行如下语句，会出现“图书尚未还清，不能删除!”的提示。

```
DELETE FROM readers
WHERE Name='赵六安'
```

执行结果如图 8-16 所示。

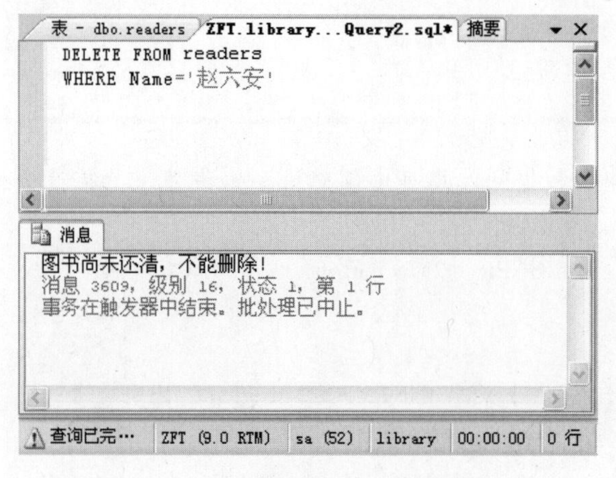

图 8-16　删除数据引起触发器执行

注意：当书刊借阅信息表的 BorrowID 引用读者借阅卡信息表的 BorrowerID 时，即定义了外键约束，则先检查外键约束，后执行触发器检查数据的完整性。图 8-16 所示为删除了外键约束以后，执行上述删除语句时触发器的显示结果。

【训练 8-19】在书刊借阅信息表上创建触发器 t_readers1，当向书刊借阅信息表中添加借书记录时，读者借阅卡信息表中的借书数量值自动增加。注意：应先根据书刊借阅信息表中的数据修改读者借阅卡信息表中借书数量的值。代码如下：

```
IF EXISTS (SELECT name FROM sysobjects WHERE name='t_readers1')
DROP trigger t_readers1
GO
CREATE TRIGGER t_readers1 ON borrow
FOR INSERT
AS
BEGIN
  UPDATE readers
  SET borrowNum=borrowNum+1
  WHERE readerID=(SELECT readerID FROM inserted)
END
```

3. 检查和修改触发器

在 SQL Server Management Studio 中，修改触发器时，首先展开指定的服务器和数据库，选择指定的数据库和表并将表下的【触发器】子项展开后，用右键单击要修改的触发器，从弹出的快捷菜单中选择【修改】命令，然后在文本框中修改触发器的 SQL 语句，单击【检查语法】按钮，可以检查语法是否正确。

另外，有时候还需对触发器进行其他方面的修改，如改名、使其无效或恢复有效、查询当前数据库定义了哪些触发器等。

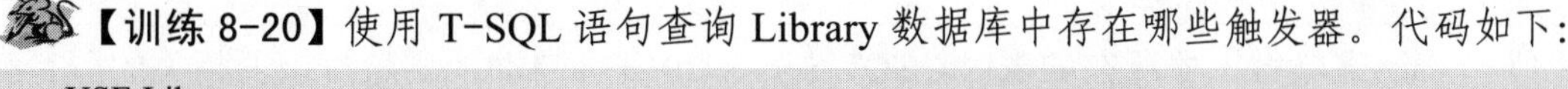

【训练 8-20】使用 T-SQL 语句查询 Library 数据库中存在哪些触发器。代码如下：

```
USE Library
GO
SELECT * FROM sysobjects WHERE type='TR'
```

运行结果如图 8-17 所示，显示当前图书管理数据库存在的触发器。

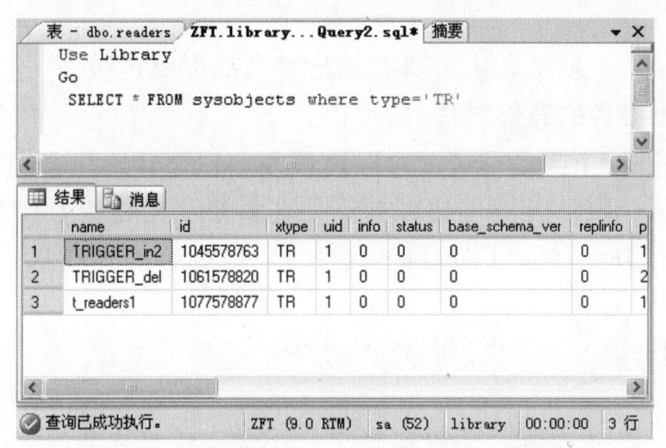

图 8-17　查看当前数据库存在的触发器对象

【训练 8-21】使用 T-SQL 语句禁用触发器 t_readers1。代码如下：

```
USE Library
GO
ALTER TABLE borrow DISABLE trigger t_readers1
```

【训练 8-22】使用 T-SQL 语句恢复触发器 t_readers1 的使用。代码如下：

```
ALTER TABLE borrow ENSABLE trigger t_readers1
```

【训练 8-23】与存储过程重命名一样，调用系统存储过程 sp_rename 实现重命名触发器。使用 T-SQL 语句将触发器 t_readers1 改名为 t_readers2。代码如下：

```
sp_rename t_readers1, t_readers2
```

4. 删除触发器

实际上，可利用 SQL Server Management Studio 进行触发器的管理和维护。选中触发器后，单击右键，在弹出的快捷菜单中选择相应的功能子菜单，如【新建...】、【修改】、【启用】、【禁用】、【删除】等，完成相应的管理功能。与此同时，也可以使用查询编辑器，直接输入 T-SQL 语句完成触发器的删除等管理功能。

【训练 8-24】使用 T-SQL 语句将触发器 t_readers2 删除。代码如下：

```
DROP trigger t_readers2
```

另外，当删除触发器所在的表时，SQL Server 2016 会自动地删除与该表相关的所有触发器。

能力拓展

创建和执行具有输出参数的存储过程

1. 创建具有输出参数的存储过程

从存储过程中返回一个或多个值，可以通过在创建存储过程语句中定义输出参数来实现。在存储过程定义语句中，定义输出参数需要在参数定义后加上 OUTPUT 关键字。通过使用输出参数，任何执行了存储过程的参数变化都可以保留，即使用在存储过程完成之后，语法的基本形式如下：

```
@parameter data_type [VARYING][=default][OUTPUT][, ...n]
```

参数说明：

- @parameter：存储过程的输出参数名，必须以符号@为前缀。存储过程通过该参数返回结果。
- data_type：指出输出参数的类型，它可以是系统提供的数据类型，也可以是用户自定义类型，但不能是 text 和 image 类型。
- default：指出输出参数的默认值，如果执行存储过程时未对输出参数进行赋值，则存储过程在返回输出参数的变量值时，使用 default 的值。
- OUTPUT：关键字，指出参数是输出参数，有别于输入参数。同时，输出参数的说明在存储过程创建语句中必须位于所有输入参数说明之后。

【训练 8-25】在 Library 数据库上创建一个存储过程“pbook”，其功能是输入作者，并使用输出参数返回该作者的图书名称。代码如下：

```
CREATE PROC pbook
    @author varchar(10),
    @bookname varchar(50) OUTPUT
AS
    SET @bookname=
     ( SELECT bookname FROM books WHERE author=@author )
```

2. 执行具有输出参数的存储过程

在调用含有输出参数的存储过程的程序中，为了接收存储过程的输出参数返回值，必须声明作为输出的传递参数，即在 EXECUTE 语句中指定 OUTPUT 关键字。在执行存储过程时，如果 OUTPUT 关键字被忽略，存储过程仍能执行，只是返回值在执行结束丢失。命令的语法格式如下：

```
[EXECUTE]
{[@return_status=]{procedure_name | @procedure_name_var}}
[[@parameter_name=]{value | @variable [OUTPUT]}][, …n] [WITH RECOMPILE]
```

参数说明：

- procedure_name 为执行的存储过程的名字。
- [@parameter_name=]{value | @variable}为输入参数的传递值。
- [@parameter_name=] @variable OUTPUT 为传递给输出参数的变量，@variable 用来存放返回参数的值。OUTPUT 指明这是一个输出参数，与存储过程中定义的输出参数相匹配。

【训练 8-26】执行存储过程 pbook，返回作者“何文华”编写的图书名称。代码如下：

```
DECLARE @bname varchar(10)      /*声明为局部变量，存放输出值*/
EXEC   pbook   '何文华', @bname OUTPUT
PRINT '何文华编写的书名称为：'+@bname
```

在命令中，变量@bname 说明为存储过程 pbook 中的输出参数@bookname 的返回值。此外，为了接收存储过程的返回值，在调用存储过程的命令中，必须声明作为输出的传递参数，这个输出参数需要声明为局部变量，用来存放参数的值。

运行结果如图 8-18 所示。

图 8-18 带返回值的存储过程的执行

【训练 8-27】使用输出参数。通过定义输出参数，可以从存储过程中返回一个或多个值。创建一个存储过程 book_num，要求根据书刊号输出借阅该书刊的读者人数。代码如下：

```
CREATE PROC book_num
   @bookID char(10),
   @Count int OUTPUT
as
```

```
SELECT @Count=Count(*)
FROM borrow
WHERE BookID=@bookID
```

以上代码创建了 book_num 存储过程，它使用两个参数，其中@bookID 为输入参数，用于指定要查询的书刊号；@Count 为输出参数，用于返回借阅该书刊的读者人数。

为了接收某一个存储过程的返回值，需要声明一个变量来存放参数的值。在该存储过程的调用语句中，还必须为这个变量加上 OUTPUT 声明。代码如下：

```
DECLARE @num int
EXEC    book_num    '7030101431', @num OUTPUT
PRINT '该书刊的借阅人数为：'+CONVERT(char(4), @num)
```

运行结果如图 8-19 所示。

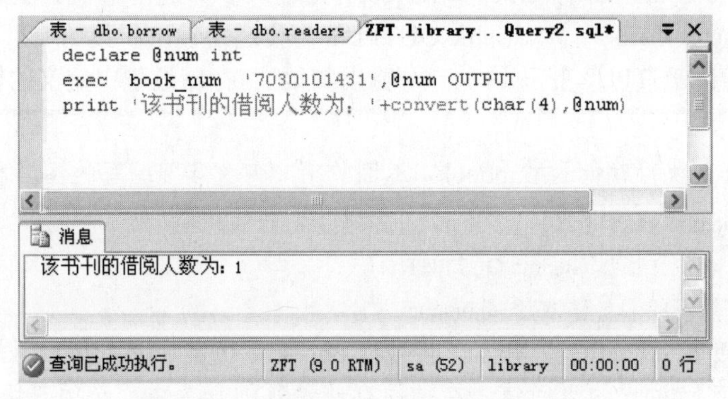

图 8-19　带输出参数的存储过程返回值

工作评价与思考

一、选择题

1．关于视图与表的描述中，（　　）是不正确的。

A．视图所对应的数据并不实际地以视图结构存储在数据库中，而存储在所引用的表中

B．通过视图看到的数据就是存放在基本表中的数据

C．基本表的数据发生变化也可以自动地反映到视图中

D．当对通过视图看到的数据进行修改时，相应的基本表的数据不会发生变化，因为通过视图不能修改基本表的数据

2．视图是一种常用的数据对象，它是提供（　　）数据的另一种途径，可以简化数据库操作。

A．查看、存放　　　　B．查看、检索

C．插入、更新　　　　D．检索、插入

3．当使用多个数据表来建立视图时，不允许在该语句中包括（　　）等关键字。

A．ORDER BY、COMPUTE

B．ORDER BY、COMPUTE、COMPUTE BY

C．ORDER BY、COMPUTE BY、GROUP BY

D．GROUP BY、COMPUTE BY

4．通过视图可以为多种查询建立视图，但是对于视图定义中的 SELECT 子句有几个限制，下面哪个 SELECT 子句（　　）可以用来创建视图。

A．包含 SUM 集函数的子句

B．包含 COMPUTE 或 COMPUTE BY 子句

C．包含 ORDER BY 子句，除非在 SELECT 语句的选择列表中也有一个 TOP 子句

D．包含 INTO 关键字

5．视图与表很相似，但它们还是有很多区别。下面对视图和表操作的描述中（　　）是不正确的。

A．只要有适当的权限，对表可以进行任意的查询，对视图也一样

B．只有有适当的权限，对表可以任意更新列的数据，对视图也一样

C．只要有适当的权限，对表可以任意删除表的列，对视图也一样

D．只要有适当的权限，可以删除一个表，对视图也一样

6. 存储过程是一组为了完成特定功能的 SQL 语句集，它由三个部分组成，下面（　　）不是其组成部分之一。

A．输入参数和输出参数

B．被执行的针对数据库的操作语句包括调用其他存储过程的语句

C．返回调用者的状态值以指明调用是成功还是失败

D．返回给调用者的处理后的新数据，即返回值

7．以下关于全局变量叙述错误的是（　　）。

A．以@@为名称开头　　B．由系统提供和赋值

C．用户使用前必须声明　　D．保存一些系统信息

8．以 BEGIN TRAN 开始，COMMIT TRAN 结束而定义的事务是（　　）。

A．隐性事务　　B．显式事务

C．自动提交事务　　D．原子事务

9．属于事务控制语句是（　　）。

A．Begin Tran、Commit、RollBack

B．Begin、Continue、End

C．Create Tran、Commit、RollBack

D．Begin Tran、Continue、End

10．SQL Server 2016 触发器主要针对下列语句创建（　　）。

A．SELECT、INSERT、DELETE

B．INSERT、UPDATE、DELETE

C．SELECT、UPDATE、INSERT

D．INSERT、UPDATE、CREATE

11．一个事务内部的操作和所使用的数据不受其他事务干扰，这是事务的（　　）。

A．原子性　　B．一致性　　C．隔离性　　D．持久性

12．触发器是一种特殊类型的存储过程，它和主键及外键的关系是（　　）。

A．它们没有什么区别，触发器就是根据对主键和外键施加约束实现的

B．区别不大，触发器能完成的工作，通过设置主键和外键也能完成

C．触发器的功能更强，可以实现由主键和外键所不能保证的复杂的参照完整性和数据的一致性

D．有了触发器，就根本没有必要为表设置主键和外键

13．在 SQL Server 中，触发器的执行是在数据的插入、更新或删除（　　）执行的。

A．之前　　B．之后　　C．同时　　D．不确定

14．触发器的类型有（　　）。

A．INSERT 触发器、UPDATE 触发器、DELETE 触发器

B．查询触发器、集合触发器、排序触发器

C．行触发器、列触发器

D．表触发器、视图触发器、对象触发器

15．下面关于存储过程的描述不正确的是（　　）。

A．存储过程实际上是一组 T-SQL 语句

B．存储过程预先被编译存放在服务器的系统表中

C．存储过程独立于数据库而存在

D．存储过程可以完成某一特定的业务逻辑

16．关于触发器的描述不正确的是（　　）。

A．它是一种特殊的存储过程

B．可以实现复杂的商业逻辑

C．对于某类操作，可以创建不同类型的触发器

D．触发器可以用来实现数据完整性

17．系统存储过程在系统安装时就已创建，这些存储过程存放在（　　）系统数据库中。

A．master　　B．tempdb　　C．model　　D．msdb

18．使用 T-SQL 创建视图时，不能使用的关键字是（　　）。

A．ORDER BY　　B．WHERE

C．COMPUTE　　D．WITH CHECK OPTION

19．以下关于视图的描述中，错误的是（　　）。

A．视图不是真实存在的基础表，而是一张虚表

B．当对通过视图看到的数据进行修改时，相应的基本表的数据也要发生变化

C．在创建视图时，若其中某个目标列是聚合函数，必须指明视图的全部列名

D．在一个语句中，一次可以修改一个以上的视图对应的基表

20．带有前缀名为“sp_”的存储过程属于（　　）。

A．用户自定义存储过程　　B．系统存储过程

C．扩展存储过程　　D．以上都不是

21．在视图上不能完成的操作是（　　）。

A．更新视图　　B．查询

C．在视图上定义新的表　　D．在视图上定义新的视图

22．在关系数据库系统中，为了简化用户的查询操作，而又不增加数据的存储空间，常用的方法是创建（　　）。

A．另一个表（table）　　B．游标（cursor）

C．视图（view）　　D．索引（index）

23．触发器可引用视图或临时表，并产生两个特殊的表是（　　）。

A．Deleted、Inserted　　B．Delete、Insert

C．View、Table　　D．View1、table1

24．SQL 的视图是从（　　）中导出的。

A．基表　　B．视图

C．基表或视图　　D．数据库

25．删除触发器 tri_Sno 的正确命令是（　　）。

A．DELETE TRIGGER tri_Sno　　B．TRUNCATE TRIGGER tri_Sno

C．DROP TRIGGER tri_Sno　　D．REMOVE TRIGGER tri_Sno

26．在下列的 SQL 语句中，（　　）不是数据定义语句。

A．CREATE TABLE　　B．DROP VIEW

C．CREATE VIEW　　D．GRANT

27．在 SQL 语言中，删除一个视图的命令是（　　）。

A．DELETE　　B．DROP　　C．CLEAR　　D．REMOVE

28．Create trigger 命令用于创建（　　）。

A．存储过程　　B．触发器　　C．视图　　D．表

29．数据库中只存放视图的（　　）。

A．操作　　B．对应的数据

C．定义　　D．限制

30．在 SQL 语言中，CREATE VIEW 语句用于建立视图。如果要求对视图更新时必须满足于查询中的表达式，应当在该语句中使用（　　）短语。

A．WITH UPDATE　　B．WITH INSERT

C．WITH DELETE　　D．WITH CHECK OPTION

二、填空题

1．视图是从__________或__________基表（或视图）中导出的表，视图是一个__________表。

2．每次修改视图可以影响__________基表。

3．如果在创建视图时指定了__________选项，那么当使用视图修改数据库信息时，必须保证修改后的数据满足视图定义的范围。

4．一般可以使用__________命令来标识 T-SQL 批处理的结束。

5．函数 LEFT（'abcdef', 2）的结果是__________。

6．在 T-SQL 语句中需要把时间日期型数据常量用__________括起来。

7．触发器是一种特殊的__________，基于表而创建，主要用来保证数据的完整性。

8．每条__________语句能够同时为多个变量赋值，每条__________语句只能为一个变量赋值。

9．在 SQL Server 2016 中，每个程序块的开始标记为关键字__________，结束标记为关键字__________。

10．在 SQL Server 2016 中，CASE 函数具有__________格式，每种格式可以带有__________个 WHEN 选项，可以带有__________个 ELSE 选项。

11. 在循环结构的语句中，当执行到关键字______________后将终止整个语句的执行，当执行到关键字______________后将结束一次循环体的执行。

12. 打开和关闭游标的语句关键字分别为______________和______________。

13. 每个存储过程可以包含______________条 T-SQL 语句，可以在过程体中的任何地方使用______________语句结束过程的执行，返回到调用语句后的位置。

14. 建立一个存储过程的语句关键字为______________，执行一个存储过程的语句关键字为______________。

15. 触发器可以在对一个表上进行___________、___________和___________操作中的任一种或几种操作时被自动调用执行。

16. 在 SQL 中，create view、alter view 和 drop view 命令分别为建立、______________和删除视图的命令。

17. ______________是特殊类型的存储过程，它能在任何试图改变表中由触发器保护的数据时执行。

18. 触发器定义在一个表中，当在表中执行 insert、______________或 delete 操作时被触发自动执行。

19. ________________是已经存储在 SQL Server 服务器中的一组预编译过的 T-SQL 语句。

三、简答题

1. 什么是视图？
2. 简述视图的作用。
3. 视图机制如何提供对机密数据的安全保护？
4. 什么是触发器？有什么功能？AFTER 触发器和 INSTEAD OF 触发器有什么区别？
5. Inserted 表和 deleted 表的工作过程和功能是什么？
6. 什么是存储过程？建立存储过程的方法有几种？
7. 什么是事务的提交与回滚？
8. 什么是全局变量？什么是局部变量？区别是什么？
9. 查看存储过程和触发器信息的系统存储过程有哪些？
10. 常用的聚合函数有哪些？分别说出其作用。

四、操作题

1. 创建一个触发器，实现连锁更新。库存表中记录所有产品的现库存情况，包括产品号、库存数量、单价，入库表单记录中包括产品号、入库数量、入库单价、入库金额、入库日期，当更新入库表的入库数量或入库单价时，需要及时更新库存表中的库存数量和库存单价，要求在入库表上建立 UPDATE 触发器。

2. 创建一个存储过程，该存储过程实现返回所有库存产品的库存金额，库存表的定义如下：库存表（产品号、数量、金额），库存金额等于库存单价与库存数量之积。

项目三

管理图书管理数据库

- 任务九　数据库的备份还原和数据传输
- 任务十　数据库的安全管理
- 任务十一　SQL Server 自动化管理

9

任务九

数据库的备份还原和数据传输

能力目标

- 能够对 SQL Server 数据库熟练进行备份和还原操作。
- 能够对数据库数据进行导入、导出操作。

知识目标

- 熟悉数据库备份与还原的概念，掌握完全备份、差异备份、事务日志备份和文件组备份的区别。
- 熟悉数据库数据导入、导出的概念。

任务导入

在已建立的数据库 Library 中，图书信息作为数据库的数据，是实现管理的必要条件，因此，对用户而言，这些数据是重要的资源。然而，在用户使用数据库的过程中，计算机硬件故障、系统错误、病毒、误操作等不可避免的因素，都可能导致数据库的数据受到破坏甚至丢失，因此，如何才能保证数据的安全完整，是数据库维护工作的核心内容。

数据库备份与还原是用户在数据受到破坏或者是丢失、数据资源已经损失的情况下，对损失进行补救的一种方法。而数据导入、导出则是有效利用数据的一种方式。本项目的任务是进行数据库 Library 的维护工作，具体任务如下:

1. 数据库的备份、还原

- 创建备份设备 Librarybackup。
- 设置数据库 Library 的恢复模式。
- 使用 SQL Server Management Studio 对数据库 Library 分别进行数据备份、差异备份和事务日志备份。
- 使用磁盘备份设备对数据库进行还原。

2. 数据导入、导出

- 把 Excel 格式的图书信息导入 Library 数据库中。
- 从 Library 数据库中把图书信息资料导出，生成 Excel 文件。

相关知识

一、数据库的备份和还原

1．数据库的备份

（1）备份　备份是指将数据库的一些必要文件进行复制并转储而成备份文件的过程。备份文件根据需要记录数据库中的数据状态、事务等，以便在数据库遭到破坏或是数据丢失时能够对数据进行恢复。

数据库备份是一项重要的工作，也是数据库管理员应当进行的一项日常工作。备份的内容不仅包括用户的数据库内容，还包括系统数据库的内容。

（2）备份设备　备份设备是指存储数据备份的存储介质，可以是磁带机或磁盘文件。SQL Server 通过备份设备的逻辑备份名和物理备份名区分不同的备份设备。物理备份名主要用来供操作系统对备份设备进行管理，是备份在硬盘上以文件方式存储的完整路径名，如“E:\Librarybackup.bak”。逻辑备份名是物理备份名的别名，通常比物理备份名更简单、有效地描述备份设备的特征，它被永久地记录在 SQL Server 的系统表中，如前面的物理备份名的逻辑备份名可以是 Librarybackup。在 SQL Server 2016 中常用的备份设备类型分为两种：磁盘和磁带。

① 磁盘备份设备。磁盘备份设备是以硬盘或其他磁盘类设备为存储介质的特定格式的磁盘文件，按一般操作系统文件进行管理，磁盘备份设备的扩展名为.bak。

数据备份文件存储在本地机器的硬盘上，一旦由于存储介质硬件故障或者系统崩溃而造成数据破坏或者丢失，则该备份文件也会被破坏或者丢失，备份就失去了意义。因此，备份设备可以是本地机器磁盘上的文件，也可以是网络的远程服务器磁盘上的文件。一般根据不同故障发生的概率，设计备份文件存储的物理位置，重要的备份甚至要进行复制，存放在不同的地点。

② 磁带备份设备。磁带是一种计算机系统支持的外存储器，设备的用法与磁盘设备相同。要使用磁带设备进行数据备份，磁带设备必须物理连接到运行 SQL Server 实例的计算机上，SQL Server 不支持备份到远程磁带设备。

（3）恢复模式（Recovery Model）　恢复模式是一个数据库配置选项，控制如何记录事务日志、事务日志是否需要备份以及数据库可用的还原操作等。不同的恢复模式决定了 SQL Server 如何使用事务日志，哪些操作需要事务日志进行记录，以及是否删除已执行事务的日志记录等。

数据库的恢复模式同时决定了该数据库支持的备份方式和还原方案。SQL Server 提供的恢复模式有简单恢复模式、完整恢复模式和大容量日志恢复模式三种。通常，数据库使用简单恢复模式或完整恢复模式。

① 简单恢复模式（Simple Recovery Model）。在简单恢复模式下，数据库引擎最低限度地记录大多数操作，并在每个检查点之后删除已执行事务的日志记录。在简单恢复模式下，不能备份或还原事务日志。

② 完整恢复模式（Full Recovery Model）。在完整恢复模式下，数据库引擎把所有操作都记录到事务日志上，并且不会删除已执行事务的日志记录。

③ 大容量日志恢复模式（Bulk-Logged Recovery Model）。在大容量日志恢复模式下，数据库引擎对大容量操作（诸如 SELECT INTO 和 BULK INSERT）进行最小记录，因此，在这种恢复模式下，部分事务不会被记录。

选择哪种恢复模式取决于数据库的可用性和恢复要求。完整恢复模式是新建数据库默认的恢复模式。

2．数据库的备份方式

（1）完整数据库备份（Full Database Backups） 完整数据库备份是指对整个数据库进行复制并转储，完整数据库备份文件包括了备份操作完成时刻的所有数据和日志文件。

完整数据库备份可以恢复整个数据库，其优点在于操作和规划比较简单。对于可以快速备份的小数据库而言，最佳的数据库备份方法就是使用完整数据库备份。但是，随着数据库的不断增大，完整备份非常耗时，并且由于日志文件内容不断增加，备份文件也不断扩大。

（2）差异备份（Differential Database Backups） 差异备份复制最后一次完整备份之后的所有数据和日志页。由于数据库备份时它是处于在线状态的，因此，差异备份包含从备份开始到备份结束的时间点发生的所有数据改变及日志文件。

差异备份是指仅备份数据库所包含数据与前一次最新完整备份的差异和日志文件。差异备份以最新一次完整备份完成的时间点为“基准”，对该“基准”后至差异备份操作完成的这一个时间段内发生更改的数据为差异，可见差异是相对“基准”而言的。依此类推，如果“基准”相同，新的差异备份包含前一次差异备份的内容。如图 9-1 所示，在 T_0 时间点对数据库 TEST 进行完整备份后，在 T_1 时间点对 TEST 进行第一次差异备份，T_2 时间点对 TEST 进行第二次差异备份，则第二次差异备份的内容将包含第一次差异备份的内容。

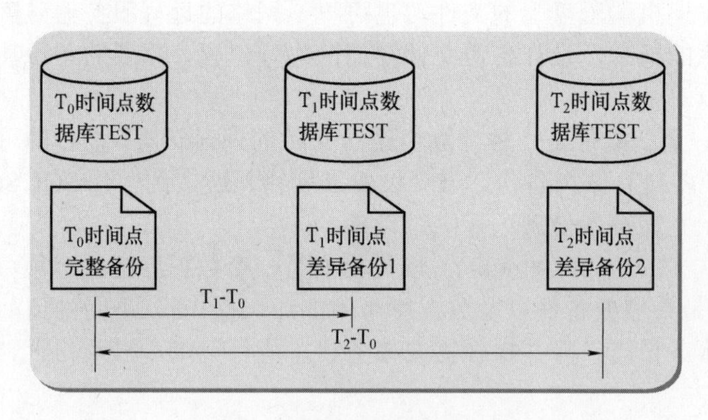

图 9-1　数据差异备份示意图

差异备份文件的大小取决于差异基准至差异备份操作完成的这一时段所更改的数据量，所以，通过差异备份产生的文件通常要比完整数据库备份的小，并且创建得更快。

数据量较大或者更改频繁的数据库，数据库备份方法通常使用完整数据库备份和差异备份结合，例如，在每月创建完整数据库备份，在每个完整数据库备份之间，每周或者每天创建差异备份。

（3）事务日志备份（Transaction Log Backups） 事务日志备份是指只对事务日志文件

进行备份。事务日志备份只能与完全恢复模型和大容量日志记录恢复模型一起使用，同时，必须结合正确的数据库完整备份才能把数据库恢复。

事务日志可以在意外发生时将事务日志记录中所有已经提交的事务全部恢复。所以，使用这种方式可以将数据库恢复到事务日志备份时的状态，从而使数据损失降低到最少。

事务日志备份内容仅包含日志记录，因此，需要的备份资源远远少于完整备份和差异备份，所以，可以频繁使用日志备份，用户甚至可以每小时进行一次事务日志备份，从而减少数据丢失的可能性。

（4）文件或文件组备份（File and File Group Backups）　文件或文件组备份方式是指单独备份组成数据库的个别文件或文件组。这种方法在恢复时只恢复数据库中遭到破坏的文件或文件组，而不需要恢复整个数据库，从而提高恢复的效率。

3．数据库的还原

（1）还原　还原是指数据库的数据遭到破坏或者丢失后，用户利用备份文件对数据库的数据进行恢复的过程。还原后的数据库状态和完成备份操作时的数据库状态一致。

（2）数据库的备份和还原策略　创建 SQL Server 备份的目的是为了恢复已损坏的数据库。假设在数据库损坏后，我们才发现备份文件无法使用或者数据库无法恢复到被损坏的时点，那么，SQL Server 备份就失去了意义。因此，为确保顺利实现数据库的恢复，需要有一个备份和还原策略。

备份和还原策略的内容包括：确定由什么人、在什么时间对数据库进行哪种方式的备份；这些备份应该如何存储；如果需要进行数据库恢复，应该由什么人采用哪种还原方式进行还原等，其中最重要的内容是对数据库进行哪种方式的备份。

一般在使用过程中，完整数据库备份、差异备份和事务日志备份常结合使用，常用的方法有：

● 完整数据库备份，适用于小型、活动不频繁的数据库，一般情况下可以选择每周备份一次。

● 完整数据库备份加差异备份，适用于较大型、活动较频繁的数据库，一般情况下应定期进行完整数据库备份，如每周进行一次完整数据库备份，然后每天进行差异备份。但要注意，因为差异备份时间点和数据受到破坏时间点并不同时，因此，采用这种备份策略数据不能完全恢复到数据破坏时间点，所以，重要的数据库仍然需要采用其他备份策略。

● 完整数据库备份加事务日志备份。采用完整数据库备份加事务日志备份的策略可以使数据尽可能恢复到数据破坏时间点，可以采用每周进行完整数据库备份，每小时进行一次事务日志备份的形式对大型、活动频繁的、重要的数据库进行备份。

二、数据库导入和导出

在进行数据管理的过程中，每个用户的数据可能分布在不同的位置，同时可能是以不同的格式保存，例如，文本格式、电子表格或者 Access 数据库等，管理员需要将这些数据集中起来，以统一的格式提交用户使用，这就是数据库中的数据移动和格式转换。

SQL Server 2016 为实现数据的移动和格式之间的转换提供了数据导入和导出功能。

SQL Server 2016 中主要有三种方式实现数据导入、导出：使用 T-SQL 语句、调用命令行工具 bcp 处理数据、使用 SQL Server Integration Services（SSIS）提供的导入、导出功能。

1．T-SQL 对数据进行处理

- 在不同的 SQL Server 数据库之间进行数据导入、导出，可使用 SELECT INTO FROM 和 INSERT INTO 语句。
- 非 SQL Server 数据库的数据导入 SQL Server，要使用函数打开非 SQL Server 数据库，然后进行操作。可以使用的函数包括 OPENDATASOURCE 和 OPENROWSET。

2．命令行工具 bcp

bcp 是基于 DB-Library 客户端库的一个实用工具。bcp 能够将数据从多个客户端大量复制到单个表中，也可以将 SQL Server 中的数据导出到任何 OLE DB 所支持的数据库中，从而大大提高了数据装载效率。

3．SQL Server Integration Services（SSIS）

SQL Server Integration Services（SSIS）是 SQL Server 2016 提供的一个综合服务平台，该平台的功能包括：

- 生成和调试包的图形工具和向导。
- 执行工作流函数（如 FTP 操作）。
- 执行 SQL 语句或发送电子邮件的任务。
- 提取和加载数据的数据源和目标。
- 清理、聚合、合并和复制数据的转换。
- 管理服务，即用于管理包执行和存储的 Integration Services 服务。
- 对 Integration Services 对象模型编程的应用程序编程接口（API）。

使用 SQL Server 导入和导出向导，可以创建 SSIS 数据处理包，然后在 SQL Server Integration Services 中运行这个处理包就可以实现数据的导入和导出。

任务实施

一、对图书管理数据库进行备份和还原

1．创建备份设备 Librarybackup

数据库备份需要进行存储，因此，在进行数据库备份操作之前，必须计划数据库的备份设备，并建立相应的备份设备。备份设备的计划主要考虑存储空间和备份文件的大小是否匹配，是否方便管理。

（1）在 SQL Server Management Studio 的【对象资源管理器】窗口中，选择【服务器对象】→【备份设备】。

（2）在【备份设备】图标位置单击右键，在弹出的快捷菜单中选择【新建备份设备】命令，打开【备份设备】窗口（如图 9-2 所示）。在【设备名称】中输入“Librarybackup”，单击【确定】按钮完成。可以在【对象资源管理器】窗口看到新建立的备份设备。注意：备份设备的存放目录允许用户进行修改，默认为安装目录下的\Microsoft SQL Server\MSSQL\BACKUP\Librarybackup.bak（其中 Librarybackup.bak 为本例中新建设备的存储文件），我们这里修改为 D:\TSGL\ Librarybackup.bak。

2．设置数据库 Library 的恢复模式

数据库建立的时候就必须选择恢复模式，SQL Server 2016 默认的数据恢复模式是完整模式。

（1）在 SQL Server Management Studio 的【对象资源管理器】窗口中选择数据库 Library，单击右键，在弹出的快捷菜单中选择【属性】命令，打开【数据库属性】窗口。

（2）在【数据库属性】窗口左边的菜单中选择【选项】，在窗口右边查询数据库的属性并修改（如图 9-3 所示）。可以看到 Library 数据库的恢复模式是【完整】。

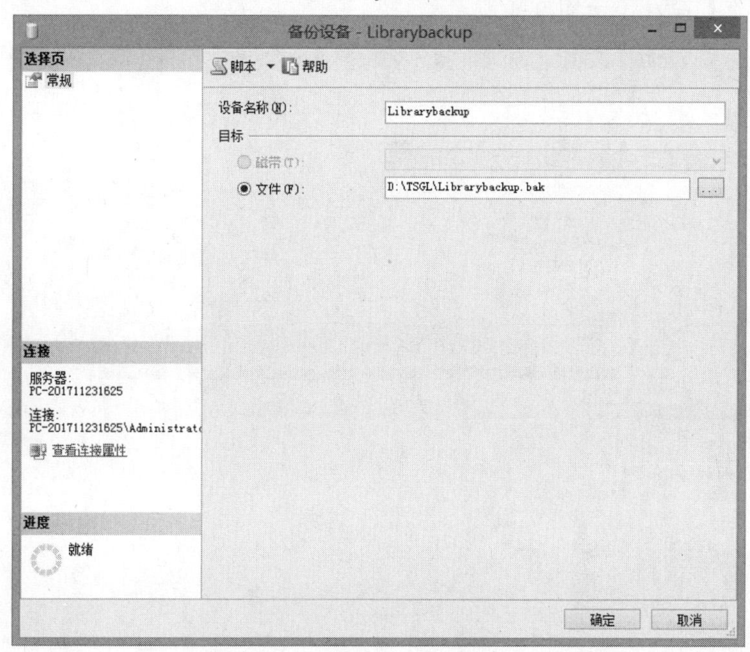

图 9-2　【备份设备】窗口

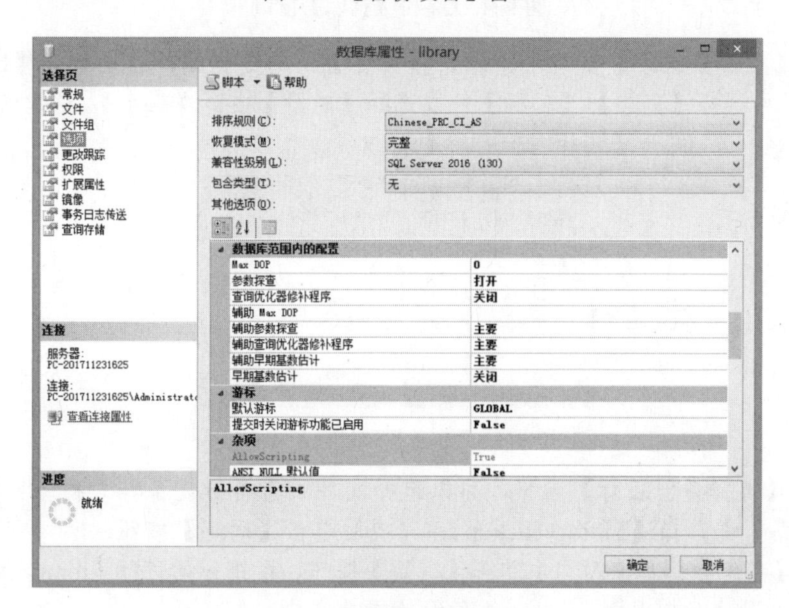

图 9-3　【数据库属性】窗口

3．对 Library 数据库分别执行完整数据备份、差异备份和事务日志备份

建立好备份设备并且确定数据库的恢复模式后，就可以对数据库执行备份操作。可以在 SQL Server Management Studio 执行数据库备份操作，也可以直接使用 T-SQL 语句。

【训练 9-1】将数据库 Library 完整备份到备份设备 Librarybackup。

（1）在 SQL Server Management Studio 的【对象资源管理器】窗口中，选择要进行备份的数据库 Library，单击右键，在弹出的快捷菜单中选择【任务】→【备份】命令，打开【备份数据库】窗口（如图 9-4 所示）。

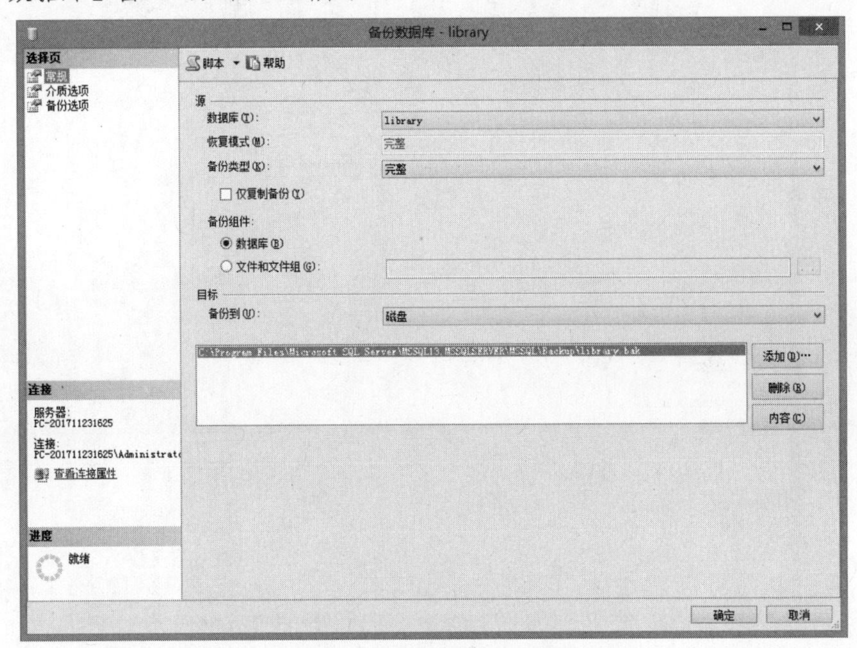

图 9-4 【备份数据库】窗口

（2）在【备份数据库】窗口中，源是指需要备份的数据库，这里选择【Library】，在【备份类型】中选择【完整】；【目标】可以选择【磁盘】或者【磁带】，这里选择【磁盘】，单击【添加】按钮，打开【选择备份目标】窗口（如图 9-5 所示）。

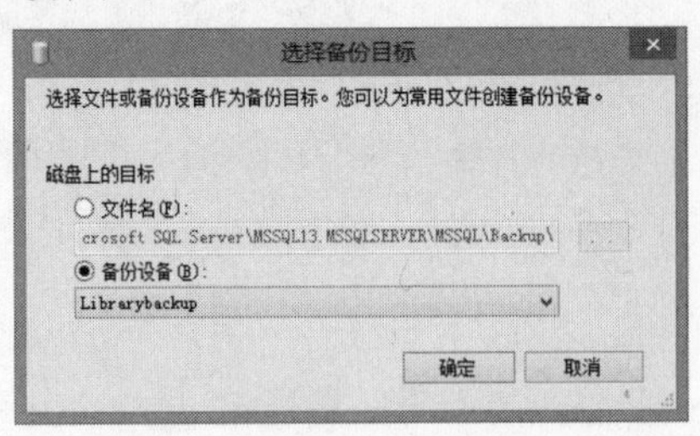

图 9-5 【选择备份目标】窗口

（3）在【选择备份目标】窗口，可以选择文件或者备份设备作为备份目标，这里选择【备份设备】并选择【Librarybackup】，完成后单击【确定】按钮。

（4）在【备份数据库】窗口中单击【确定】按钮，系统开始进行 Library 的备份任务，任务完成后出现“对数据库 Library 的备份已成功完成”的提示。

【训练 9-2】将数据库 Library 差异备份到备份设备 Librarybackup。

（1）重复【训练 9-1】中的步骤（1），打开【备份数据库】窗口。在窗口中选择源数据库【Library】，【备份类型】选择【差异】，【目标】为【Librarybackup】。

（2）在【备份数据库】窗口单击【确定】按钮，系统开始进行 Library 的备份任务，任务完成后出现备份完成的提示。

【训练 9-3】将数据库 Library 事务日志备份到备份设备 Librarybackup。

（1）重复【训练 9-1】中的步骤（1），打开【备份数据库】窗口。在窗口中选择源数据库【Library】，【备份类型】选择【事务日志】，【目标】为【Librarybackup】。

（2）在【备份数据库】窗口单击【确定】按钮，系统开始进行 Library 的备份任务，任务完成后出现备份完成的提示。

4．使用备份设备对数据库进行还原

执行数据库还原操作和备份操作类似，可以在 SQL Server Management Studio 进行或者直接使用 T-SQL 语句。

（1）在 SQL Server Management Studio 的【对象资源管理器】窗口中，选择数据库，单击右键，在弹出的快捷菜单中选择【还原数据库】，出现【还原数据库】窗口。

（2）在【还原数据库】窗口（如图 9-6 所示），需要确定还原的目标和还原的源两部分内容。其中，还原的目标指希望还原的数据库，在【目标数据库】中输入“Library”，目标时间点是指还原后的数据库对应原来备份的那个时间点，这里选择【最近状态】；还原的源是指用以还原数据库的镜像数据库、备份文件或者备份设备，这里选择“源设备”。

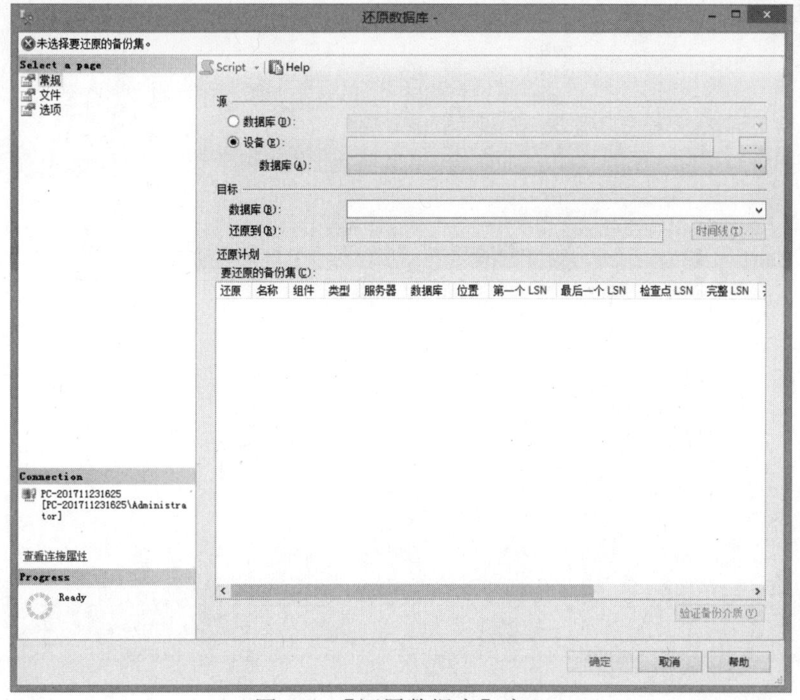

图 9-6 【还原数据库】窗口

（3）单击窗口右边的▭按钮，出现【指定备份】对话框（如图 9-7 所示），在【备份介质类型】中选择【备份设备】。

（4）在【指定备份】对话框中单击【添加】按钮，出现【选择备份设备】对话框（如图 9-8 所示），在【备份设备】中选择【Librarybackup】，并单击【确定】按钮。

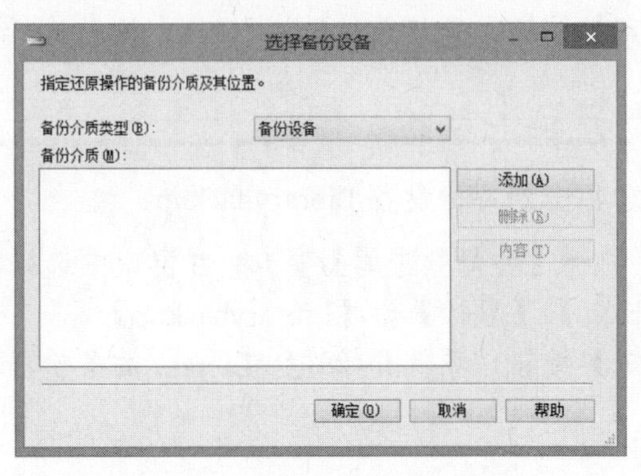

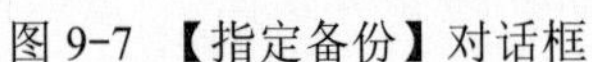

图 9-7 【指定备份】对话框

图 9-8 【选择备份设备】对话框

（5）回到【指定备份】对话框，可以看到【备份设备】出现 Librarybackup，单击【确定】按钮，回到【还原数据库】窗口，可以看到在【要还原的备份集】中此前已经进行的所有类型的备份，包括完整备份、差异备份和事务日志备份。

（6）在【要还原的备份集】的选项中选择用于进行还原的备份，可以根据需要进行选择，这里选择最后一次的“完整”备份（如图 9-9 所示）。

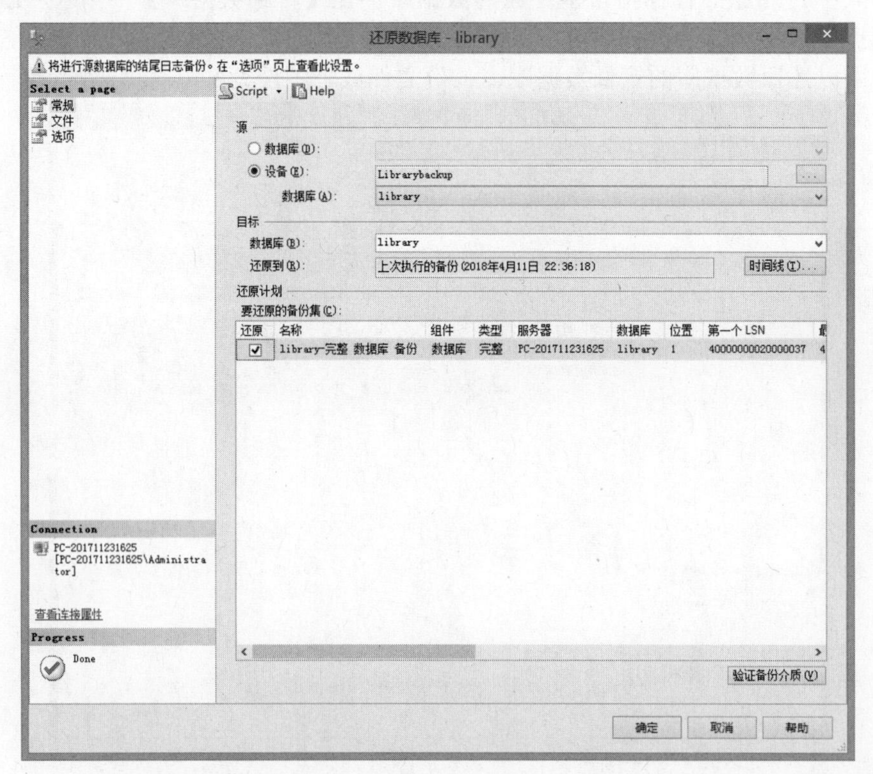

图 9-9 选择进行还原的备份集

注意：如果数据库处于联机状态，用户试图单击【确定】按钮进行数据库还原，系统会提示出错。原因是在线还原数据库时必然会出现备份设备的日志文件和数据库当前的日志文件无法匹配的问题。

这时，用户必须进行事务日志备份，选择添加事务日志备份的还原操作，或者进行覆盖原数据库的还原操作。需要注意的是，用户如果选择覆盖原数据库的还原操作，则还原的数据库只能恢复到备份时的状态。

在【还原数据库】窗口左边的【选项页】选择【选项】，在窗口的右边出现【还原选项】（如图 9-10 所示），勾选【覆盖现有数据库】，单击【确定】按钮，系统进行数据库还原操作，完成后出现提示。

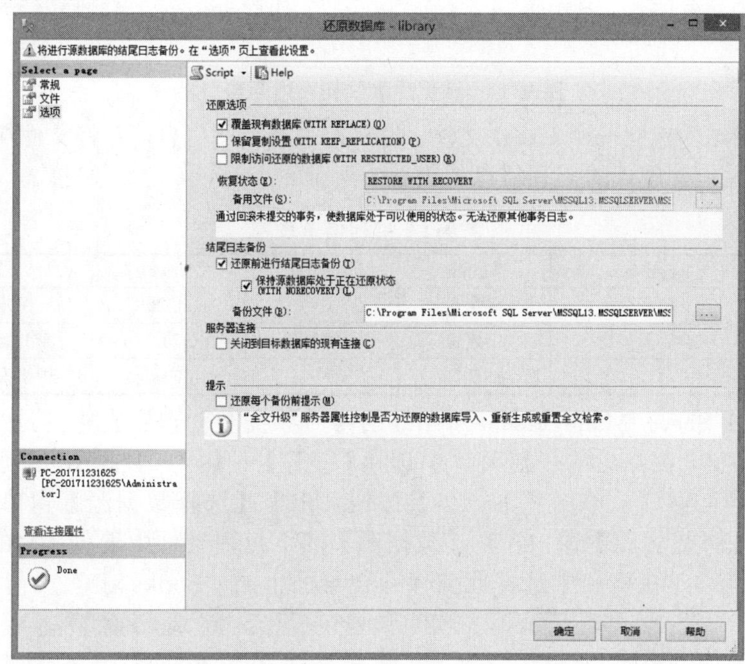

图 9-10　【还原数据库】选项窗口

二、对图书管理数据库进行导入和导出

数据库的导入和导出一般用于解决不同格式的数据之间的传输。例如，大量的数据存放在一个用 Microsoft Excel（Microsoft Access 或者其他 OLE DB）编辑的文件中，这时可以采用 SQL 提供的数据导入功能；相反的，如果希望 SQL 数据库中的数据传输到 Microsoft Excel（Microsoft Access 或者其他 OLE DB），则可以使用数据导出功能。

在使用数据导入功能时必须注意，使用其他格式文件存储的数据结构必须和数据库中的数据结构一致。

以使用 SQL Server 导入和导出向导为例，进行数据导入和导出操作。

把 Excel 格式的图书信息导入 Library 数据库中。步骤如下：

（1）首先，必须了解 Library 数据库存储图书信息数据使用的表名称。通过前述的实训已知，使用“books”存储图书信息。

（2）选择【打开表】（如图 9-11 所示），在窗口的右边将显示“books”的结构及内容。

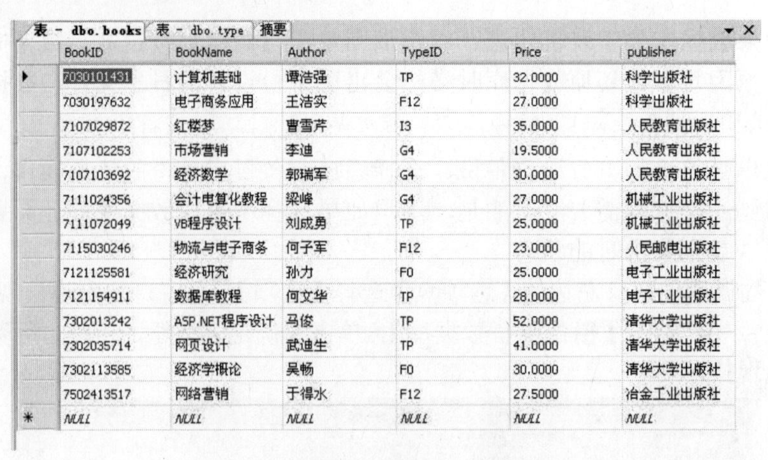

表 - dbo.books | 表 - dbo.type | 摘要

BookID	BookName	Author	TypeID	Price	publisher
7030101431	计算机基础	谭浩强	TP	32.0000	科学出版社
7030197632	电子商务应用	王洁实	F12	27.0000	科学出版社
7107029872	红楼梦	曹雪芹	I3	35.0000	人民教育出版社
7107102253	市场营销	李迪	G4	19.5000	人民教育出版社
7107103692	经济数学	郭瑞军	G4	30.0000	人民教育出版社
7111024356	会计电算化教程	梁峰	G4	27.0000	机械工业出版社
7111072049	VB程序设计	刘成勇	TP	25.0000	机械工业出版社
7115030246	物流与电子商务	何子军	F12	23.0000	人民邮电出版社
7121125581	经济研究	孙力	F0	25.0000	电子工业出版社
7121154911	数据库教程	何文华	TP	28.0000	电子工业出版社
7302013242	ASP.NET程序设计	马俊	TP	52.0000	清华大学出版社
7302035714	网页设计	武迪生	TP	41.0000	清华大学出版社
7302113585	经济学概论	吴畅	F0	30.0000	清华大学出版社
7502413517	网络营销	于得水	F12	27.5000	冶金工业出版社
NULL	NULL	NULL	NULL	NULL	NULL

图 9-11　数据库表结构及内容窗口

（3）按照表结构建立一个 Excel 文件，输入相关的图书信息，并将文件保存在桌面上，命名为“books.xls”。录入的书刊信息如表 9-1 所示。

表 9-1　书刊信息表

BookID	BookName	Author	TypeID	Price	Publisher
7311020123	微积分	夏建业	G4	18.00	兰州大学出版社
7811220285	会计发展史	王建忠	F0	32.00	东北财经大学出版社
7300073049	管理会计学	孙茂竹	F0	32.00	中国人民大学出版社

（4）在 SQL Server Management Studio 的【对象资源管理器】中，选择【Library】数据库，单击右键，在弹出的快捷菜单中选择【任务】→【导入数据】，出现【SQL Server 导入和导出向导】窗口，单击【下一步】按钮。出现【选择数据源】窗口。

（5）在【选择数据源】窗口，在【数据源】的下拉列表框中选择【Microsoft Excel】（如图 9-12 所示），在路径中选择此前保存在桌面上的“books.xls”文件。

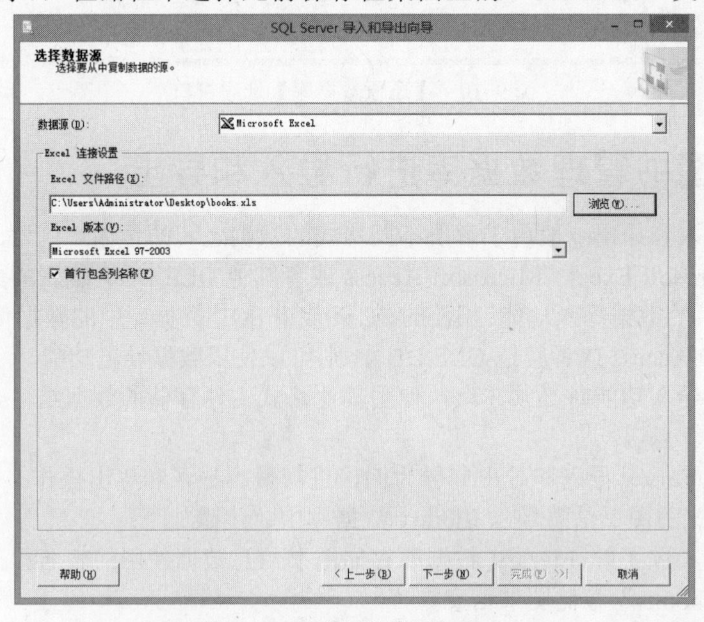

图 9-12　【选择数据源】窗口

（6）单击【下一步】按钮，出现【选择目标】窗口（如图 9-13 所示），在窗口中选择目标数据库【Library】。

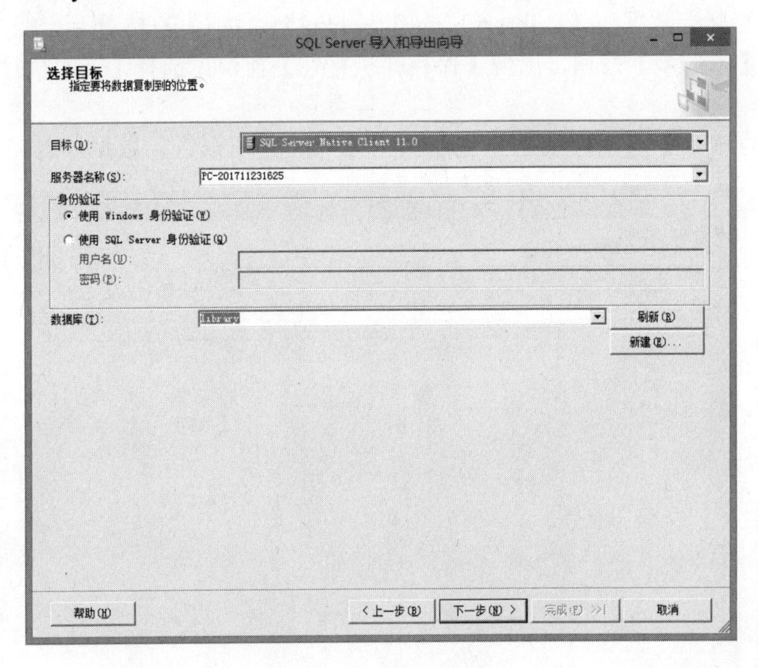

图 9-13 【选择目标】窗口

（7）在出现的【指定表复制或查询】窗口，选择【复制一个或多个表或视图的数据】，如图 9-14 所示。

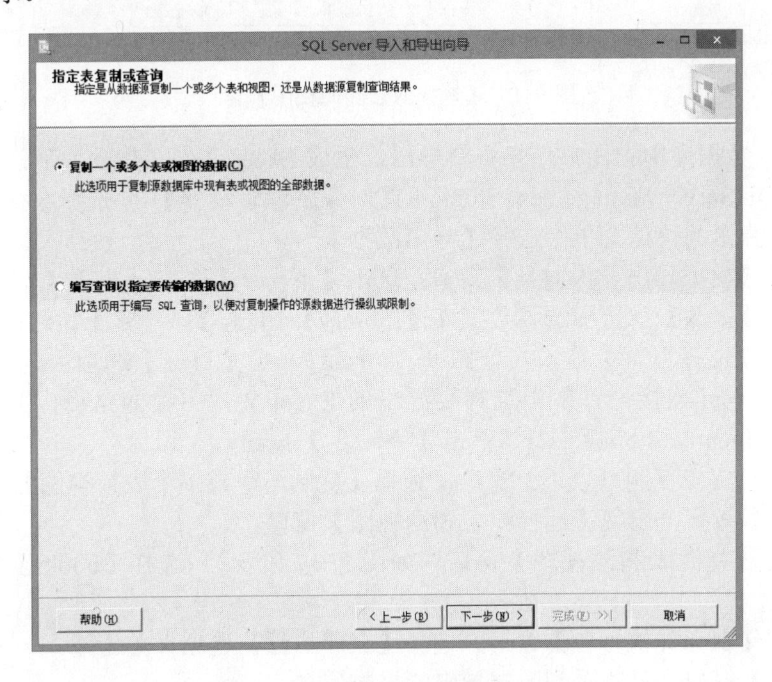

图 9-14 【指定表复制或查询】窗口

（8）单击【下一步】按钮，出现【选择源表和源视图】窗口，其中显示 Excel 文件中可用的多个表页，本例中勾选【Sheet1$】（保存图书信息数据的表页），同时在【目标】项下选择要导入的目标数据表【[Library].[dbo].[books]】，如图 9-15 所示。

（9）单击【下一步】按钮，出现【保存并执行包】窗口，选择【立即执行】选项，单击【完成】按钮。

出现【执行成功】窗口，窗口中显示数据导入的详细报告，数据导入完成。

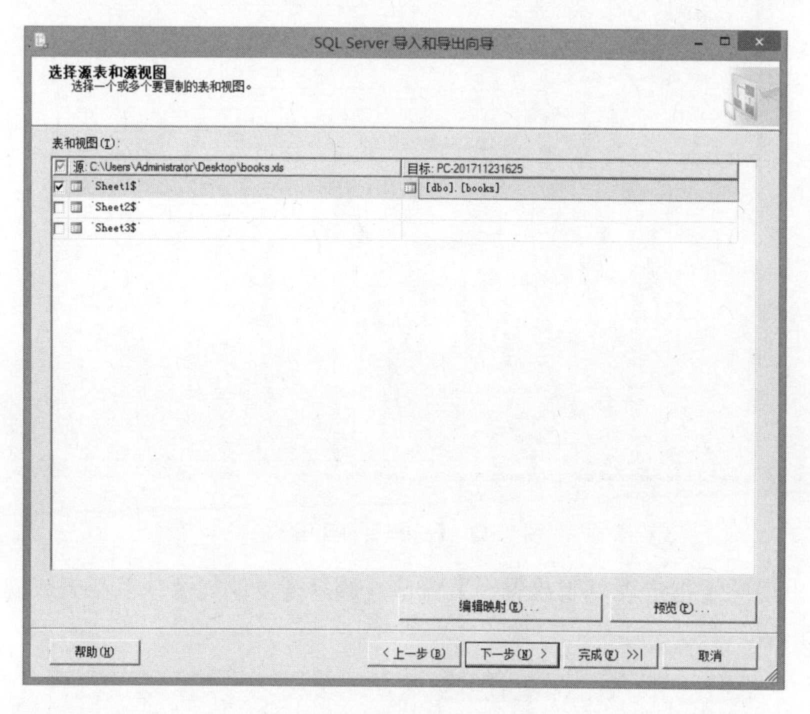

图 9-15 【选择源表和源视图】窗口

从 Library 数据库中把图书信息资料导出，生成 Excel 文件。步骤如下：

（1）在 SQL Server Management Studio 的【对象资源管理器】中，选择数据库【Library】，单击右键，在弹出的快捷菜单中选择【导出数据】。

（2）打开【数据导出导入向导】窗口，单击【下一步】按钮，出现【选择数据源】窗口，在【选择数据源】窗口中选择数据库【Library】。单击【下一步】按钮。

（3）出现【选择目标】窗口（如图 9-16 所示），在【目标】选项中选择【Microsoft Excel】，在【Excel 连接设置】中选择要导出的 Excel 文件所在的路径，并输入文件名，本例为 E:\my document\books.xls。单击【下一步】按钮。

（4）在【指定表复制或查询】窗口，选择【复制一个或多个表或视图的数据】选项，单击【下一步】按钮，出现【选择源表和源视图】窗口。

（5）在【选择源表和源视图】窗口（如图 9-17 所示），选择【books】，单击【下一步】按钮。

（6）出现【保存并执行包】窗口，选择【立即执行】选项并单击【下一步】按钮，出现【执行成功】窗口，可以看到数据导出的报告信息。

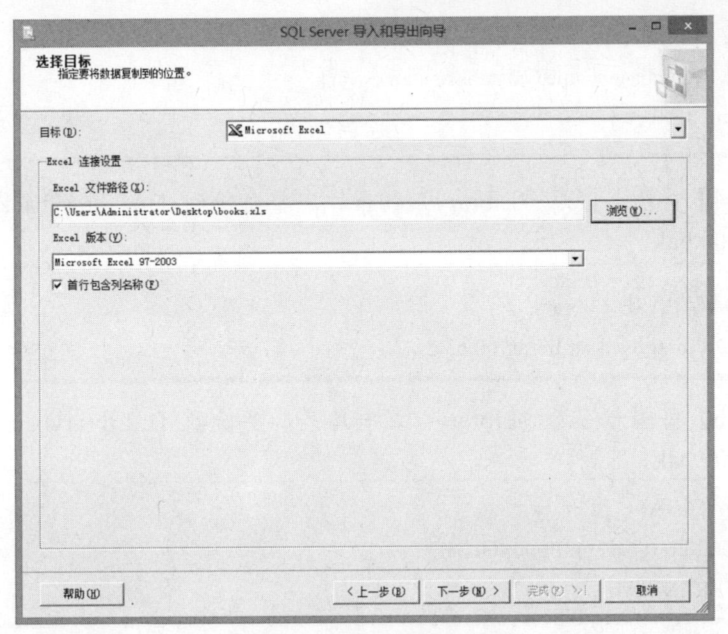

图 9-16 【选择目标】窗口

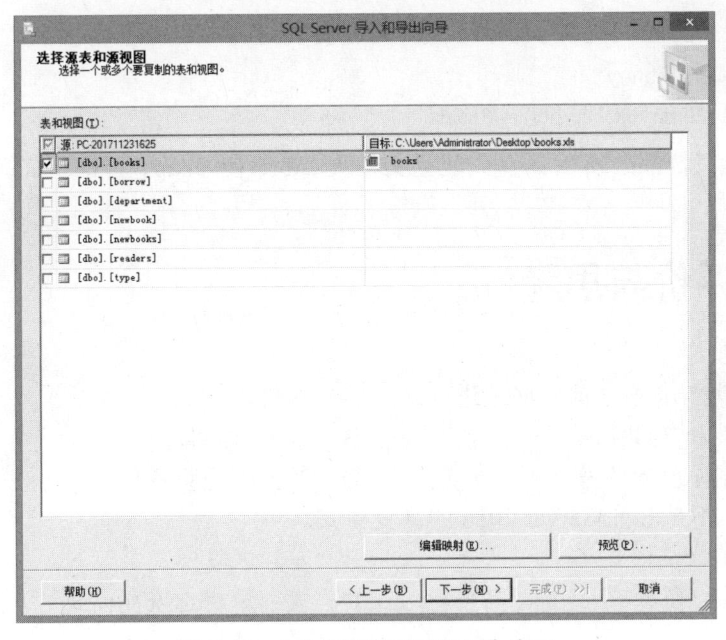

图 9-17 【选择源表和源视图】窗口

能力拓展

使用 T-SQL 语句备份和还原数据库

备份数据库的简单语句语法：

```
BACKUP DATABASE {database_name|@database_name_var}
    TO <backup_device> [,…n]
```

备份日志文件的语法：

```
BACKUP LOG {database_name|@database_name_var}
    TO <backup_device> [,…n]
```

【训练 9-4】将图书信息“Library”数据库完整备份到 D:\Librarybackup，备份文件命名为 Library00.bak。

```
BACKUP   DATABASE   library
TO   DISK='D:\librarybackup\library00.bak'
```

【训练 9-5】将图书信息“Library”数据库差异备份到 D:\Librarybackup，备份文件命名为 Library00.bak。

```
BACKUP   DATABASE   library
TO   DISK='D:\librarybackup\library00.bak'
WITH   DIFFERENTIAL
```

【训练 9-6】将图书信息“Library”数据库事务日志备份到 D:\Librarybackup，备份文件命名为 Library00.bak

```
BACKUP   LOG   library
TO   DISK='D:\librarybackup\library00.bak'
```

注意：以上三例都必须在 D 盘先建立文件夹 Librarybackup，否则系统提示出错并终止语句。

工作评价与思考

一、选择题

1．在进行差异备份之前，必须进行（　　）备份。

A．文件和文件组备份　　B．事务日志备份

C．数据库差异备份　　D．数据库完整备份

2．（　　）不是 SQL Server 2016 的恢复模式。

A．简单恢复模式　　B．差异恢复模式

C．完整恢复模式　　D．大容量日志恢复模式

二、填空题

1．备份是指将数据库的一些必要文件进行________________的过程。

2．SQL Server 2016 的备份设备包括__________和__________。

3．差异备份指仅备份数据库所包含数据与________________的差异。

4．恢复模式是数据库的一种____________________。

5．选择哪种恢复模式取决于数据库的________和________。数据库默认的恢复模式是______________。

6．使用数据库的导入功能时，导入的数据____________必须和数据库表的

数据结构一致。

三、简答题

1．数据备份有哪几种类型？这些不同的类型适用于哪些数据库，为什么？

2．SQL Server 2016 有哪几种恢复模式，使用这些恢复模式是否有条件限制？如果有条件限制，分别是哪些？

3．在什么情况下使用数据库的导入和导出，请举例说明。

四、操作题

1．对 SQL Server 2016 的系统数据库 master 进行完整备份。

2．把 Library 数据库中 borrow 表的数据导出到 Excel 中。

任务十

数据库的安全管理

能力目标

- 能够创建和管理服务器的登录账户。
- 能够创建和管理数据库的用户账户。
- 能够进行权限的管理。

知识目标

- 熟悉 SQL Server 的安全认证模式。
- 熟悉 SQL Server 数据库用户和角色。
- 熟悉数据库用户权限管理。

任务导入

为保护数据的安全，数据库管理员需要对每个人分配账号并授权。每个账号都有一定的访问范围，超过此范围的访问都被视为非法访问，数据库管理系统会拒绝任何未经授权的非法访问。由于人员是流动的，而数据库的操作是相对固定的，因此，可以动态地把一些固定的操作通过授权的方式赋给人员，从而免去因人员流动而频繁重新定义数据访问权限的麻烦。具体工作任务如下：

（1）使用图形界面创建一个 SQL Server 验证的登录账户 test，同时映射到 Library 用户。服务器角色为 sysadmin，数据库角色为 db_owner。

（2）使用 T-SQL 语句创建一个 SQL Server 验证的登录账户 test2，默认数据库为 Library。

（3）管理登录账户和数据库用户。

（4）授予或撤销权限。例如，拒绝 test 用户对读者部门信息表（department）的 Alter、Delete 操作权限；显式授予其 Insert、Select 操作权限；允许 test 用户具有向其他用户授予 Insert 权限的权限。

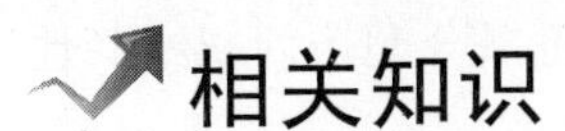

相关知识

为了保障数据库的安全，SQL Server 2016 提供了一套完善的安全管理机制，可以为每个数据库设置不同的访问账户和权限。本节主要介绍 SQL Server 2016 的身份验证模式、用户、角色及权限管理。

一、SQL Server 的安全机制

SQL Server 安全访问控制分为登录权限控制和数据库访问控制，其安全机制可以细分为 4 个等级，即操作系统的安全性、SQL Server 的登录安全性、数据库的使用安全性以及数据库对象的使用安全性。这种安全机制就相当于为数据库和应用程序设置了 4 层防线，从而切实有效地保证系统的安全。只有通过了这些安全防线，用户才可以实现对数据的访问。这种关系可以用图 10-1 来表示。

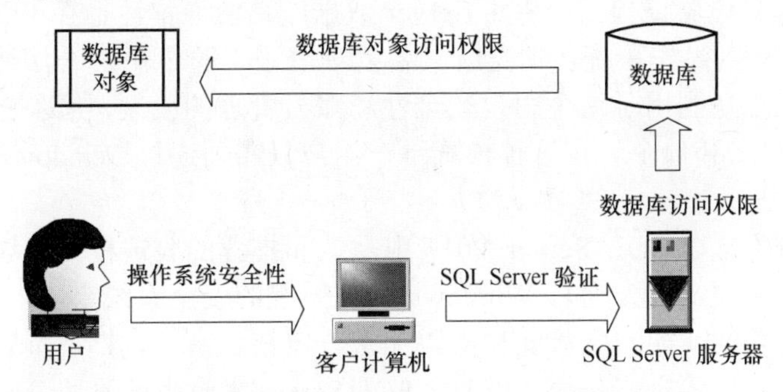

图 10-1　SQL Server 2016 的安全等级

1. 操作系统的安全性

在使用客户计算机通过网络实现对 SQL Server 服务器的访问时，用户首先要获得客户计算机操作系统的使用权。

一般来说，在能够实现网络互联的前提下，用户没有必要直接登录运行 SQL Server 服务器的主机，除非 SQL Server 服务器就运行在本地计算机上。SQL Server 可以直接访问网络端口，所以，可以实现对 Windows NT 安全体系以外的服务器及其数据库的访问。

2. SQL Server 的登录安全性

SQL Server 2016 通过设置服务器登录账号和密码来实现 SQL Server 的安全性。它采用标准 SQL Server 登录和集成 Windows NT 登录两种方式。用户只有登录成功才能与 SQL Server 2016 建立连接，获得 SQL Server 2016 的相应访问权限。

3. 数据库的使用安全性

用户登录 SQL Server 2016 系统后，还不能任意访问用户数据库。只有成为数据库的用户后，才能在自己的权限范围内访问数据库。

在建立用户的登录账户信息时，SQL Server 会提示用户选择默认的数据库。以后用户每次连接上服务器后，都会自动转到默认的数据库上。如果在设置登录账户时没有指定默认的数据库，则用户的权限将局限在 master 数据库以内。

在默认的情况下，数据库的拥有者可以访问该数据库的对象，可以分配访问权给其他用户，以便让其他用户也拥有针对该数据库的访问权限。

4. 数据库对象的使用安全性

数据库对象的安全性是核查用户权限的最后一个安全等级。在创建数据库对象时，创建者自动成为该数据库对象的拥有者。对象的拥有者可以实现对该对象的完全控制。默认情况下，只有数据库的拥有者可以在该数据库下进行操作。当一个非数据库拥有者想访问数据库里的对象时，必须事先由数据库拥有者赋予用户对指定对象执行特定操作的权限。

二、SQL Server 的身份验证模式

安全身份验证用来确认登录 SQL Server 的用户的登录账号和密码的合法性，由此来验证该用户是否具有连接 SQL Server 的权限。任何用户在使用 SQL Server 数据库之前，必须经过系统的安全身份验证。SQL Server 2016 提供了两种身份验证模式。

（1）Windows 身份验证模式　SQL Server 数据库系统通常运行在 Windows 服务器上，而 Windows 作为网络操作系统，本身就具备管理登录、验证用户合法性的能力，因此，Windows 验证模式正是利用了这个用户安全性和账号管理的机制，允许 SQL Server 可以使用 Windows 的用户名和口令。在这种模式下，用户只需要通过 Windows 的验证，就可以连接到 SQL Server。

Windows 身份验证是 SQL Server 2016 中默认和推荐的验证模式。Windows 身份验证最大的优点是维护方便。因为它与 Windows 操作系统的安全系统集成，而 Windows 本身就提供了很多安全功能，如安全验证和密码加密、审核、密码过期、最短密码长度，以及在多次登录请求无效后锁定账户等，同时，SQL Server 本身也就不用管理一套登录数据。

此种方式特别适合在本机登录 SQL Server 的场合。

（2）SQL Server 和 Windows 身份验证模式　SQL Server 和 Windows 身份验证模式又称混合验证模式。在混合验证模式下，用户既可以使用 Windows 身份验证，也可以使用 SQL Server 身份验证连接到一个 SQL Server 实例。

SQL Server 身份验证模式是指数据库管理员创建的 SQL Server 登录账户和密码完全独立于 Windows 操作系统。当用户使用这种方式连接 SQL Server 2016 时，都需要输入用户名和密码。此种方式适合使用客户端通过网络登录到 SQL Server 服务端，或者通过程序接口连接到 SQL Server 数据库的应用。

在混合验证模式下，SQL Server 2016 会优先采用 Windows 身份验证来确认用户，即如果将要连接服务器的用户是通过信任连接协议登录系统的，那么系统就会自动采用 Windows 认证进程确认用户。只有对于那些通过非信任连接协议登录系统的用户，系统才采用 SQL Server 认证确认用户的身份，即必须提供用户的登录账户和密码。

每个用户必须有自己的登录账户（即登录名），这样才能具有登录到 SQL Server 服务器的能力，以获得对 SQL Server 实例的访问权限。所有的登录账户信息都存放在系统表 syslogins 中。

SQL Server 在安装时会自动创建两个登录账户：Builtin\Administrators 和 sa。

（1）Builtin\Administrators 账户　属于 Windows NT/2000/2003 的 Administrators 组的账户，即 Windows 的系统管理员自动成为 SQL Server 的登录账户。

（2）sa 账户　SQL Server 的默认管理员账户。当 SQL Server 安装完成后，SQL Server 就建立了一个特殊的账户 sa（System Administrator）。sa 账户拥有服务器和所有的数据库，即 sa 拥有最高的管理权限，可以执行服务器范围内的所有操作。同时，sa 账户无法删除。由于 sa 账户的特殊性，所以，应为 sa 账户设置安全性强的密码，防止其他用户使用 sa 权限。

三、用户、角色和权限管理

1．数据库用户

用户是基于数据库使用的名称，是与登录账户相对应的。某个登录账户登录到 SQL Server 服务器后，它还不能对数据库进行操作，系统管理员 sa 必须将服务器登录账户映射到用户需要访问的每个数据库的一个用户账号或角色上。也就是说，sa 要为服务器登录账户在数据库中建立一个用户名。

数据库用户用来确定用户可以访问哪一个数据库。当登录账户通过了 Windows 或 SQL Server 的认证后，必须设置数据库用户才可以对数据库及其对象进行操作。一个登录账户在不同的数据库中可以映射成不同的数据库用户，从而可以具有不同的访问权限。这种映射关系为同一服务器上不同数据库的权限管理提供了最大的灵活性。管理数据库用户的过程实际上是管理这种映射关系的过程。

在 SQL Server 中，每个数据库都有自己的用户，每个用户都有对应的名称、对应的登录账户以及数据库访问权限。

（1）特殊数据库用户　每个数据库中都有两个默认的用户，即 dbo 和 guest。

① dbo（Database Owner）。在 SQL Server 2016 中，dbo 代表数据库的创建者即数据库的所有者，dbo 对应于创建该数据库的登录账户，在数据库中拥有执行所有操作的最高权限。当安装 SQL Server 时，dbo 被设置到 model 数据库中。dbo 用户在每个数据库中都存在，它不仅具有所有的数据库操作权限，而且可向其他用户授权，同时不能被删除。

② guest。guest 用户允许那些没有被映射为数据库用户的服务器登录账户访问数据库，可以将权限应用到 guest 用户，就如同它是任何其他用户账户一样。可以在除 master 和 tempdb 外（在这两个数据库中它必须始终存在）的所有数据库中添加或删除 guest 用户。在默认情况下，新建的数据库中没有 guest 用户。

（2）查看数据库用户　在 SQL Server Management Studio 的【对象资源管理器】中，【数据库】的【用户】项目中列出了该数据库的所有用户，如图 10-2 所示。

图 10-2　数据库用户

2．角色

SQL Server 为公共的管理功能提供了一些预定义的服务器和数据库角色，方便用户给某个账户授予一组选择好的权限。角色是一组权限的总称。角色分为服务器角色和数据库角色，还可以建立用户自定义数据库角色。

（1）固定的服务器角色　SQL Server 事先设计了许多固定服务器的角色，用来为具有服务器管理员资格的用户分配使用权利。拥有固定服务器角色的用户可以拥有服务器级的管理权限。例如，更改服务器配置、关闭服务器、管理登录账户等。SQL Server 2016 固定的服务器角色及其权限，如表 10-1 所示。

表 10-1　固定的服务器角色及其权限

角　色	权　限
sysadmin	可执行 SQL Server 的任何操作
serveradmin	可以更改服务器范围的配置选项和关闭服务器
setupadmin	可以添加和删除链接服务器，并且也可以执行某些系统存储过程
securityadmin	管理登录名及其属性
processadmin	管理 SQL Server 进程
dbcreator	可以创建、更改、删除和还原任何数据库
diskadmin	管理磁盘文件
bulkadmin	可以运行 BULK INSERT 语句

注意：● 固定的服务器角色不能被增加、修改或删除。

● 服务器角色只能对 SQL Server 服务器操作，并不能对数据库进行读写等。

SQL Server 系统管理员就是 sysadmin 角色，拥有最高权限，可以执行 SQL Server 的任何操作。数据库在安装时，sa 账户就拥有该权限。

（2）固定的数据库角色　SQL Server 2016 有一组固定的数据库角色，在数据库级提供管理特权，用于控制用户对 SQL Server 数据库的访问，例如，读写数据、添加数据、备份与恢复等。固定的数据库角色及其权限，如表 10-2 所示。

表 10-2　固定的数据库角色及其权限

角　色	权　限
db_owner	在数据库中拥有全部权限
db_accessadmin	可添加或删除数据库用户的访问权限
db_backupoperator	可以备份和恢复数据库
db_datareader	可以读取所有用户表中的所有数据
db_datawriter	可以在所有用户表中添加、删除或更改数据
db_ddladmin	可以在数据库中运行任何数据定义语言（DDL）命令
db_denydatareader	不能读取数据库内用户表中的任何数据
db_denydatawriter	不能写入数据库内用户表中的任何数据
db_securityadmin	可以修改角色成员身份和管理权限
public	具有数据库的默认权限

注意：SQL Server 的服务器角色是固定的，共有 8 种，不能增加或删除。而数据库角色除预定义的 10 种外，可以增加或删除其他的角色。数据库的用户默认属于 public 角色，不能添加或删除 public 角色成员。

db_owner 角色拥有数据库的全部权限，可对数据库进行读写、添加、删除数据等操作。

3．权限管理

数据库角色只是一组预定义好的权限，如果要对数据库用户规划详细的操作行为，则

要对数据库进行更详细的权限设置。

权限定义用户有权使用哪些数据库对象，以及用户可以使用这些对象做什么。用户在数据库中拥有的权限，取决于用户账户的权限和用户在该数据库中扮演的角色。每个数据库都有它自己的、独立的权限系统。规划和合理授予每个用户或分组的权限是非常重要的。

SQL Server 2016 大致存在三种类型的许可权：语句、对象和预定义，如表 10-3 所示。

表 10-3 许可权的三种类型

<table>
<tr><th>语　句</th><th colspan="2">对　象</th><th>预　定　义</th></tr>
<tr><td rowspan="3">CREATE DATABASE
CREATE TABLE
CREATE VIEW
CREATE PROCEDURE
CREATE INDEX
CREATE RULE
CREATE DEFAULT</td><td>SELECT
INSERT
UPDATE
DELETE</td><td>TABLE
VIEW</td><td rowspan="3">Fixed Role
Object Owner</td></tr>
<tr><td>SELECT
UPDATE
REFERENCES</td><td>COLUMN</td></tr>
<tr><td>EXEC</td><td>STORED
PROCEDURE</td></tr>
</table>

（1）语句许可权限　涉及创建数据库或数据库中项目等操作而需要的许可权限，称为语句许可权限。例如，像 CREATE DATABASE 这样的语句许可应用于语句本身，只有 sysadmin、db_owner 或 db_securityadmin 等角色成员才能授予该类许可权限。

（2）对象许可权限　涉及操作数据或执行过程等操作而需要的许可权限，称为对象许可权限。例如，对数据表执行 SELECT、INSERT、UPDATE 等许可权限。

（3）预定义许可权限　固定的数据库角色的成员执行某些特定活动的许可称为预定义许可。例如，新增加为 sysadmin 角色成员的用户自动地继承了在 SQL Server 中做任何事情的许可。

对许可权限有三种基本的操作：授予许可（GRANT）、拒绝许可（DENY）和撤销许可（REVOKE）。既没有授予，又没有拒绝的许可为未设置状态，就好像被撤销了一样。表 10-4 描述了 GRANT、DENY 和 REVOKE 语句的相关说明。

表 10-4 许可的三种状态

语　句	状　态	说　明
GRANT	显式授予	能执行动作
DENY	显式拒绝	不能执行动作，也不能被角色成员身份覆盖
REVOKE	未设置	不能执行动作，但可被角色成员身份覆盖

（4）用户、角色与权限的关系　数据库用户对应着数据库的权限操作，每个数据库用户都对应着一个或多个数据库角色。角色是一组预定义好的权限。

例如，当一个公司的员工需要对数据库进行备份和恢复操作时，系统管理员可以把该员工加入“专门备份和恢复数据库”的数据库角色中，这样该员工就仅限于对数据库进行备份和恢复操作，不能执行其他（如数据读写等）操作。当该员工离开该职位时，系统管理员可以把该员工从角色中删除。这样就避免了管理员为每一个员工都重复地进行授予和取消备份权限和恢复权限。如果该职位的职能发生变化，管理员也可较容易地为此角色增加或删除权限，并自动地应用到每一个加入该角色的成员。

用户甲需要对数据进行读写操作，可分配读数据角色和写数据角色；用户乙需要对数据执行读取操作，同时能对数据库执行备份与恢复操作，可分配读数据角色和备份与恢复角色；用户丙只需要对数据库执行备份与恢复操作，只分配备份与恢复角色即可。用户、角色和权限的关系可以用图 10-3 表示。

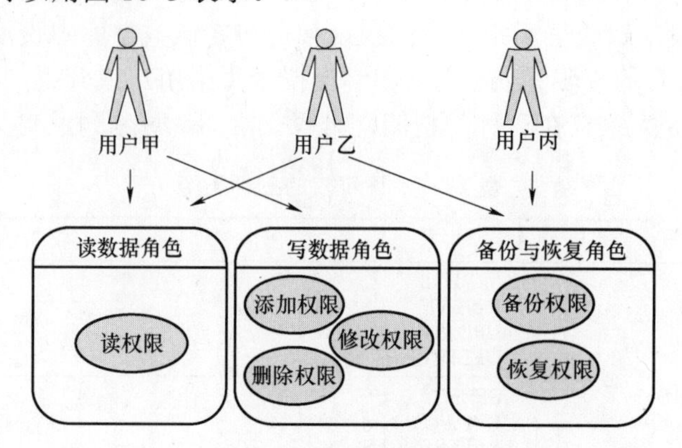

图 10-3 用户、角色和权限的关系图

注意：
- **一个用户可同时加入多个角色中。**
- **一个角色可以包含多个不同的用户。**

任务实施

一、设置服务器身份验证与创建登录账户

1. 设置服务器身份验证方式

（1）启动 SQL Server Management Studio，在【连接到服务器】对话框中，验证方式选择【Windows 验证】，单击【连接】按钮。

（2）在【对象资源管理器】服务器树目录上单击右键，在弹出的快捷菜单中选择【属性】命令，如图 10-4 所示。

（3）在弹出的【服务器属性】对话框中，在【选择页】中选择【安全性】选项卡，右侧出现【服务器身份验证】栏，用户可以根据需要选择【Windows 身份验证模式】或【SQL Server 和 Windows 身份验证模式】，如图 10-5 所示。单击【确定】按钮确认选择。

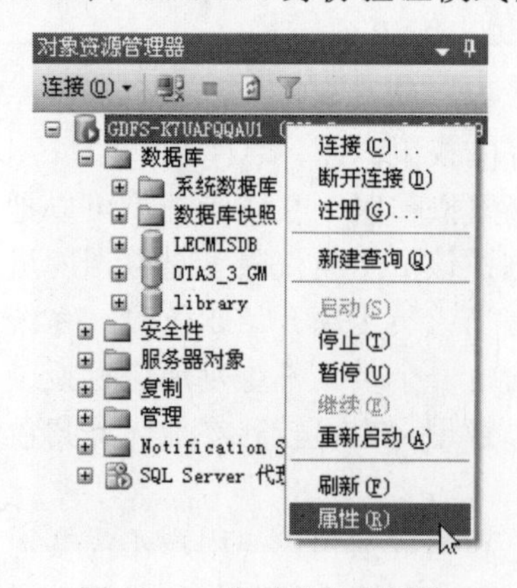

图 10-4 选择服务器属性

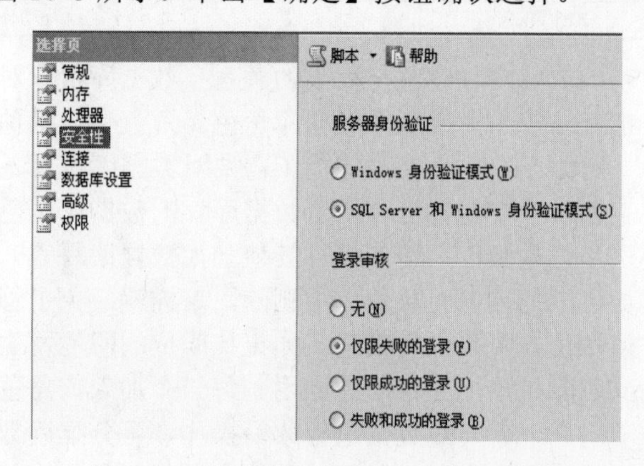

图 10-5 【服务器属性】（安全性）对话框

2. 使用图形界面创建 SQL Server 身份验证登录账户

（1）启动 SQL Server Management Studio，在【连接到服务器】对话框中，验证方式选择【Windows 验证】，单击【连接】按钮。

（2）在【对象资源管理器】里展开服务器树目录下的【安全性】，在【登录名】上单击右键，在弹出的快捷菜单中选择【新建登录名】命令，如图 10-6 所示。

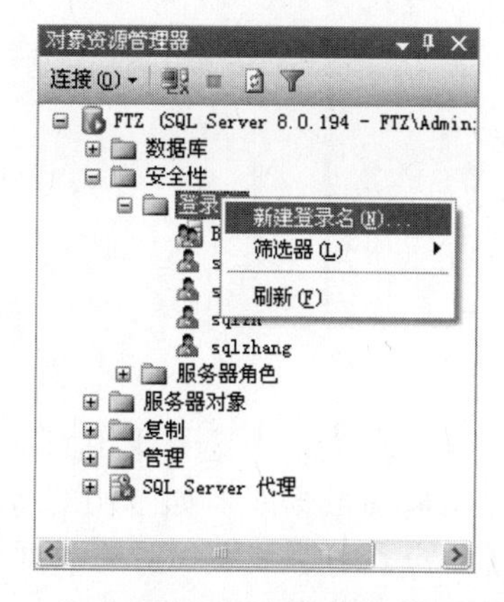

图 10-6　新建登录名

（3）在【登录名-新建】窗口中，在【登录名】文本框中输入用户名，如 test，并选择【SQL Server 身份验证】，输入密码和确认密码，勾选【强制实施密码策略】可以激活【强制密码过期】和【用户在下次登录时必须更改密码】。管理员可根据安全需要，选择是否强制用户密码过期。在【默认数据库】的下拉列表框可以选择用户登录的默认数据库，此处选【Library】，【默认语言】选【默认】即可，如图 10-7 所示。

注意：只有在前面的服务器身份验证模式选择为【SQL Server 身份验证】时，此处对新建用户设为【SQL Server 身份验证】才生效。

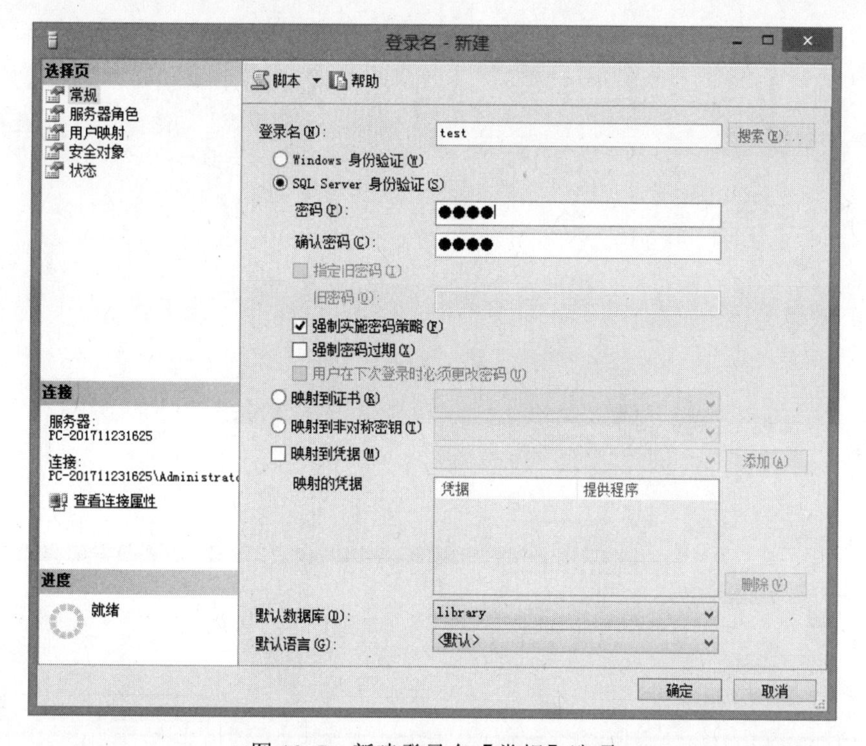

图 10-7　新建登录名【常规】选项

（4）在【选择页】中选择【服务器角色】，在【服务器角色】列表中根据需要勾选要为该账户加入的角色，可以选择多个或不选。此处选【sysadmin】，如图 10-8 所示。

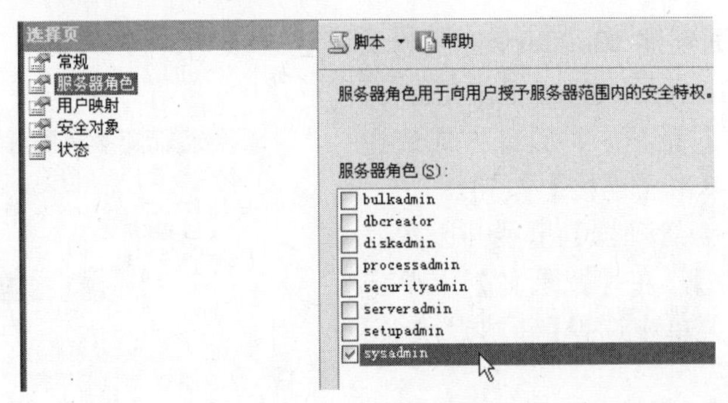

图 10-8　服务器角色

（5）在【选择页】中选择【用户映射】，然后在【映射到此登录名的用户】一栏勾选希望此用户访问的数据库，如本例的【Library】，其他没勾选的数据库将不能访问。系统会自动在【用户】列填上所映射的数据库用户名，并自动创建一个与登录名同名的数据库用户。用户可单击用户名进行更改名称。如果用户已经选择目标数据库，则会激活【数据库角色成员身份】一栏，可以根据需要为数据库用户选择合适的数据库角色，可进行多选。【public】角色是默认，不能取消。例如，如果希望此用户只可以对数据库进行备份与恢复操作，则可选【db_backupoperator】。本例选【db_owner】，即数据库拥有者，可以对数据库执行所有操作，如图 10-9 所示。单击【确定】按钮结束本次操作。

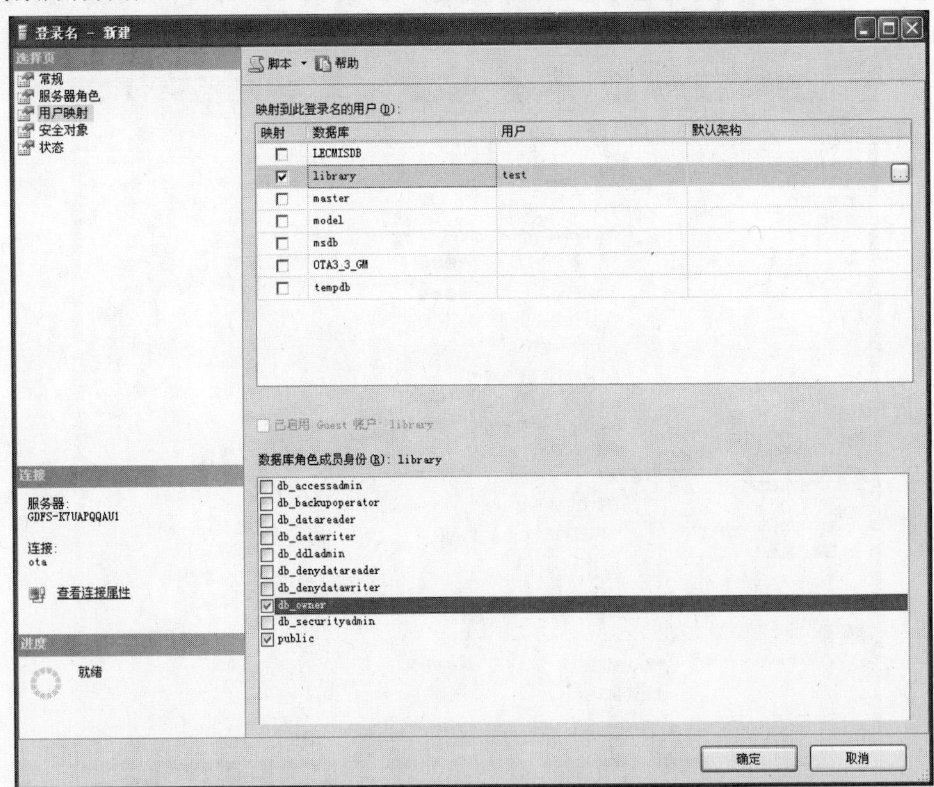

图 10-9　数据库用户映射及角色成员

（6）在【对象资源管理器】里展开服务器树目录→【安全性】→【登录名】，就可以看到刚才系统创建的登录账户 test，如图 10-10 所示。在【对象资源管理器】里展开服务

器树目录→【数据库】→【Library】→【安全性】→【用户】，就可以看到刚才系统自动创建的数据库用户 test，如图 10-11 所示。

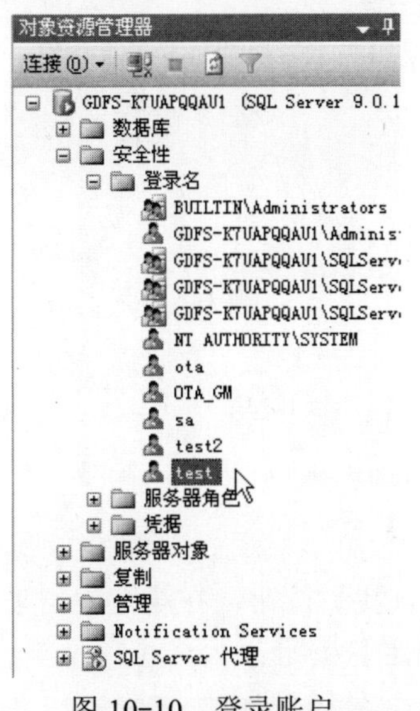

图 10-10　登录账户

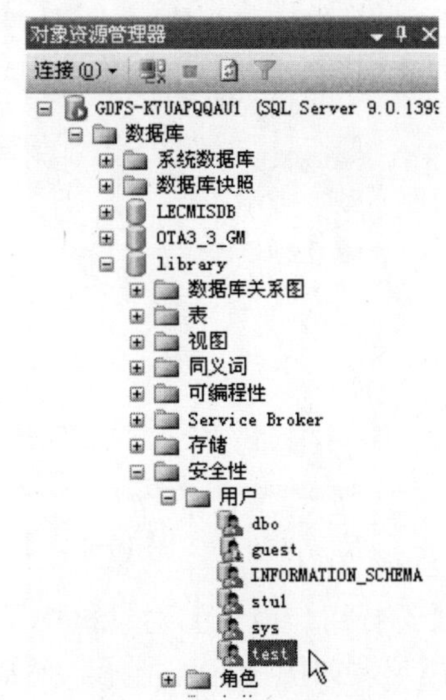

图 10-11　数据库用户

3．使用图形界面创建 Windows 身份验证登录账户

（1）启动 SQL Server Management Studio，在【连接到服务器】对话框中，验证方式选择【Windows 验证】，单击【连接】按钮。

（2）在【对象资源管理器】里展开服务器树目录→【安全性】，在【登录名】上单击右键，在弹出的快捷菜单中选择【新建登录名】（参见图 10-6）。

（3）在【登录名-新建】窗口中，在【选择页】中选择【常规】，身份验证方式选择【Windows 身份验证】，如图 10-12 所示。单击【搜索】按钮。

图 10-12　选择 Windows 身份验证

（4）在【选择用户或组】对话框中（如图 10-13 所示），单击【高级】按钮。

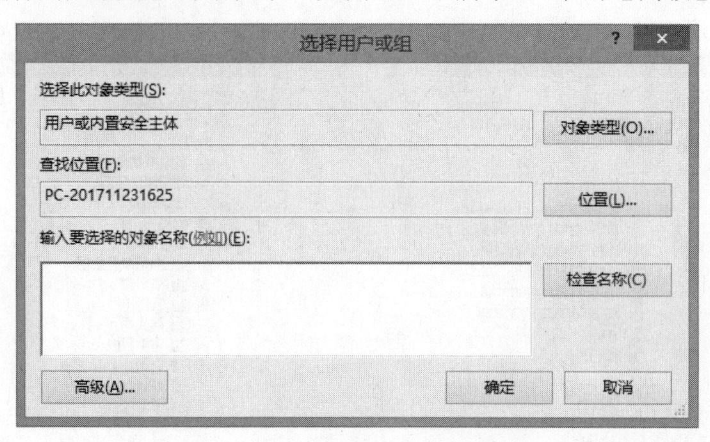

图 10-13 【选择用户或组】对话框

（5）在【选择用户或组】对话框中单击【立即查找】按钮，在【搜索结果】中选择一个 Windows 用户，如图 10-14 所示。然后单击【确定】按钮。

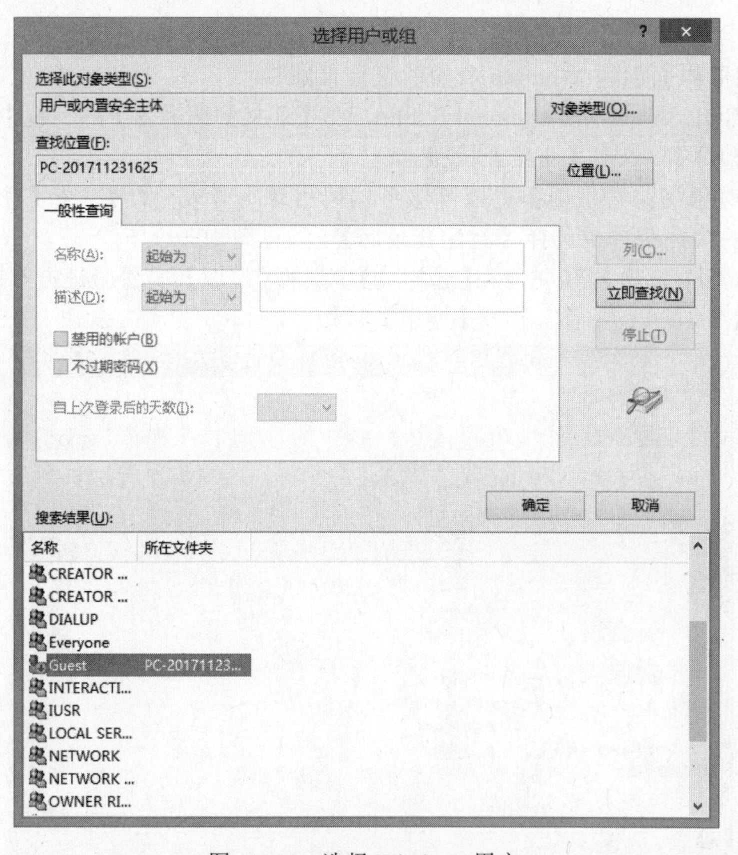

图 10-14 选择 Windows 用户

（6）返回到【选择用户或组】对话框，【输入要选择的对象名称】处已填入刚才选择的用户名，如图 10-15 所示。单击【确定】按钮。

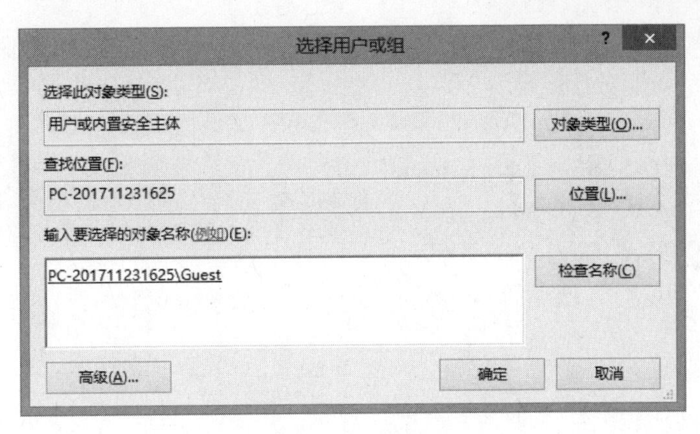

图 10-15　完成选择用户

（7）返回到【登录名-新建】窗口，【登录名】处已自动填入刚才选择的值。【默认数据库】选择【Library】，如图 10-16 所示。

（8）【服务器角色】和【用户映射】设置请参照创建 SQL Server 身份验证用户的步骤（4）（5）。最后单击【确定】按钮结束本次操作。

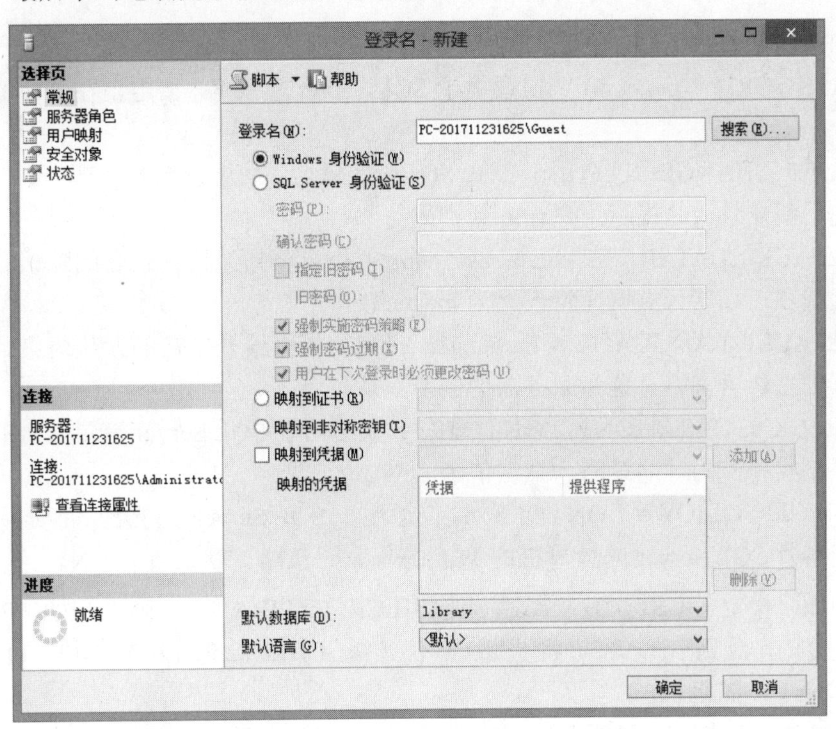

图 10-16　设置登录名

4. 使用 T-SQL 语句创建登录账户

T-SQL 语句创建登录账户的语法如下：

```
CREATE LOGIN login_name {
WITH PASSWORD = 'password' [ MUST_CHANGE ] [ , <options> ]
| FROM WINDOWS [ WITH <windows_options> ]
```

```
}

<options> ::=
    DEFAULT_DATABASE = database_name
    | DEFAULT_LANGUAGE = language
    | CHECK_EXPIRATION = { ON | OFF}
    | CHECK_POLICY = { ON | OFF}

<windows_options> ::=
    DEFAULT_DATABASE = database_name
    | DEFAULT_LANGUAGE = language
```

参数说明：

- login_name：SQL Server 登录名或 Windows 登录名。如果从 Windows 域账户映射 login_name，则 login_name 必须用方括号“[ ]”括起来，并且以“[域\用户]”形式使用。
- WINDOWS：指定将登录名映射到 Windows 登录名。
- PASSWORD = 'password'：仅适用于 SQL Server 登录名。指定正在创建的登录名的密码。
- MUST_CHANGE：仅适用于 SQL Server 登录名。如果包括此选项，则 SQL Server 将在首次使用新登录名时提示用户输入新密码。
- DEFAULT_DATABASE = database_name：指定将指派给登录名的默认数据库。如果未包括此选项，则默认数据库将设置为 master。
- DEFAULT_LANGUAGE = language：指定将指派给登录名的默认语言。如果未包括此选项，则默认语言将设置为服务器的当前默认语言。
- CHECK_EXPIRATION = { ON | OFF }：仅适用于 SQL Server 登录名。指定是否对此登录名强制实施密码过期策略。默认值为 OFF。
- CHECK_POLICY = { ON | OFF }：仅适用于 SQL Server 登录名。指定应对此登录名强制实施运行 SQL Server 的计算机的 Windows 密码策略。默认值为 ON。

注意：如果指定 MUST_CHANGE，则 CHECK_EXPIRATION 和 CHECK_POLICY 必须设置为 ON。否则，该语句将失败。不支持 CHECK_POLICY=OFF 和 CHECK_EXPIRATION=ON 的组合。

【训练 10-1】创建 SQL Server 身份验证登录账户 test2，初始密码为“test123”，登录默认数据库为 Library。

```
CREATE  LOGIN  test2
WITH  PASSWORD = 'test123', DEFAULT_DATABASE = library
GO
```

【训练 10-2】创建 Windows 身份验证登录账户 Administrator，登录默认数据库为 Library。

```
CREATE  LOGIN  [GDFS-K7UAPQQAU1\Administrator]
FROM  WINDOWS
WITH  DEFAULT_DATABASE = library
GO
```

注意：GDFS-K7UAPQQAU1 为域（机器名）。

二、管理登录账户与数据库用户

1. 管理登录账户

（1）在【对象资源管理器】里依次展开服务器树目录→【安全性】→【登录名】，在 test 上单击右键，在弹出的快捷菜单中可以选择对登录名进行“重命名”“删除”操作。此处选择【属性】，如图 10-17 所示。

（2）在【登录属性】对话框中，在【选择页】中选择【常规】，可以修改密码、默认数据库和默认语言等，如图 10-18 所示。

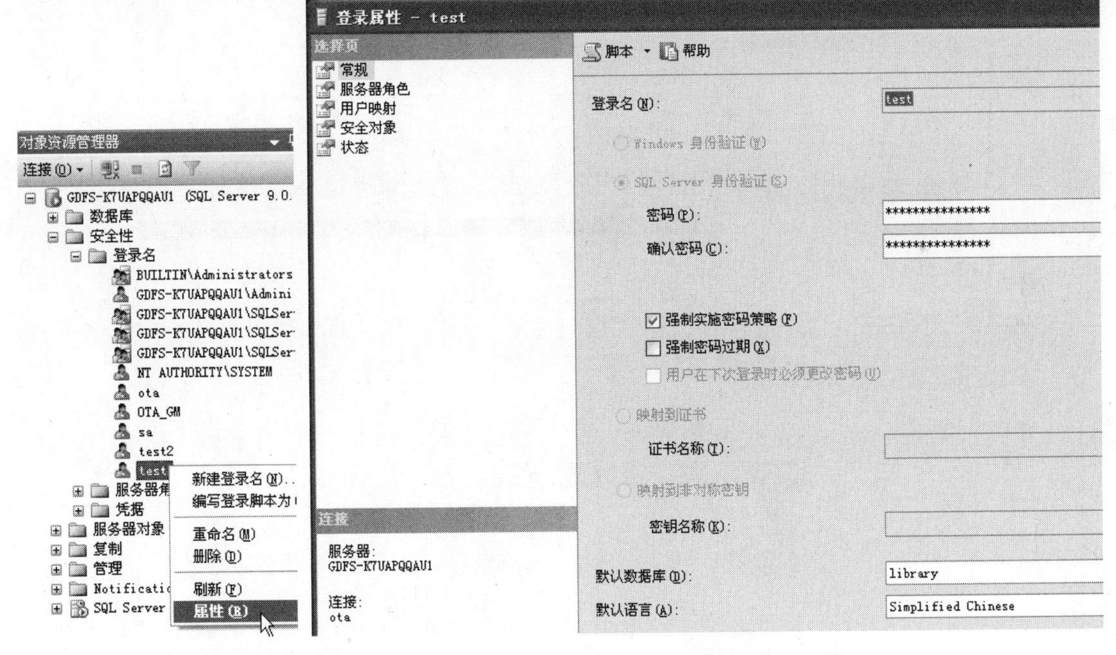

图 10-17　查看登录账户属性　　　　图 10-18　修改登录账户属性

（3）在【选择页】中选择【服务器角色】，可以重新更改服务器角色，如图 10-19 所示。

（4）在【选择页】中选择【用户映射】，可以重新更改数据库角色。例如，数据库角色由 db_owner 改为 db_backoperator，如图 10-20 所示。

（5）在【选择页】中选择【状态】，可以设置启用或禁用登录账户。在【登录】下方选择【禁用】即可禁用当前登录账户登录 SQL Server 服务器，如图 10-21 所示。

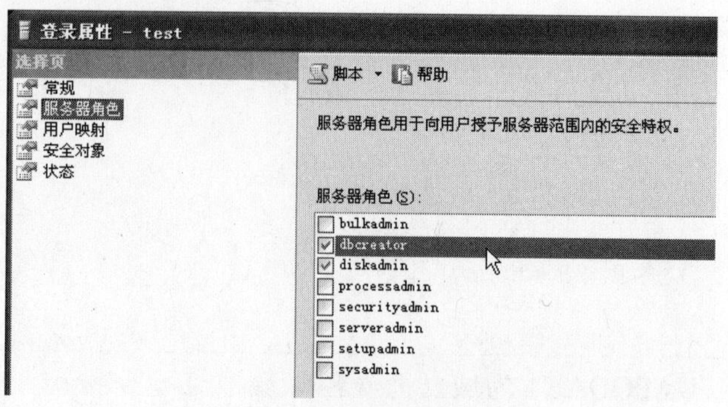

图 10-19 修改服务器角色

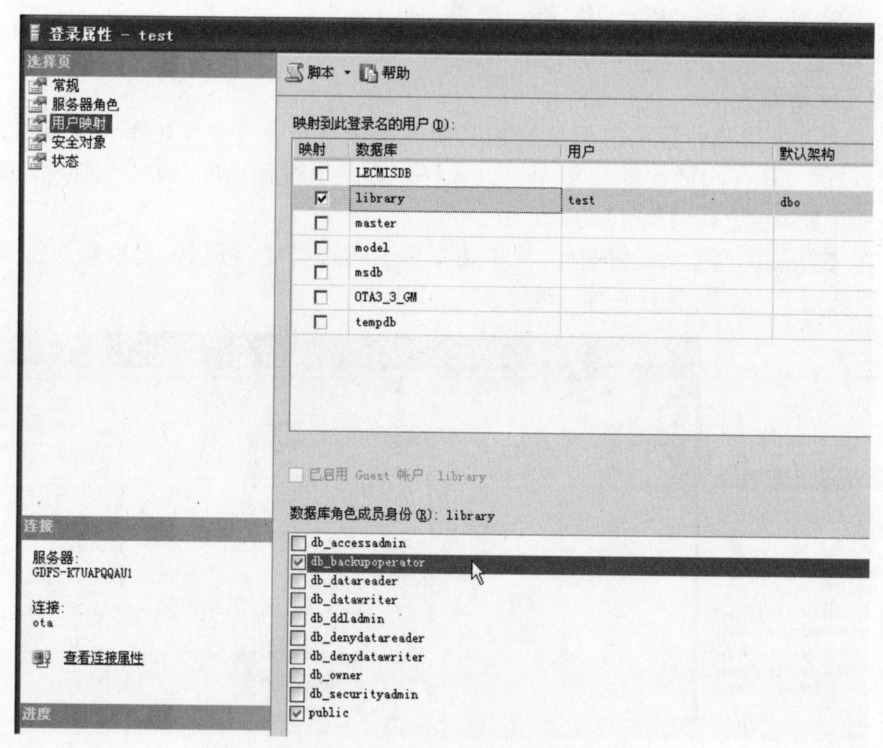

图 10-20 修改数据库角色

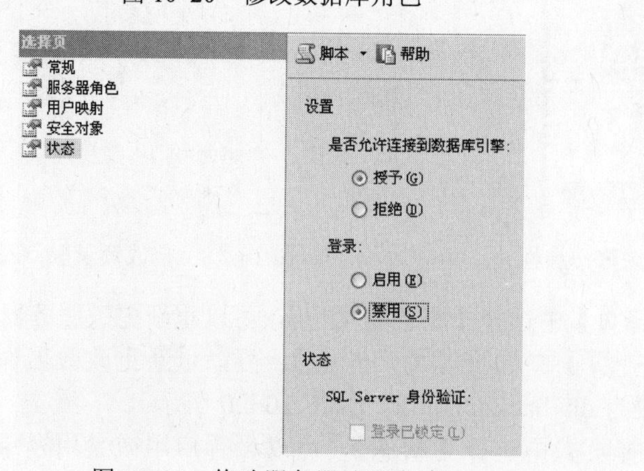

图 10-21 修改服务器认证方式

2. 管理数据库用户

（1）在【对象资源管理器】里展开服务器树目录→【数据库】→【Library】→【安全性】→【用户】，在 test 上单击右键，从弹出的快捷菜单中可以选择【删除】用户或查看【属性】。单击【属性】进入属性页，如图 10-22 所示。

注意：数据库用户一旦创建后就不能改名。

（2）【选择页】选择【常规】，此时可以看到数据库用户名和登录名一样，在【数据库角色成员身份】栏可以更改数据库角色，和登录账户中修改数据库角色一样，如图 10-23 所示。

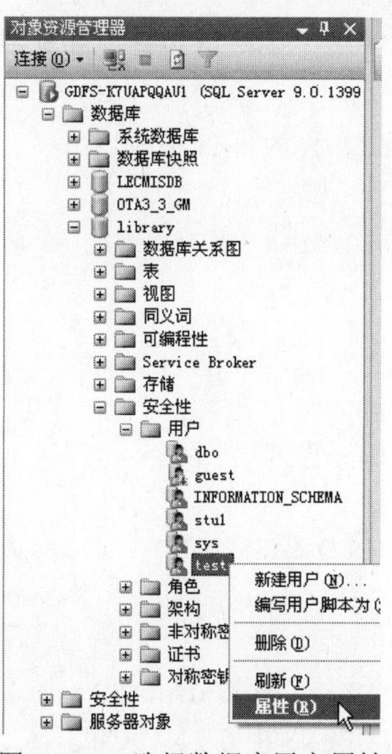

图 10-22　选择数据库用户属性

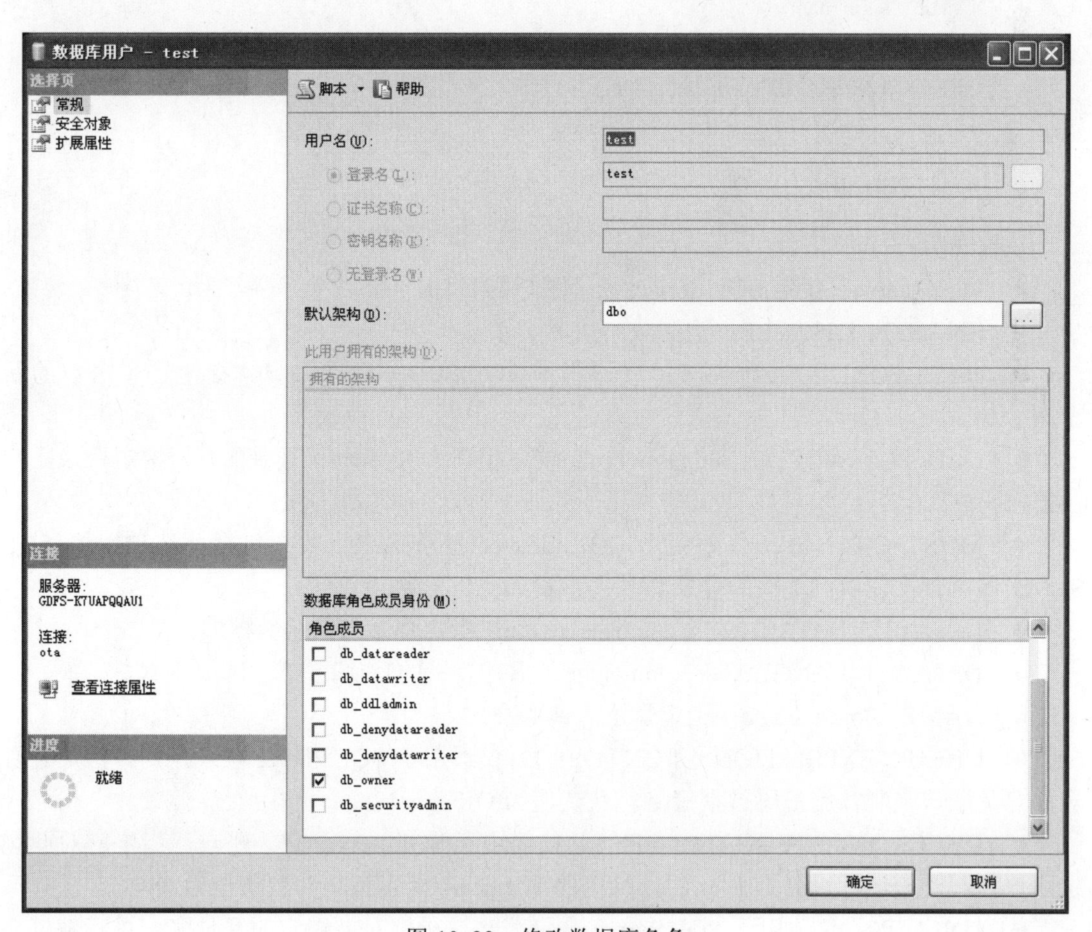

图 10-23　修改数据库角色

3. 使用 T-SQL 语句管理并配置登录账户

使用 T-SQL 语句修改用户的语法格式如下：

```
ALTER LOGIN login_name
{
    { ENABLE | DISABLE }
| WITH <set_option> [ ,... ]
}

<set_option> ::=
    PASSWORD = 'password'
    [
     OLD_PASSWORD = 'oldpassword'
     | <secadmin_pwd_opt> [ <secadmin_pwd_opt> ]
    ]
    | DEFAULT_DATABASE = database_name
    | DEFAULT_LANGUAGE = language
   | NAME = login_name
    | CHECK_POLICY = { ON | OFF }
    | CHECK_EXPIRATION = { ON | OFF }

 <secadmin_pwd_opt> ::=
    MUST_CHANGE | UNLOCK
```

参数说明：

- login_name：指定 SQL Server 登录账户的名称。
- ENABLE | DISABLE：启用或禁用此登录。
- PASSWORD = 'password'：仅适用于 SQL Server 登录账户。指定登录账户的新密码。
- OLD_PASSWORD = 'oldpassword'：仅适用于 SQL Server 登录账户。指定登录账户的旧密码。
- MUST_CHANGE：仅适用于 SQL Server 登录账户。如果包括此选项，则 SQL Server 将在首次使用已更改的登录名时提示输入更新的密码。
- DEFAULT_DATABASE = database_name：指定登录的默认数据库。
- DEFAULT_LANGUAGE = language：指定登录的默认语言。
- NAME = login_name：指定登录的新账户。
- CHECK_EXPIRATION = { ON | OFF }：仅适用于 SQL Server 登录账户。指定是否对此登录账户强制实施密码过期策略。默认值为 OFF。
- CHECK_POLICY = { ON | OFF }：仅适用于 SQL Server 登录账户。指定应对此登录账户强制实施运行 SQL Server 的计算机的 Windows 密码策略。默认值为 ON。
- UNLOCK：仅适用于 SQL Server 登录账户。指定对被锁定的登录账户进行解锁。

【训练 10-3】更改登录账户 test 2 为禁止登录。

```
ALTER  LOGIN  test2  DISABLE
GO
```

【训练 10-4】更改登录账户 test 的密码为“test123456”。

```
ALTER  LOGIN  test
WITH  PASSWORD = 'test123456'
```

【训练 10-5】更改登录账户 test 为 test_m，并且强制用户下次登录时修改密码，默认数据库为 Library。

```
ALTER  LOGIN  test
WITH  PASSWORD = '123'  MUST_CHANGE,
      NAME = test_m ,
      DEFAULT_DATABASE = library,
      CHECK_EXPIRATION = ON
```

三、授予或撤销权限

当用户对数据库执行本身并不具备权限的操作时，系统会提示用户不具备权限。例如，拥有 db_backupoperator 角色的用户如果向数据库执行 select 或 insert 操作，则会被 SQL Server 数据库引擎拒绝，并提示错误。

很多时候，由于实际需要，预定义的数据库角色并不能完全满足用户的权限需要，数据库角色定义的权限或者太小而不够用，或者太大而不安全。这时可通过对数据库用户的权限进行重新调整，以满足实际工作需要。这就需要进行权限的授予或撤销操作。

1. 使用 SQL Server Management Studio 管理权限

（1）启动 SQL Server Management Studio，在【连接到服务器】对话框中，验证方式选择【windows 验证】，单击【连接】按钮。

（2）在【对象资源管理器】里展开服务器树目录→【数据库】→【Library】→【安全性】→【用户】，在 test 上单击右键，从弹出的快捷菜单中选择【属性】进入属性页，参见图 10-22 所示。

（3）在【选择页】中选择【安全对象】，单击【搜索】按钮，如图 10-24 所示。

（4）在【添加对象】对话框中，可以添加以下几种对象：

- 特定对象：数据库、表或存储过程等单个的对象。
- 特定类型的所有对象：数据库、表或存储过程等的所有子对象。
- 属于该架构的所有对象：该数据库架构下的数据库、表、存储过程等所有对象。

这里选择【特定对象】，单击【确定】按钮，如图 10-25 所示。

（5）在【选择对象】对话框中，单击【对象类型】按钮，如图 10-26 所示。

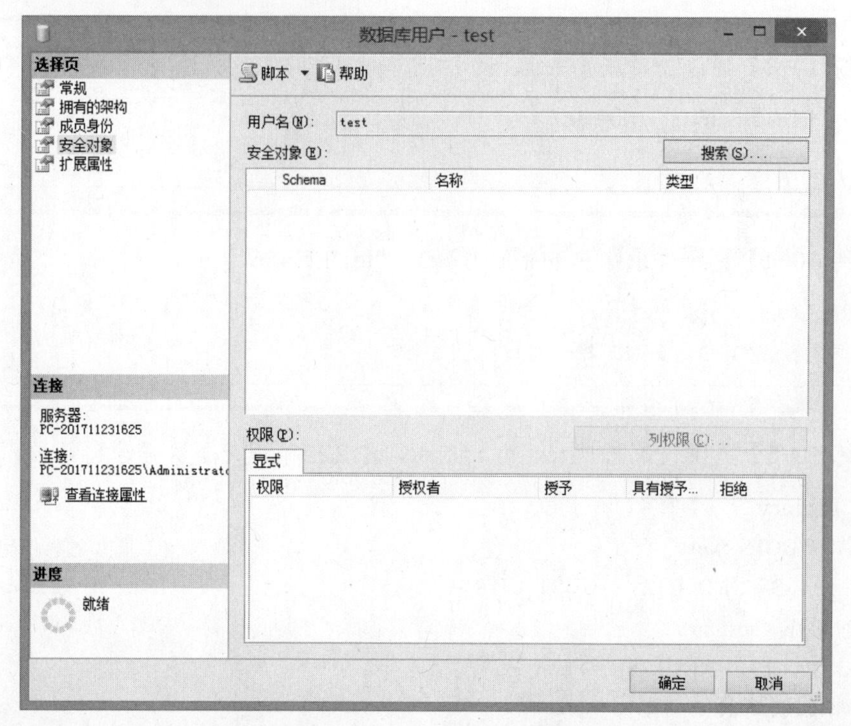

图 10-24 选择【安全对象】属性

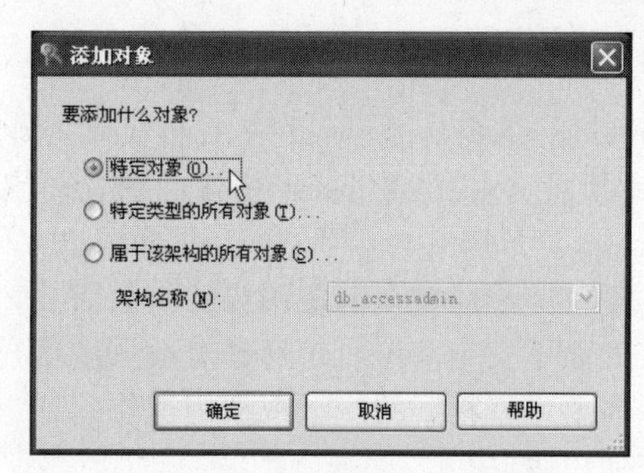

图 10-25 选择【特定对象】

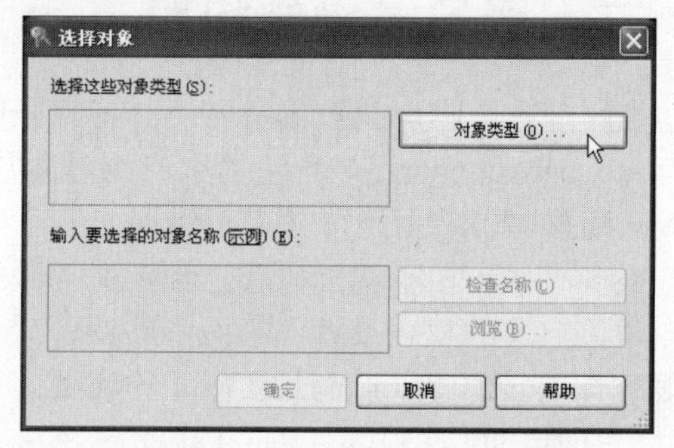

图 10-26 单击【对象类型】按钮

（6）在【选择对象类型】对话框中，勾选【表】，如图 10-27 所示，单击【确定】按钮，结束对话框。

（7）回到图 10-26 所示的界面，对象类型已选择为【表】，【浏览】按钮已可用，单击【浏览】按钮，如图 10-28 所示。

（8）在【查找对象】对话框中选择要对其进行权限操作的表，例如 department 表。单击【确定】按钮结束选择，如图 10-29 所示。

（9）再次返回【选择对象】界面，系统已填入刚才选择的表，如图 10-30 所示。此时还可以单击【浏览】按钮添加更多的表。单击【确定】按钮完成选择。

（10）返回最初的界面，【安全对象】里已列出要更改权限的表，【显式权限】栏里已列出该表目前的所有权限，更改（Alter 表结构）、删除（Delete 数据）、插入（Insert 数据）等，可根据需要进行更改。例如，拒绝 test 用户对“读者部门信息表”（department）的更新操作权限；显式授予其插入操作权限；允许 test 用户具有向其他用户授予插入权限的权

限，如图 10-31 所示。

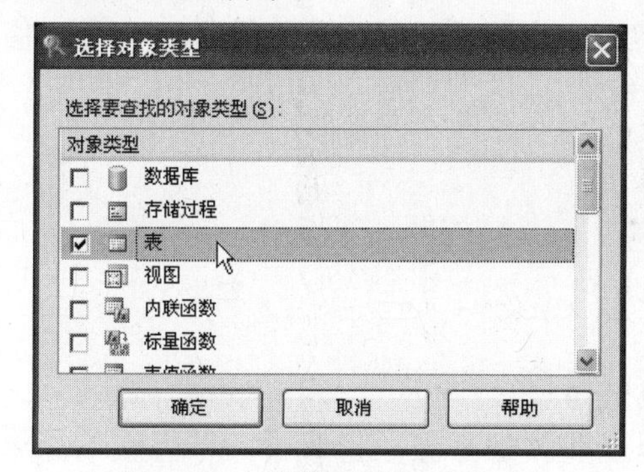

图 10-27　选择【表】对象

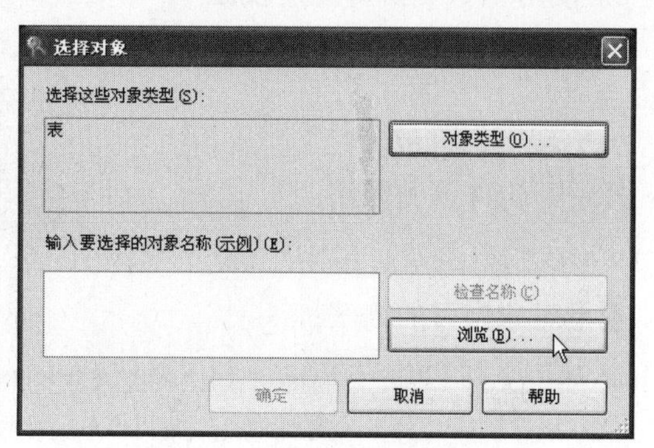

图 10-28　单击【浏览】按钮

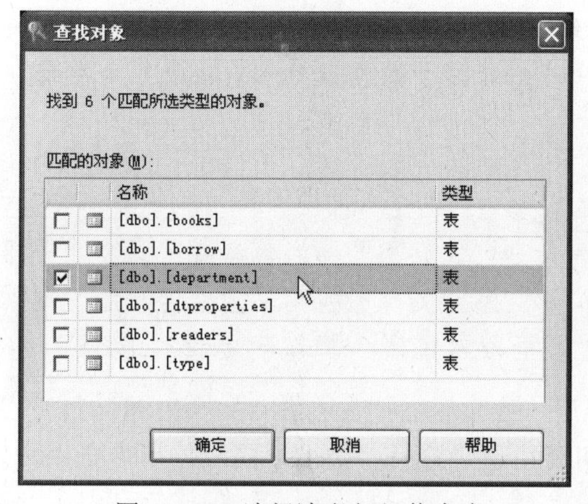

图 10-29　选择读者部门信息表

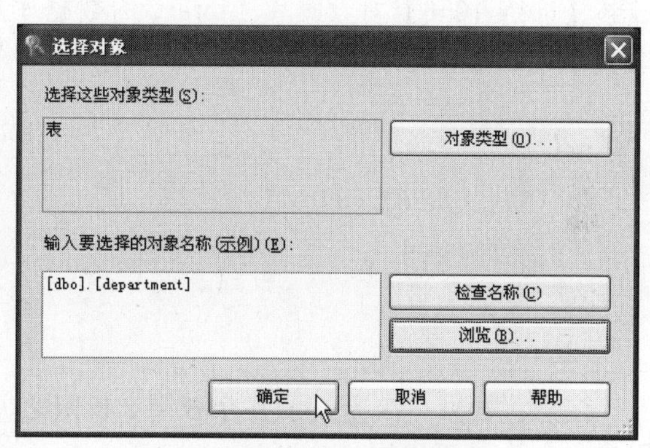

图 10-30　完成表的选择

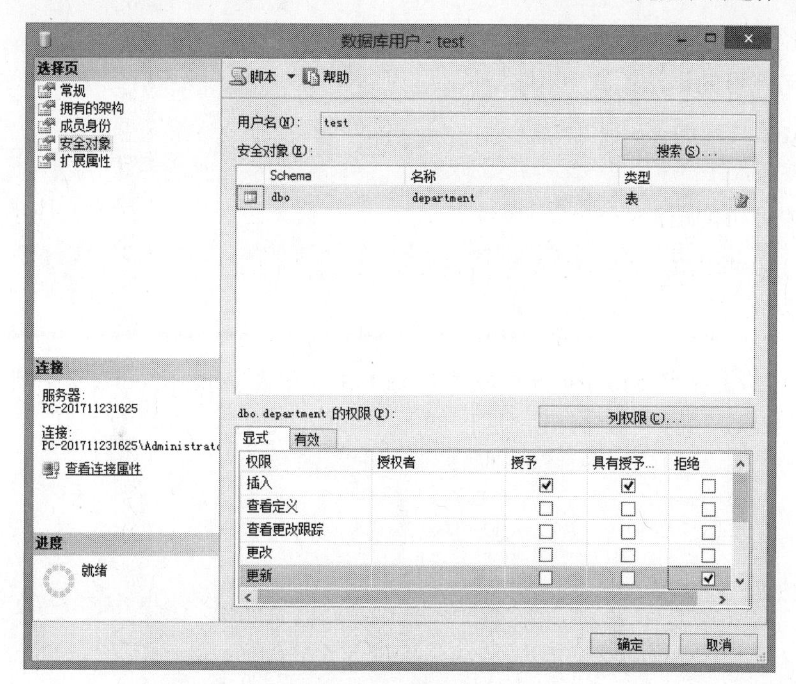

图 10-31　修改权限

2. 使用 T-SQL 语句管理权限

由于完整的 GRANT、DENY 和 REVOKE 语法比较复杂，为便于理解，这里给出简化语法。

（1）授予许可权限

授予语句许可的语法：

```
GRANT {ALL | 语句 [,...n]}  TO 安全账号[,...n]
```

授予对象许可的语法：

```
GRANT { ALL [ PRIVILEGES ] } | 许可 [ ( column [ ,...n ] ) ] [ ,...n ]
[ ON 安全对象 ] TO 安全账号 [ ,...n ] [ AS { 分组 | 角色 } ]
```

注意：参数 ALL 表示授予全部许可，只有系统管理员和数据库所有者才能使用该参数。

【训练 10-6】对数据库 Library 的数据库用户 test 授予数据表 department（读者部门信息表）的插入和更新权限。

```
USE  library
GO
GRANT  INSERT, UPDATE
ON  department
TO  test
GO
```

注意：如果一次要授予多个权限，权限之间要用逗号分开；如果要同时授予多个用户，用户之间也需要用逗号分开。

（2）拒绝许可权限

拒绝语句许可的语法：

```
DENY { ALL | 语句 [ ,...n ] }
TO 安全账号 [ ,...n ]
```

拒绝对象许可的语法：

```
DENY { ALL [ PRIVILEGES ] } | 许可 [ ( column [ ,...n ] ) ] [ ,...n ]
[ ON 安全对象 ] TO 安全账号 [ ,...n ]
```

【训练 10-7】拒绝 Library 数据库用户 test 在数据表 department（读者部门信息表）的 DELETE 权限。

```
USE  library
GO
DENY  DELETE
ON  department
TO  test
GO
```

（3）撤销许可权限

撤销语句许可的语法：

```
REVOKE { ALL | 语句 [ ,...n ] }
FROM 安全账号 [ ,...n ]
```

撤销对象许可的语法：

```
REVOKE [ GRANT OPTION FOR ]
 { ALL [ PRIVILEGES ] } | 许可 [ ( column [ ,...n ] ) ] [ ,...n ]
[ ON 安全对象 ] TO 安全账号 [ ,...n ]
```

【训练 10-8】撤销数据库用户 test 在数据表 department（读者部门信息表）上的 INSERT、UPDATE 许可。

```
USE   library
GO
REVOKE   INSERT, UPDATE
ON   department
FROM   test
GO
```

能力拓展

尽管 SQL Server 2016 提供了一套完善的安全机制，但如果用户使用不当，安全措施仍形同虚设。因此，如何正确合理地进行安全规划，实施安全策略，减少由于人为错误而导致的漏洞显得至关重要。SQL Server 安全的两大重点是账户安全和角色权限安全。

一、账户安全

1．管理好默认登录账号

（1）sa 登录账号　sa 是 SQL Server 内置的超级管理员登录账号，管理员应在安装 SQL Server 时就为 sa 设置一个安全密码。密码不应太简单，否则攻击者一旦破获 sa 密码，就会对 SQL Server 造成极大破坏。一般而言，sa 账号不应被滥用，作为系统管理员最好加入 sysadmin 固定服务器角色，并使用各自的账号登录。

（2）BUILDIN\Administrators　默认情况下，操作系统超级管理员账户 Administrators 是 sysadmin 角色成员。使用该账号，可以很方便地通过 Windows 身份验证访问 SQL Server，但同时也会造成安全隐患。用户一旦获得 Windows 管理员账户和密码，就可以自由访问 SQL Server。因此，如果不想使 Windows 管理员自由存取 SQL Server，则可以删掉 BUILDIN\Administrators 登录账号，或者把账户从 sysadmin 角色中去掉。

2．确定 guest 用户作用

数据库用户 guest 允许一个没有账户的用户登录存取数据库。用户应决定数据库中是否需要 guest 用户，如果需要，那么安排一个什么样的权限给它。

3. 确定 public 角色

public 角色是一个特殊的数据库角色，每个数据库用户都属于 public 角色。public 角色维护数据库的默认权限。用户应决定 public 角色在数据库中具有什么样的权限，默认情况下 public 角色没有任何权限。

4. 注意登录账号和用户账号之间的映射

登录账号和数据库用户账号之间并没有必然联系。创建登录账号后并不代表该账号就可以访问数据库。如果用户想通过登录账号访问数据库，则要把登录账号映射为到某个数据库用户，并授予相应的数据库角色和权限。如果登录账号仅仅在服务器层操作，则不需要映射到数据库用户。

二、权限安全

权限管理是数据库安全的一个十分重要而又复杂的部分，它可以提供保护数据的第二道屏障。角色是一组预定义的权限（许可）集合，很多时候我们需要自定义数据库角色，这就需要对每个权限有很好的理解。

如果数据库用户在创建时没有隶属于某角色，此时对用户设置权限是很好理解的。如果数据库用户在创建时已隶属于某数据库角色，则再对其进行细粒度的权限设置时，就要很小心了。

GRANT（授予）、DENY（拒绝）都是显式操作，优先于数据库角色，即不能被数据库角色覆盖；REVOKE（撤销）会被数据库角色覆盖。用户可以这样理解，系统先执行数据库角色操作，赋予相应的权限，然后再检查是否有相应的 GRANT、DENY、REVOKE 设置。例如，把角色 A（拥有 SELECT、INSERT、UPDATE 权限）赋予某用户，该用户即具有 SELECT、INSERT、UPDATE 权限。然后对用户执行 GRANT SELECT 操作后，系统把 SELECT 权限显式授予用户，再执行 REVOKE SELECT 操作后，用户显式 SELECT 授予操作被撤销了，但由于用户隶属于角色 A，所以用户仍具有 SELECT 权限。其他操作结果如表 10-5 所示。

表 10-5　GRANT、DENY、REVOKE 比较

操作/权限	SELECT	INSERT	UPDATE
角色 A	√	√	√
GRANT SELECT	√	√	√
GRANT SELECT-->REVOKE SELECT	√	√	√
DENY INSERT	√		√
DENY INSERT-->REVOKE INSERT	√	√	√
REVOKE UPDATE	√	√	√

由于 REVOKE 操作可被角色覆盖，因此，建议管理员在设置相应的权限时，尽量使用显式的授予或拒绝操作。

工作评价与思考

一、选择题

1．下面哪种身份验证方式不用密码即可登录 SQL Server（　　）。

A．SQL Server 身份验证　　B．Windows 身份验证

C．二者均可以　　D．二者均不可以。

2．下列属于数据库用户的操作范围的是（　　）。

A．服务器的启动与停止　　B．数据库的创建

C．数据表操作　　D．执行 SQL 语句

3．下列属于服务器角色的有（　　）。

A．sysadmin　　B．dbcreator

C．securityadmin　　D．db_accessadmin

4．下列服务器角色中具有管理 SQL Server 登录账户权限的是（　　）。

A．securityadmin　　B．serveradmin

C．processadmin　　D．sysadmin

5．下列数据库角色具有向数据表中执行 Insert 语句权限的是（　　）。

A．db_owner　　B．db_datawriter

C．db_ddladmin　　D．public

6．下列哪个许可状态可以被成员数据库角色权限所覆盖（　　）。

A．授予状态　　B．拒绝状态

C．撤销状态　　D．以上均可

二、填空题

1．SQL Server 的身份验证模式有___________和___________。

2．登录账户在___________层级提供访问操作，数据库用户在___________层级提供访问操作。

3．SQL Server 2016 大致存在三种类型的许可权：___________、___________和预定义的。

4．对许可权限的三种基本操作是：___________、___________和___________。

5．向数据库 Library 授予数据库用户 test 可以删除书刊数据表 books 记录权限，可以使用 T-SQL 语句：

USE Library

GO

______________ ON______________TO______________

GO

6．拒绝数据库用户 test 对 Library 数据库借阅记录表 borrow 的更新和查询权限，可以使用 T-SQL 语句：

USE ________________

GO

______________ON______________ TO______________

GO

三、思考题

1．某公司内部已布建有局域网，中央数据库采用 SQL Server 2016，并安装在中央机房的服务器内。现该公司的销售部门要访问数据库以统计销售数据，假如你是系统管理员，你应如何给该部门分配账号和角色权限？为什么？

2．某数据公司的市场部因工作需要，需要对公司中央数据库的销售表和其他表进行数据读取访问，以制作销售业绩表，有时发现销售表里某些原始数据有错误，需要更正（只能修正销售表错误）。假如你是数据库系统管理员，应如何安全合理地给市场部分配数据库角色和权限？为什么？

四、操作题

（如果用户环境没有以下题目所需的条件，请先自行创建）

1．练习使用管理器创建一个基于 SQL Server 身份的登录账户 sqltest，分配 sysadmin 角色和 db_datawriter 角色。

2．练习使用管理器为 Library 数据库 sqltest 用户授予对 master 数据库的 select 权限。

3．练习使用 T-SQL 语句撤销 Library 数据库用户 sqltest 向 borrow 表的删除、插入权限。

任务十一

SQL Server 自动化管理

能力目标

- 能够创建 SQL Server 作业和警报。
- 能够制订数据库维护计划。

知识目标

- 掌握 SQL Server 代理服务的概念，了解 SQL Server 代理服务的作用。
- 掌握 SQL Server 作业、维护计划和警报的有关知识。

任务导入

数据库管理员需要经常对数据库进行维护操作。使用 SQL Server 代理作业来自动执行日常管理任务并反复运行它们，可以免去人工干预，大大提高管理效率。具体工作任务如下:

（1）创建一个作业计划任务，自动计算表记录数，每天凌晨 5 点执行，并把执行结果存放到 c:\result.txt 文件中。

（2）创建一个维护计划，内容为自动备份数据库，每天凌晨 4 点执行，备份文件存放在默认路径下。

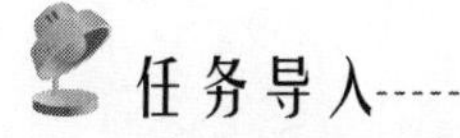

相关知识

一、SQL Server 代理

SQL Server 代理是一种 Microsoft Windows 服务，它执行安排的管理任务，即“作业”。例如，备份数据库。SQL Server 代理可以按照计划运行作业，也可以在响应特定事件时运行作业，还可以根据需要运行作业。例如，如果希望在每个工作日下班后备份公司的所有服务器，就可以使该任务自动执行。将备份安排在星期一到星期五的凌晨 3 点之后运行，如果备份出现问题，SQL Server 代理可记录该事件并通知用户。

安装 SQL Server 后，代理服务器默认是关闭的，需要在 SQL Server Configuration

Manager 里启动 SQL Server Agent 服务。同时，登录 SQL Server 时需要以 Windows 身份验证，方可正常使用代理服务的各项功能。

二、作业、计划与警报

SQL Server 代理使用一定的组件来定义要执行的任务、执行任务的时间以及报告任务成功或失败的方式，这些组件包括作业、计划、警报、通知等。

1. 作业

作业是 SQL Server 代理执行的一系列指定操作。使用作业可以定义一个能执行一次或多次的管理任务，并能监视执行结果是成功还是失败。作业可以在一个本地服务器上运行，也可以在多个远程服务器上运行。可以通过下列几种方式来运行作业：

- 根据一个或多个计划。
- 响应一个或多个警报。
- 通过执行 sp_start_job 存储过程。

作业中的每个操作都是一个“作业步骤”，每个作业步骤执行完毕后有两种结果：成功或失败，每种结果都可以选择“报告当前执行结果并退出”，或“转到下一步（步骤）”。例如，作业步骤可以运行 T-SQL 语句、执行 SSIS 包或向 Analysis Services 服务器发出命令。把作业步骤作为作业的一部分进行管理。

2. 计划

“计划”指定了作业运行的时间。多个作业可以根据一个计划运行，多个计划也可以应用到一个作业。计划可以为作业运行的时间定义下列条件：

- 每当 SQL Server 代理启动时。
- 每当计算机的 CPU 使用率处于定义的空闲状态水平时。
- 在特定日期和时间运行一次。
- 按重复执行的计划运行。

3. 警报

“警报”是对特定事件的自动响应。例如，事件可以是启动的作业，也可以是达到特定阈值的系统资源。可以定义警报产生的条件。

警报可以响应下列任一条件：

- SQL Server 事件。
- SQL Server 性能条件。
- 运行 SQL Server 代理的计算机上的 Microsoft Windows Management Instrumentation（WMI）事件。

警报可以执行下列操作：

- 通知一个或多个操作员。
- 运行作业。

三、数据库维护计划

维护计划向导可以用于帮助用户设置核心维护任务，从而确保数据库执行良好，做到

定期备份数据库以防系统出现故障，对数据库实施不一致性检查等。维护计划向导可创建一个或多个 SQL Server 代理作业，代理作业将按照计划的间隔自动执行这些维护任务。

可以自动运行的常见维护任务有：

- 用新填充因子重新生成索引来重新组织数据和索引页上的数据。这确保了数据库页中包含的数据量和可用空间的平均分布，还使得以后能够更快地增长。
- 删除空数据库页以压缩数据文件。
- 更新索引统计信息，确保查询优化器含有关于表中数据值分布的最新信息。
- 对数据库内的数据和数据页执行内部一致性检查，确保系统或软件故障没有损坏数据。
- 备份数据库和事务日志文件。数据库和日志备份可以保留一段指定时间。这使得用户可以为备份创建一份历史记录，以便在需要将数据库还原到早于上一次数据库备份的时间时使用。还可以执行差异备份。
- 运行 SQL Server 代理作业。这可以用来创建可执行各种操作的作业以及运行这些作业的维护计划。

维护任务生成的结果可以作为报表写入文本文件，或写入数据库。

任务实施

一、创建简单作业

（1）在【对象资源管理器】中，连接到 SQL Server 实例，展开实例，在【SQL Server 代理】上单击右键，在弹出快捷菜单中选择【新建】→【作业】，如图 11-1 所示。

图 11-1 新建作业

（2）在【新建作业】窗口中单击【常规】选项，在【名称】文本框中键入作业名称，例如“定期计算表行数”；在【类别】框选【数据库维护】；在【说明】文本框中输入作业的有关说明。如果不希望作业立即生效，可以取消勾选【已启用】，如图 11-2 所示。

（3）在【新建作业】窗口中单击【步骤】选项，再单击【新建】按钮，如图 11-3 所示。

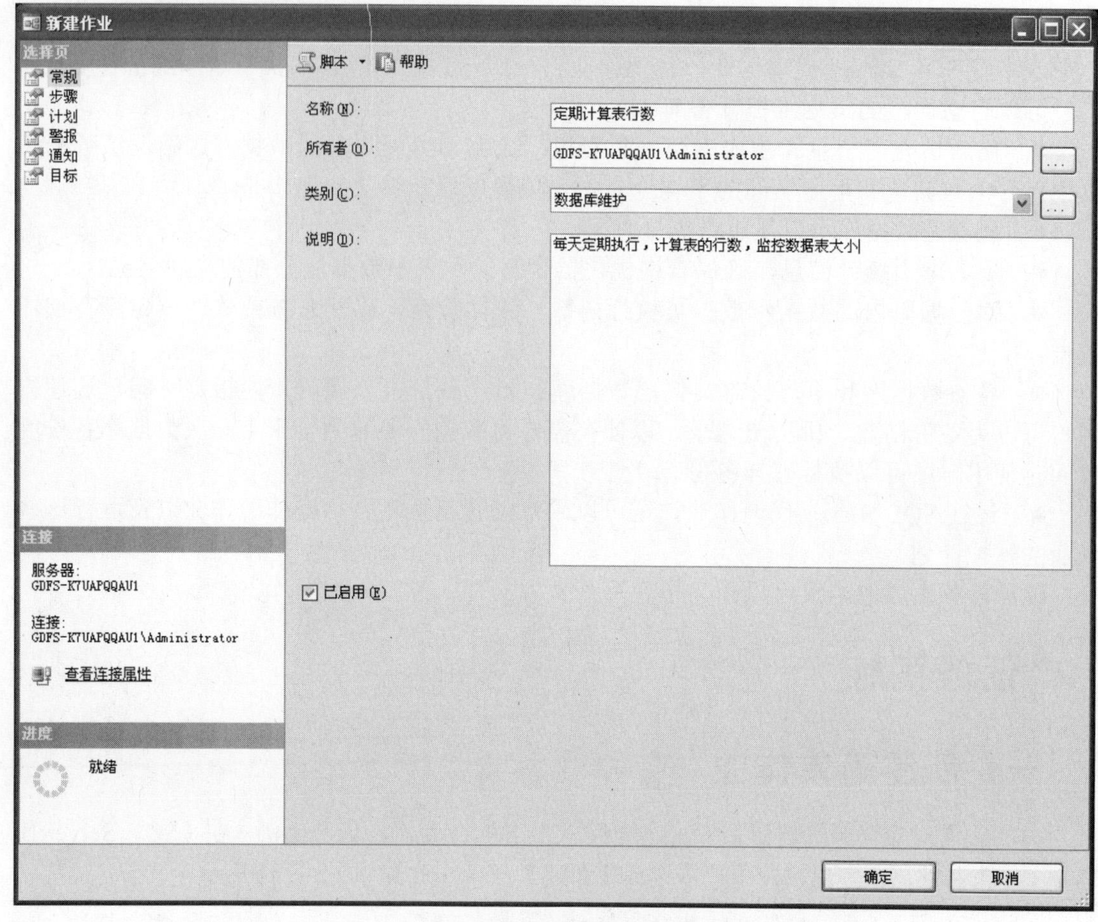

图 11-2 【常规】选项

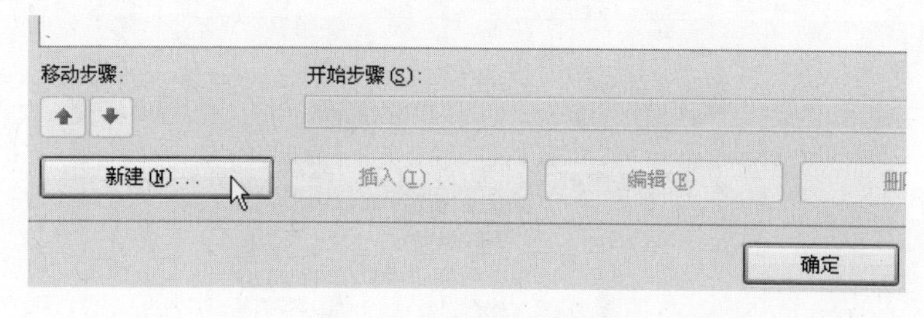

图 11-3 新建作业步骤

（4）在【新建作业步骤】窗口中，单击【常规】选项，在【步骤名称】文本框中输入当前作业步骤的名称，如“计算表行数”；在【类型】框选择【Transact-SQL 脚本（T-SQL）】；在【数据库】框选择【Library】；在【命令】文本框处输入“select count(*) as 记录数 from borrow”，也可以单击【打开】按钮选择预先编写好的 SQL 脚本文件。单击【分析】按钮可以对当前的 SQL 语句进行语法分析，如图 11-4 所示。单击【确定】按钮结束窗口，返回到【新建作业】窗口。

（5）在【新建作业】窗口中单击【计划】选项，再单击【新建】按钮，如图 11-5 所示。

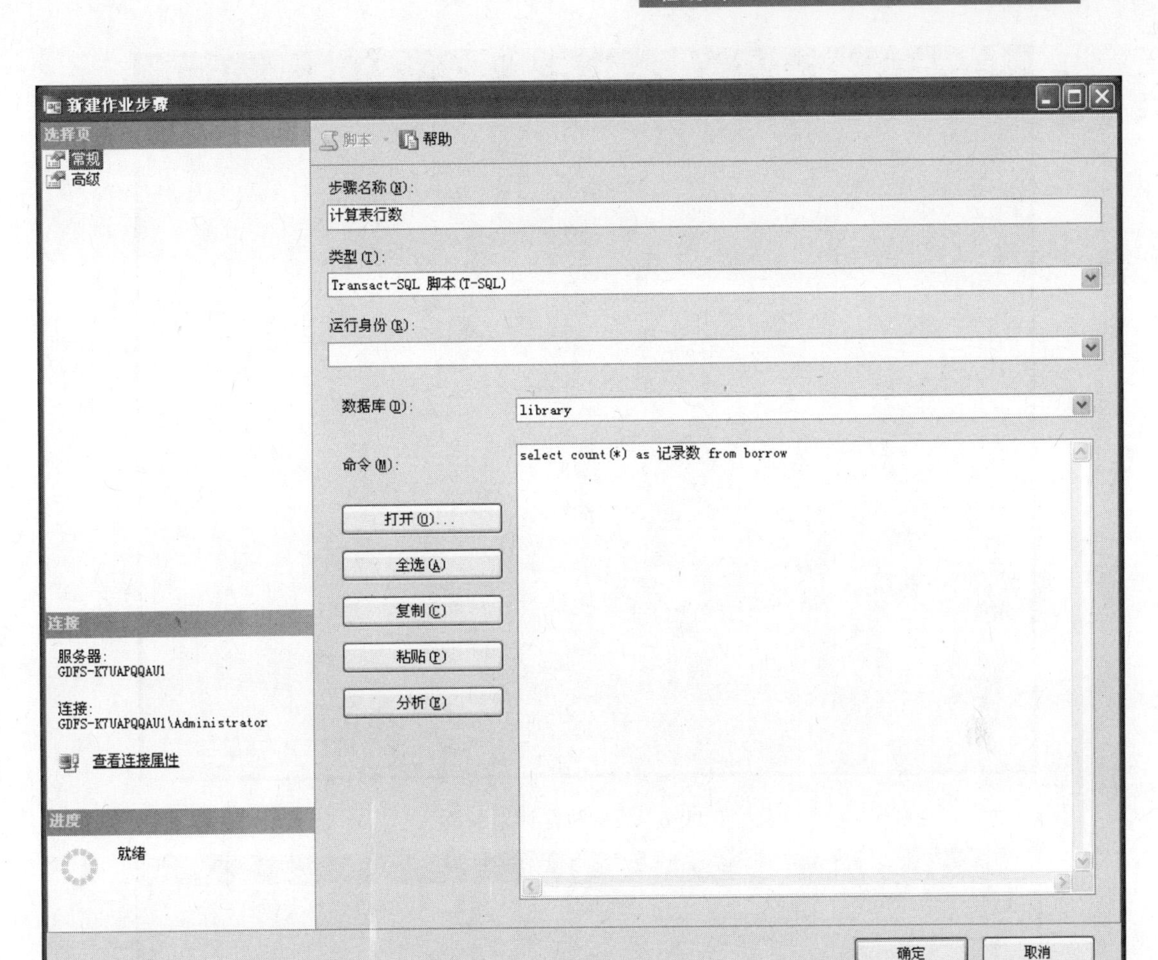

图 11-4 编辑作业步骤

图 11-5 单击【计划】选项和【新建】按钮

（6）在【新建作业计划】窗口中，在【名称】文本框中输入计划的名称，例如“每天5点执行”；【计划类型】可以选【重复执行】、【执行一次】、【CPU空闲时执行】和【SQL Server代理启动时自动执行】，因为我们要计划每天执行，所以这里选【重复执行】；【执行】选【每天】，【执行间隔】为【1】；【执行一次，时间为】选【5:00:00】（凌晨5点）；【开始日期】为当天，无结束日期，如图11-6所示。单击【确定】按钮结束本窗口，返回到“新建作业”窗口。

（7）在【新建作业】窗口中，【计划列表】已列出当前的计划执行时间，如图11-7所示。单击右下角的【确定】按钮完成新建作业操作。

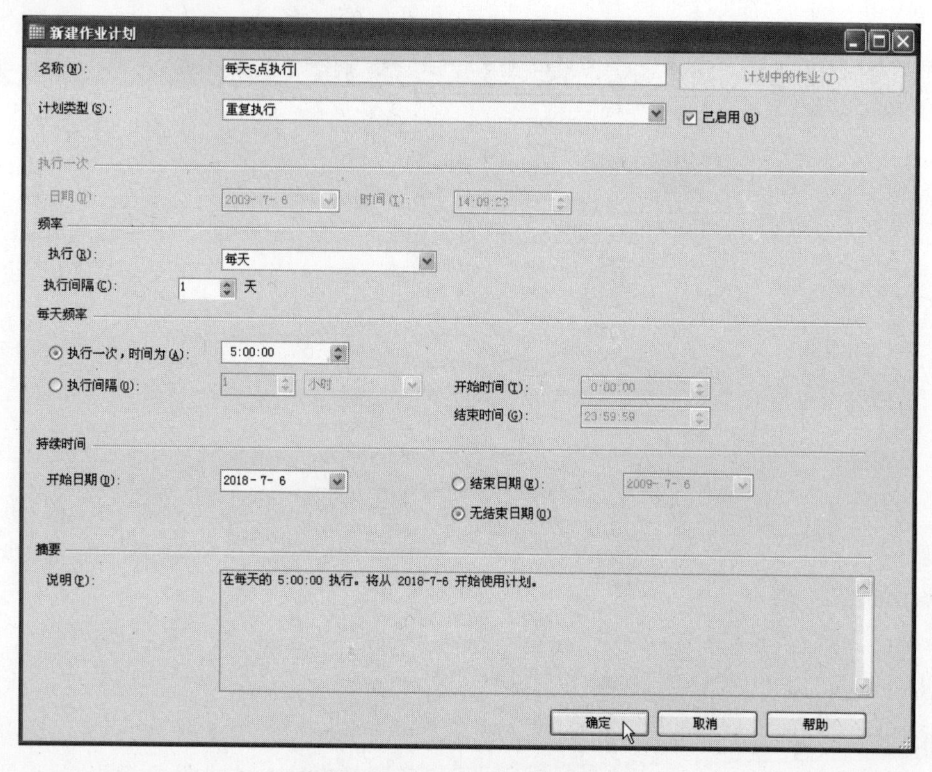

图 11-6　设置执行计划参数

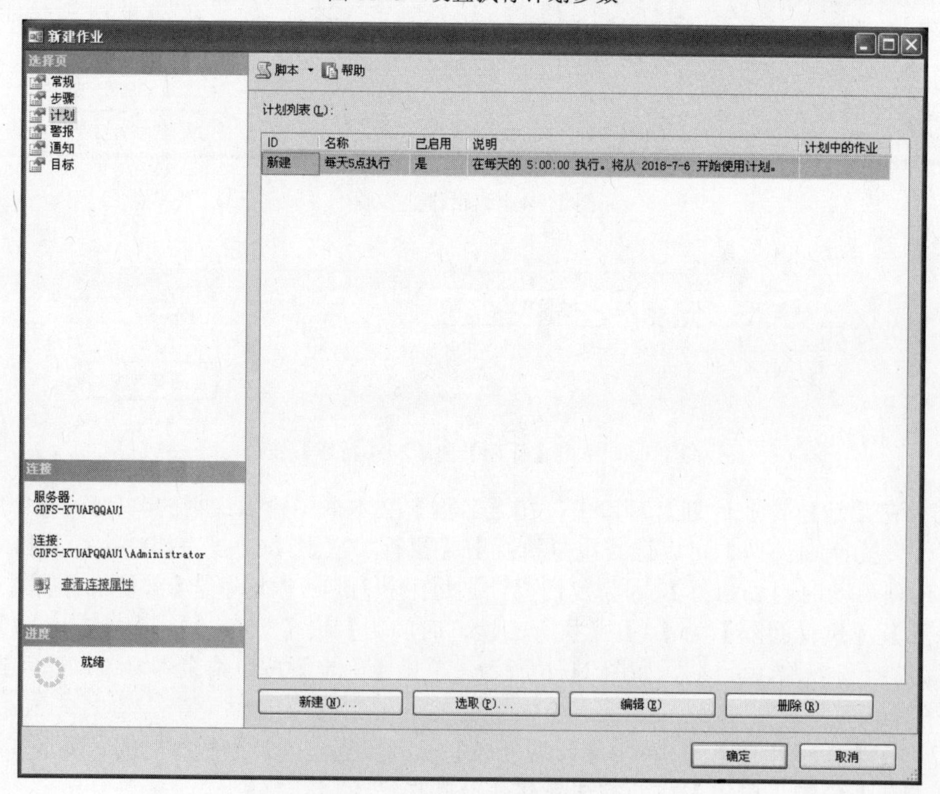

图 11-7　完成计划时间添加

（8）在【对象资源管理器】展开服务器实例→【SQL Server 代理】→【作业】，即可看到添加的作业，如图 11-8 所示。

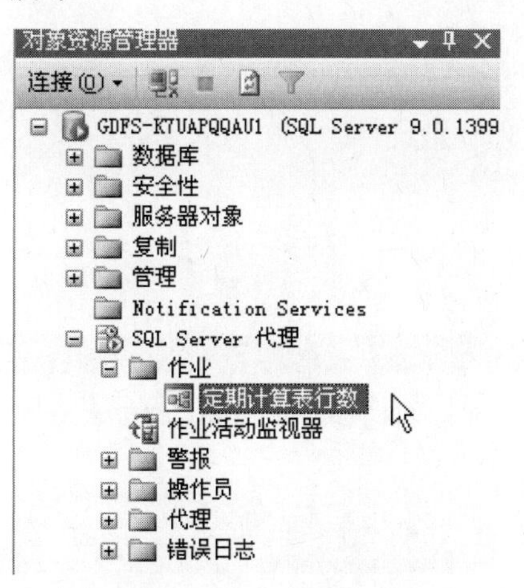

图 11-8 新添加的作业

二、创建数据库维护计划

（1）在【对象资源管理器】里展开服务器实例→【管理】，在【维护计划】上右击，从弹出的快捷菜单中选择【维护计划向导】命令，如图 11-9 所示。

图 11-9 维护计划向导

（2）在【维护计划向导】界面中，如图 11-10 所示，单击【下一步】按钮。

（3）在“选择目标服务器”对话框中，“名称”框输入一个名称，如“数据库备份”；“说明”框输入此次维护计划的有关说明；“服务器”框会自动列出本地服务器，用户不需更改；确保选中“使用 Windows 身份验证”，如图 11-11 所示。单击【下一步】按钮。

（4）在【选择维护任务】窗口中，在【选择一项或多项维护任务】选项区选择要维护的任务，可多选。常见的维护任务有：

- 检查数据库完整性。
- 收缩数据库。

- 重新组织索引。
- 重新生成索引。
- 更新统计信息。
- 清除历史记录。
- 执行 SQL Server 代理作业。
- 备份数据库（完整）。
- 备份数据库（差异）。
- 备份数据库（事务日志）。

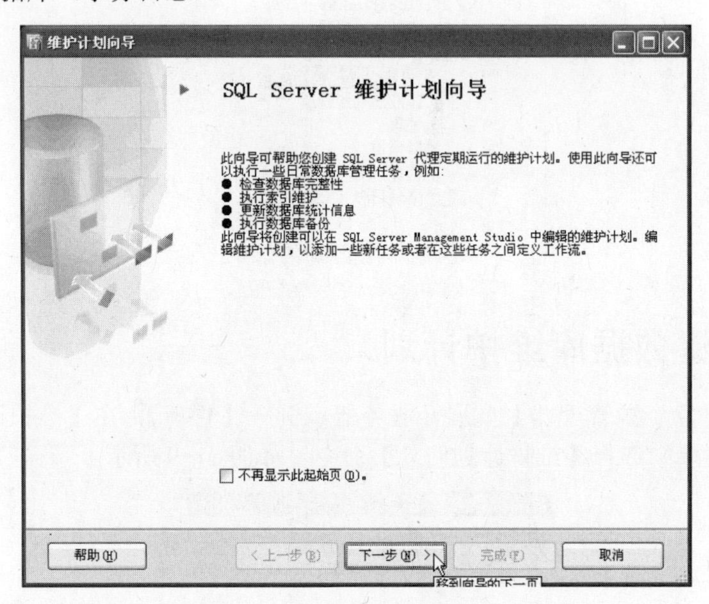

图 11-10　维护计划向导第一步

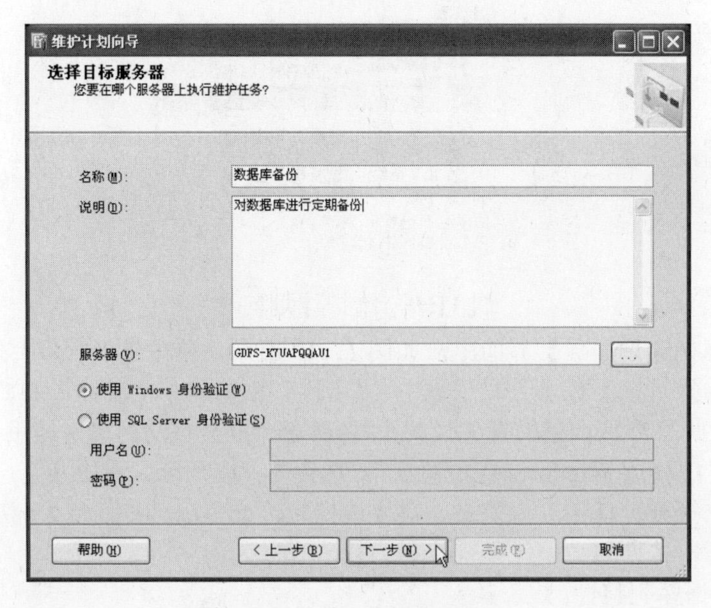

图 11-11　输入维护计划名称

此处勾选【备份数据库（完整）】，如图 11-12 所示。单击【下一步】按钮。

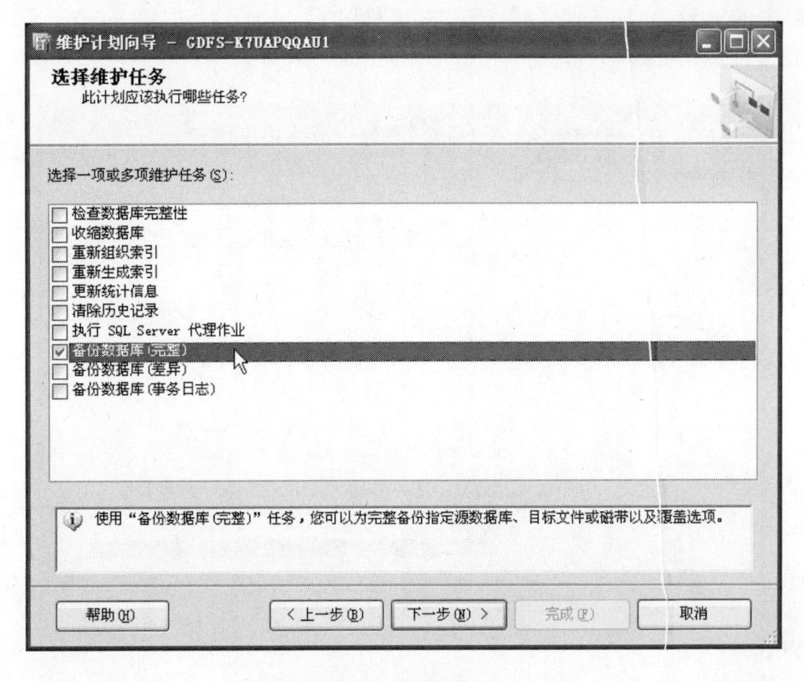

图 11-12　选择维护任务

（5）在【选择维护任务顺序】窗口中，如果有多项维护的任务，此处可以调整任务之间执行的顺序，选中任务后单击【上移】或【下移】按钮即可，如图 11-13 所示。单击【下一步】按钮。

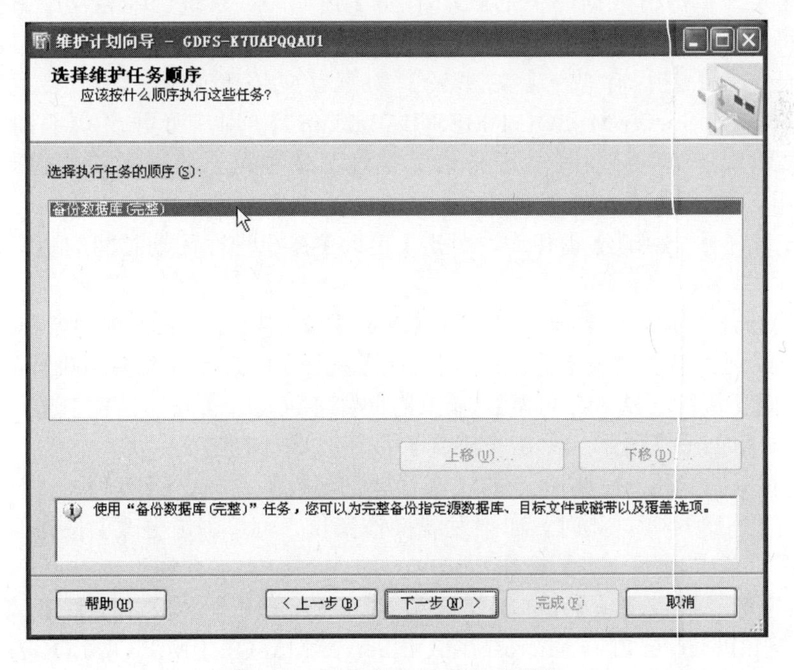

图 11-13　选择执行任务的顺序

(6) 在【定义“备份数据库(完整)”任务】窗口中,单击【选择一项或多项】下拉列表框,在弹出的对话框中选择【以下数据库】和【Library】,如图 11-14 所示。单击【确定】按钮完成选择。

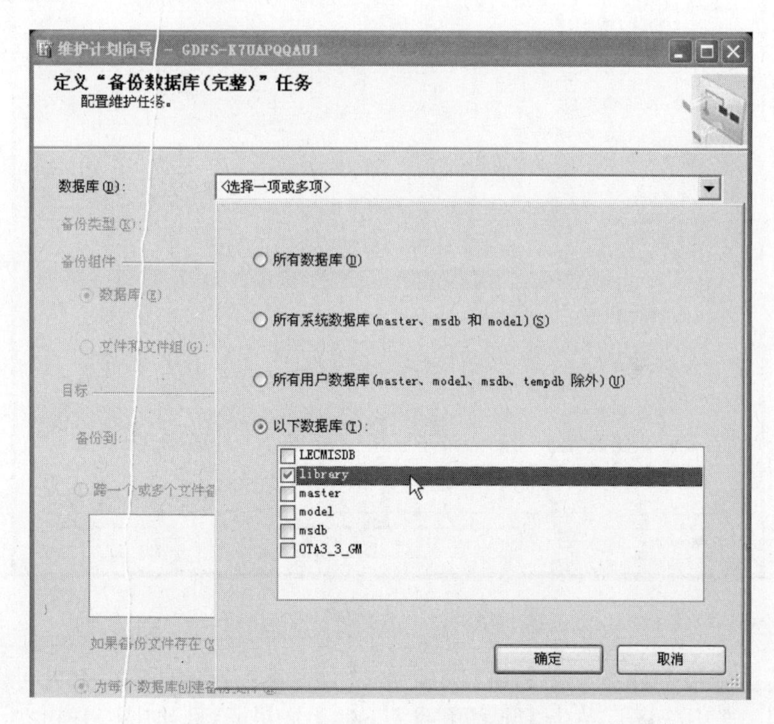

图 11-14 选择要备份的数据库

(7) 在【定义“备份数据库(完整)”任务】窗口中,系统已经自动配置好各项参数,【备份到】可以选择磁盘或磁带设备;【为每个数据库创建子目录】选项可以为每个数据库创建一个子目录进行存放;【文件夹】为默认的备份路径【[安装盘符]:\Program Files\Microsoft SQL Server\MSSQL.1\MSSQL\Backup”】,用户可更改;【备份文件扩展名】默认为【bak】,用户可更改;【验证备份完整性】选项可以验证备份文件是否完整,如图 11-15 所示。单击【下一步】按钮。

(8) 在【选择计划属性】窗口中,单击【更改】按钮进行计划时间的定义,如图 11-16 所示。

(9) 在【新建作业计划】窗口中,在【名称】文本框处输入计划的名称,例如每天 4 点备份;在【计划类型】中选【重复执行】;在【执行】中选【每天】;【执行间隔】选【1】;【每天频率】选【执行一次,时间为】,输入时间如 4:00:00;【开始日期】选当天,选中【无结束日期】,如图 11-17 所示。单击【确定】按钮完成计划定义。

(10) 此时返回到图 11-16 所示的【选择计划属性】窗口,【计划】一栏已填入执行计划时间,如图 11-18 所示,此时,如果发现操作错误,可单击【更改】按钮修正计划时间;如果没有错误,单击【下一步】按钮。

(11) 在【选择报告选项】窗口中,默认勾选【将报告写入文本文件】,默认保存路径为【[安装盘符]:\Program Files\Microsoft SQL Server\MSSQL.1\MSSQL\LOG】;或可以选择以电子邮件方式发送,如图 11-19 所示。单击【下一步】按钮。

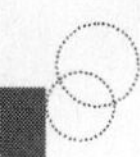

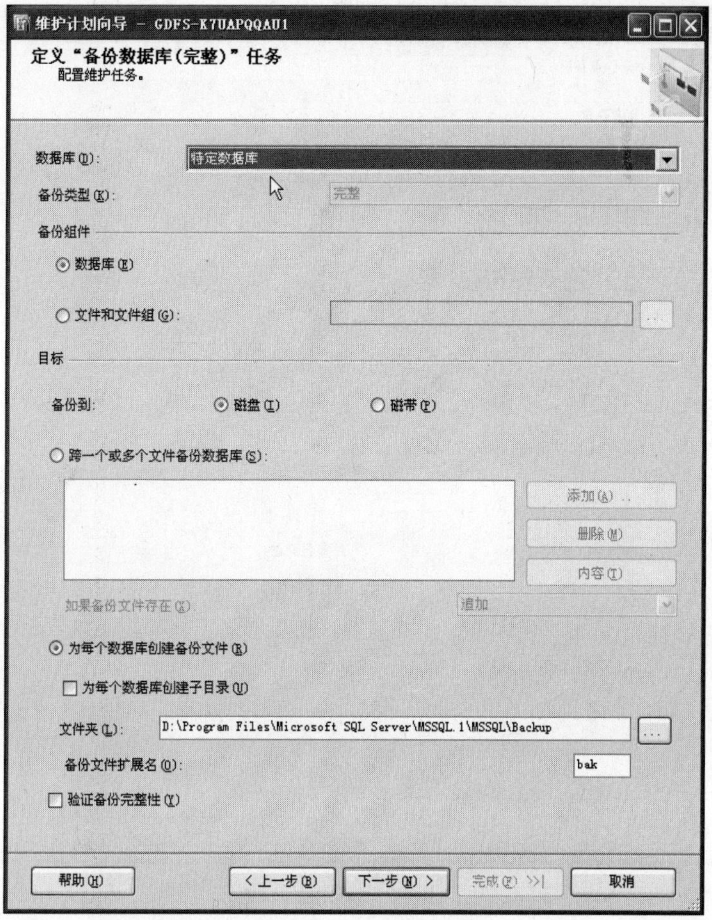

维护计划向导 - GDFS-K7UAPQQAU1
定义“备份数据库(完整)”任务
配置维护任务。
数据库(D):
特定数据库
备份类型(K):
完整
备份组件
数据库(E)
文件和文件组(G):
目标
备份到:
磁盘(I)
磁带(P)
跨一个或多个文件备份数据库(S):
添加(A)...
删除(M)
内容(T)
如果备份文件存在(X):
追加
为每个数据库创建备份文件(R)
为每个数据库创建子目录(U)
文件夹(L):
D:\Program Files\Microsoft SQL Server\MSSQL.1\MSSQL\Backup
备份文件扩展名(O):
bak
验证备份完整性(Y)
帮助(H)
< 上一步(B)
下一步(N) >
完成(F) >>|
取消

图 11-15　配置备份参数

维护计划向导 - GDFS-K7UAPQQAU1
选择计划属性
定义维护计划属性。
定义维护计划的计划。
计划:
未计划(按需)
更改(C)...
帮助(H)
< 上一步(B)
下一步(N) >
完成(F) >>|
取消

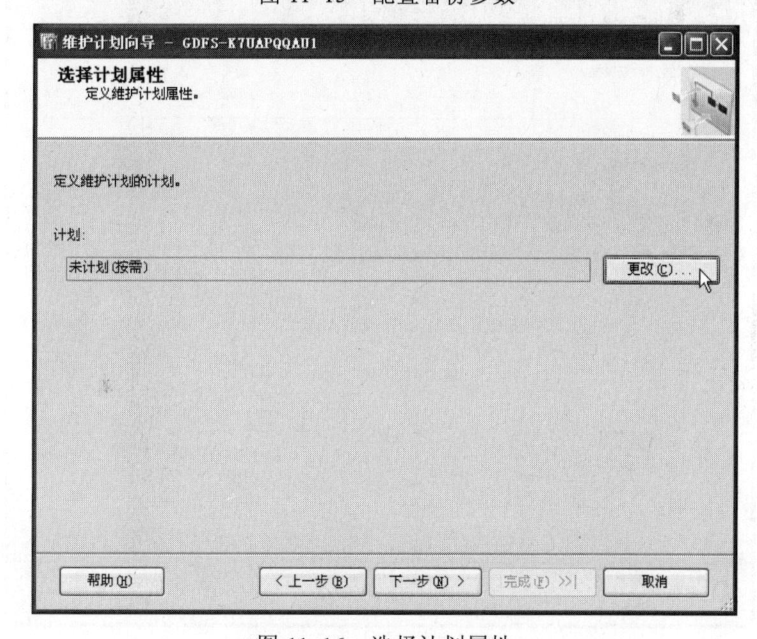

图 11-16　选择计划属性

新建作业计划
名称(N): 每天4点备份
计划中的作业(J)
计划类型(S): 重复执行
已启用(B)
执行一次
日期(D): 2009- 7- 6
时间(T): 14:39:35
频率
执行(R): 每天
执行间隔(C): 1 天
每天频率
执行一次，时间为(A): 4:00:00
执行间隔(O): 1 小时
开始时间(T): 0:00:00
结束时间(G): 23:59:59
持续时间
开始日期(D): 2018- 7- 6
结束日期(E): 2009- 7- 6
无结束日期(O)
摘要
说明(P): 在每天的 0:00:00 执行。将从 2018-7-6 开始使用计划。
确定
取消
帮助

图 11-17　定义计划时间

维护计划向导 - GDFS-K7UAPQQAU1
选择计划属性
定义维护计划属性。
定义维护计划的计划。
计划:
在每天的 4:00:00 执行。将从 2018-7-6 开始使用计划。
更改(C)...
帮助(H)
< 上一步(B)
下一步(N) >
完成(F) >>|
取消

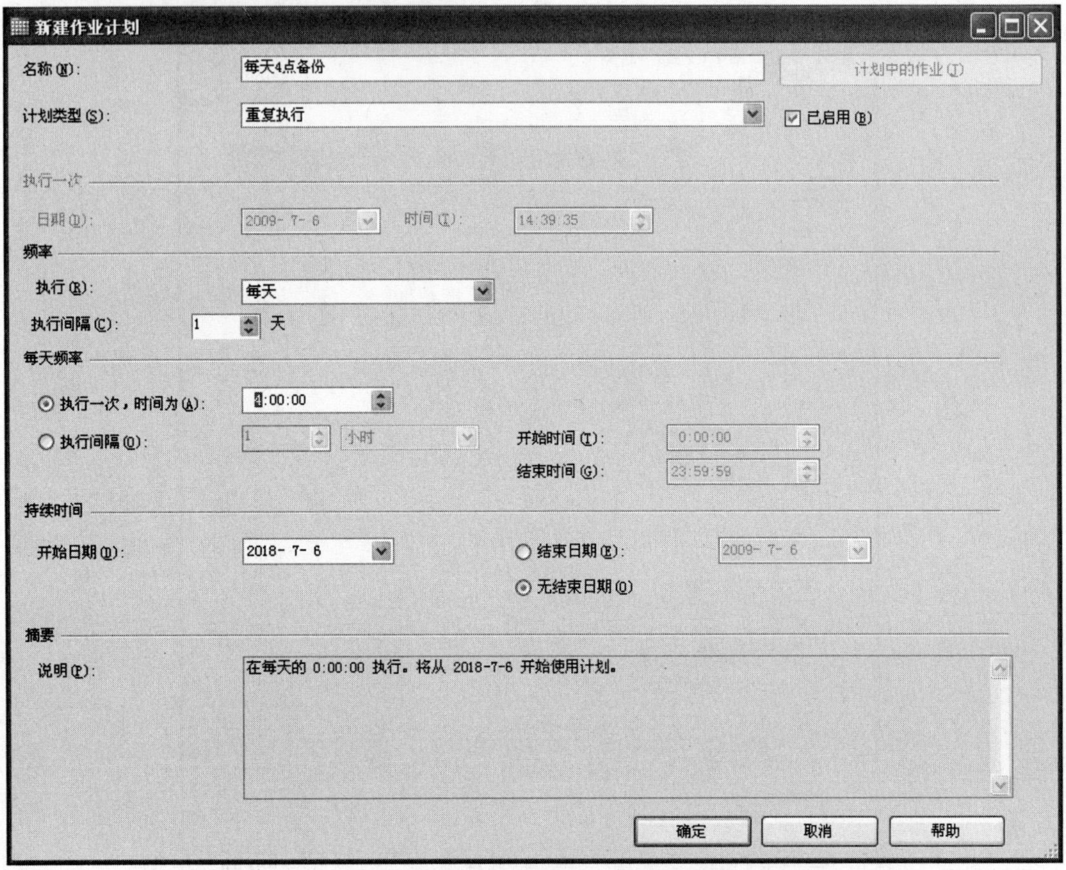

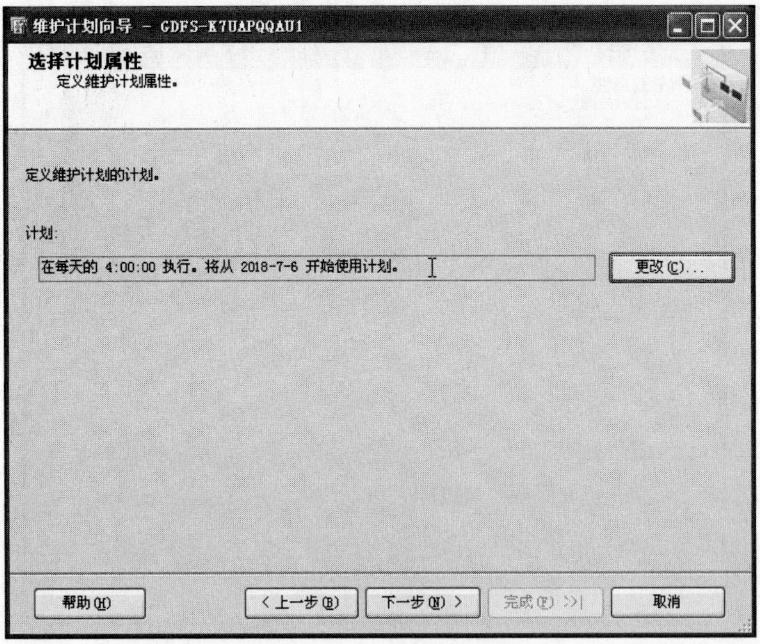

图 11-18　审查执行计划

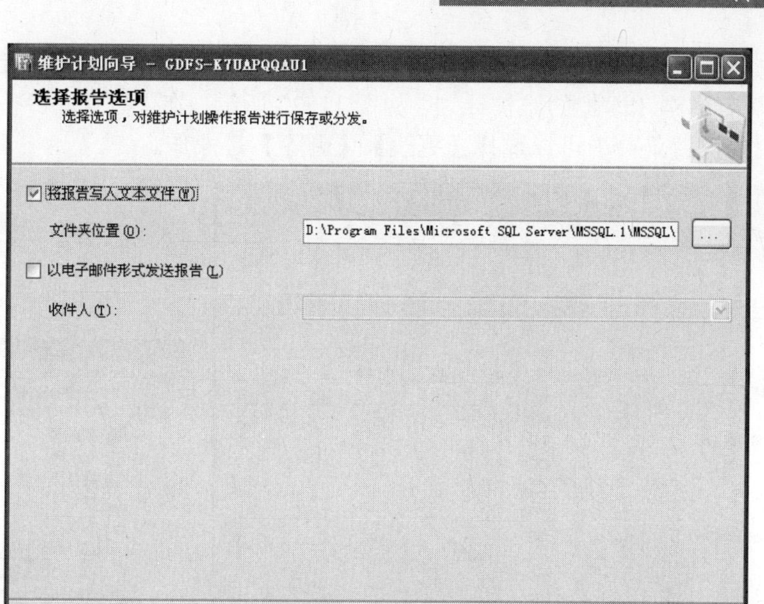

图 11-19　选择报告保存模式

（12）在【完成该向导】窗口中，用户可展开【维护计划向导】树目录检查维护计划的设置内容，如图 11-20 所示。如发现有错误，可单击【上一步】按钮进行回退更改，单击【完成】按钮以结束本次维护计划设置。

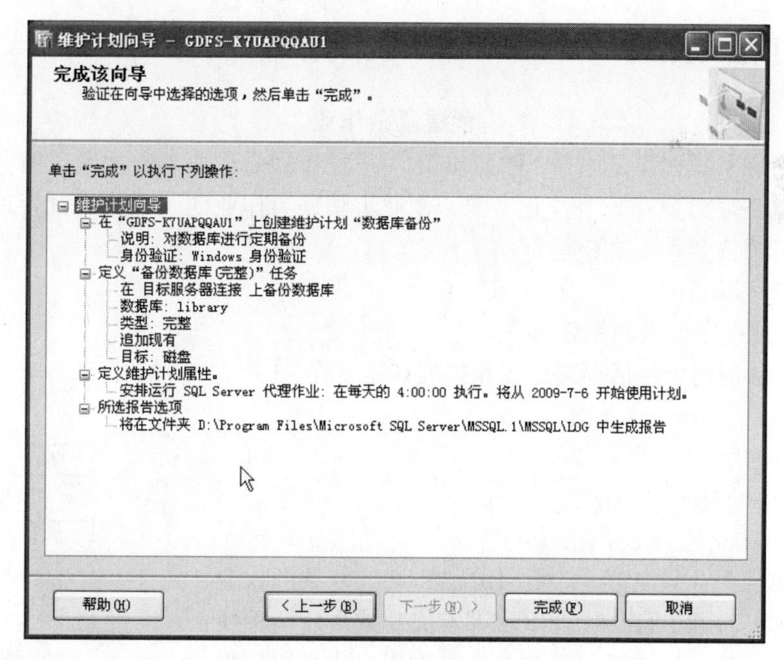

图 11-20　完成向导

（13）在【维护计划向导进度】窗口中，系统执行维护计划的设置，如发现错误请检查，如图 11-21 所示。单击【关闭】按钮关闭窗口。

（14）创建维护计划后，在【对象资源管理器】中，展开服务器实例→【管理】→【维护计划】，即可看到刚才添加的维护计划，如图 11-22 所示。在【数据库备份】维护计划上右击，在弹出的快捷菜单中可以选择【更改】、【删除】等操作。

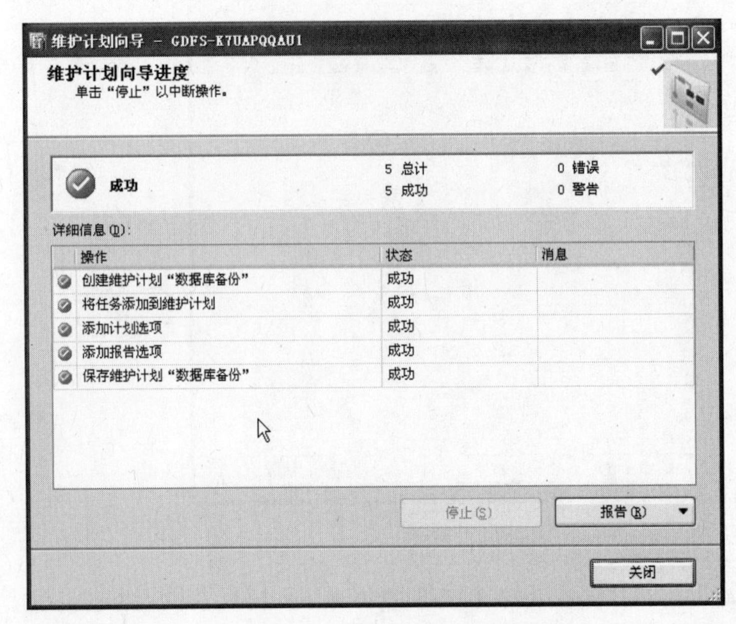

图 11-21　维护计划向导进度

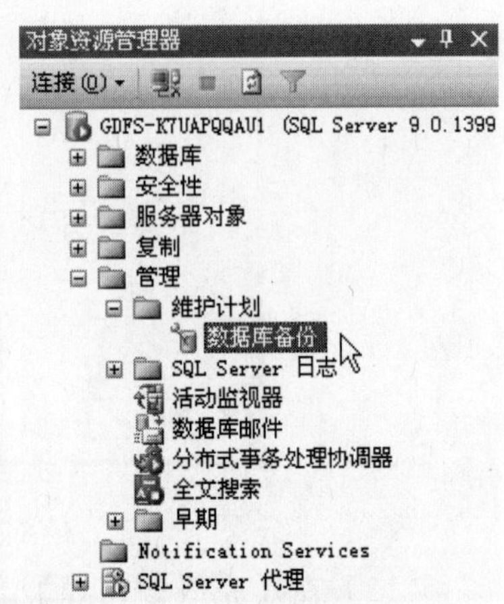

图 11-22　查看维护计划

能力拓展

创建复杂作业

作业中的每个操作都是一个“作业步骤”。作业步骤是作业对数据库或服务器执行的操作。每个作业必须至少有一个作业步骤。作业步骤作为作业的一部分进行管理。每个作业步骤都在特定的安全上下文中运行。

作业步骤可以为：

- 可执行程序和操作系统命令。
- T-SQL 语句，包括存储过程和扩展存储过程。
- Microsoft ActiveX 脚本。
- 复制任务。
- Analysis Services 任务。
- Integration Services 包。

一个简单的作业只需要一个作业步骤即可，复杂的作业可包含多个作业步骤。每个作业步骤都有成功或失败两种执行结果。无论成功或失败都可以执行：转到下一步、退出报告成功的作业或退出报告失败的作业。一般而言，多个作业步骤之间按一定的顺序执行，如图 11-23 所示。

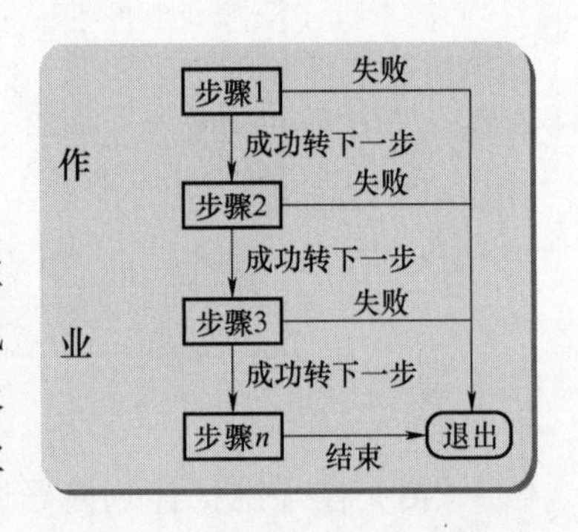

图 11-23　作业步骤执行顺序

（1）添加多个作业步骤。创建一个新作业，在【常规】

页里填入相应的信息，然后单击【步骤】页，【作业步骤列表】列出当前的作业步骤；单击【新建】按钮可新建一个作业步骤；选中一个作业步骤后可以单击【移动步骤】按钮移动当前步骤的顺序，单击【插入】按钮可以在当前步骤前插入一个新步骤，单击【编辑】或【删除】按钮可以对当前步骤进行编辑或删除；在【开始步骤】中可以选择整个作业第一个开始执行的步骤，如图11-24所示。

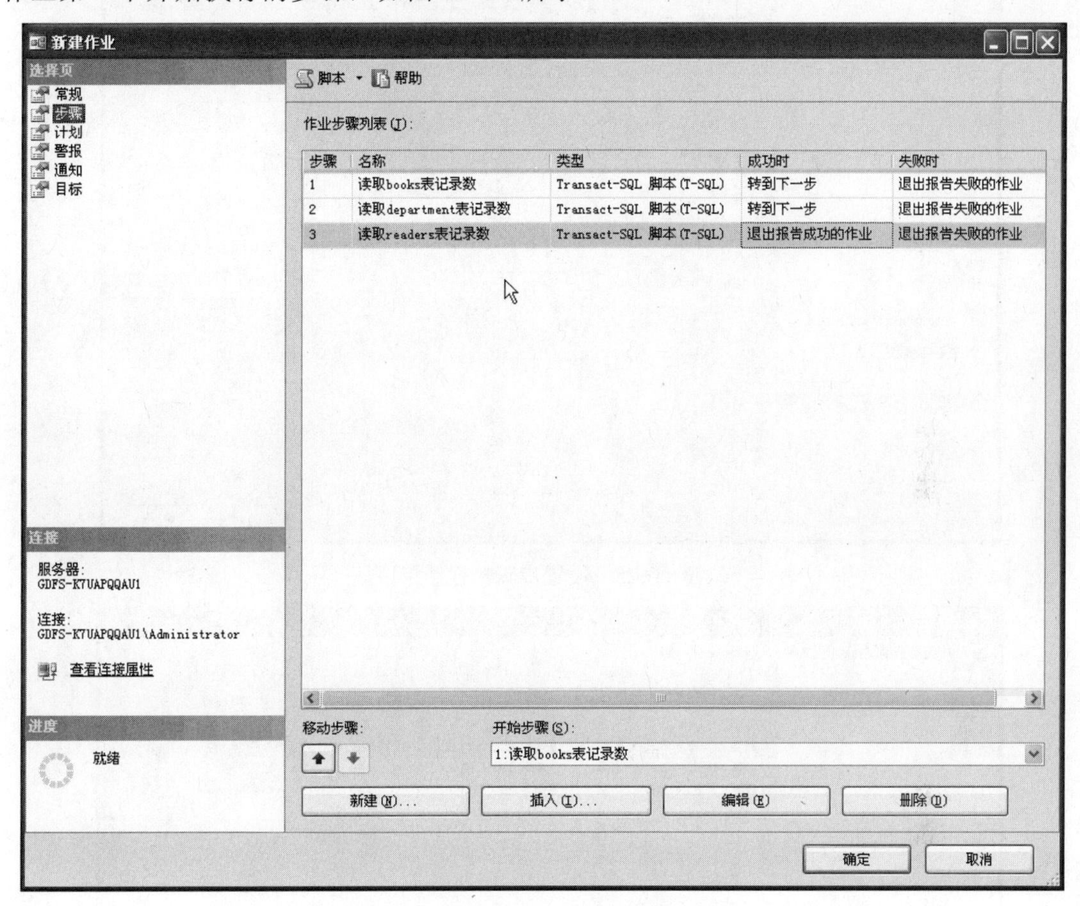

图11-24 添加多个步骤

（2）单击【新建】按钮后，在图11-24所示的【常规】页里填入相应的信息，然后单击【高级】页，进行步骤执行结果的转向设置。在【成功时要执行的操作】中选【转到下一步】，或选择具体的执行步骤，同时可进行【重试次数】和【重试间隔】设置。在【失败时要执行的操作】中选【退出报告失败的作业】。在【输出文件】处填写执行结果保存文件，可以同时勾选【将输出追加到现有文件】，如图11-25所示，然后单击【确定】按钮完成作业步骤添加，并返回到【新建作业】窗口。

（3）在【新建作业】窗口中单击【计划】页，【计划列表】框里列出该作业的执行计划时间。一个作业可以添加多个执行计划，对应不同的执行时间。单击【新建】按钮可新建一个计划，单击【编辑】或【删除】按钮可以对当前选中的计划进行编辑或删除操作，如图11-26所示。有关计划的添加及设置请参见图11-17。

限于篇幅，其他如【警报】、【通知】等页选项不再详述。

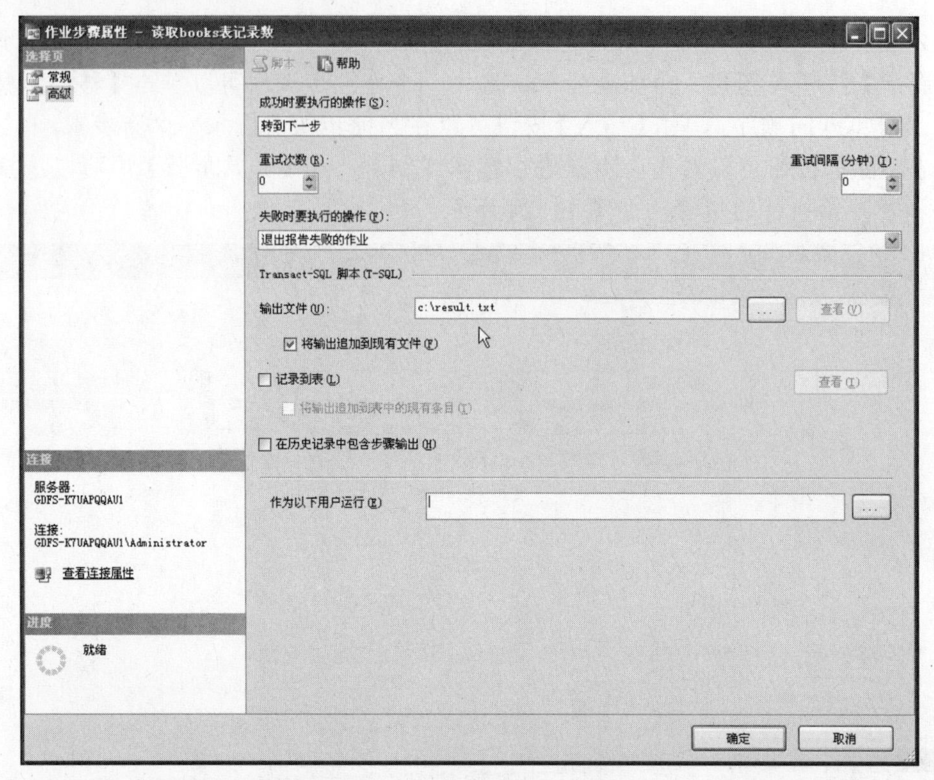

图 11-25　设置步骤执行结果

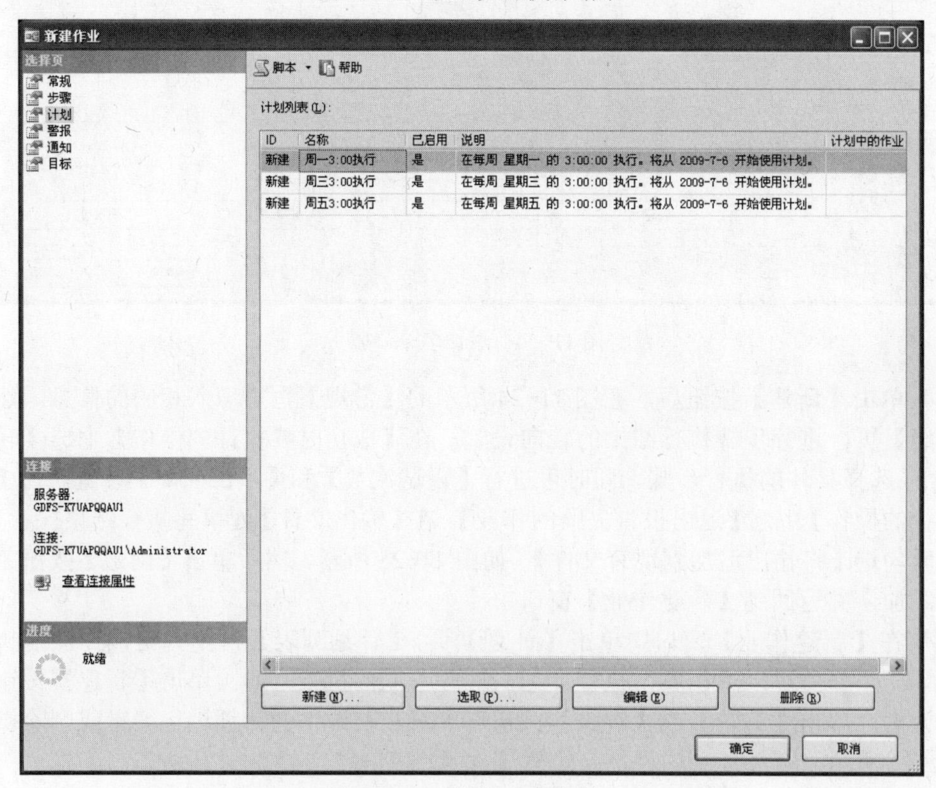

图 11-26　添加多个计划

工作评价与思考

一、选择题

1．下列各选项属于SQL Server代理使用的组件有（　　）。

A．作业　　B．计划　　C．警报　　D．通知

2．可通过以下哪些方式运行作业？（　　）

A．通过计划　　B．响应警报

C．执行存储过程　　D．响应通知

3．计划的执行触发条件可以是（　　）。

A．启动SQL Server代理　　B．当CPU处于空闲时

C．特定时间和日期　　D．按重复执行的计划运行

4．数据库维护计划可以执行的任务有（　　）。

A．重新生成索引　　B．压缩数据库

C．备份数据库　　D．运行作业

二、思考题

某学校一卡通中央数据库存放着学校一卡通系统应用数据，以前数据库管理员都是手工备份的，现在应如何使用SQL Server代理进行计划自动备份？应如何设置执行频率？

项目四

开发图书管理数据库系统

任务十二

设计图书管理数据库

能力目标

- 能够进行数据库的分析和设计。
- 能够绘制 E-R 图。
- 能够将 E-R 图转换为关系模式。

知识目标

- 了解实体联系图、关系模式和范式等概念。
- 了解数据库的一般设计方法。

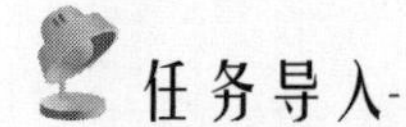

任务导入

数据库设计是建立数据库及其应用系统的技术，是信息系统开发和建设中的核心技术。具体来说，数据库设计是指对于一个给定的应用环境，构造最优的数据库模式，建立数据库及其应用系统，使之能够有效地存储数据，满足各种用户的应用需求（信息要求和处理要求）。

本节的主要内容有:

（1）E-R 关系模型数据库设计。

（2）关系模型的规范化。

（3）数据库的一般设计方法。

相关知识

一、E-R 关系模型数据库设计

1. E-R 模型

（1）概念模型　现实世界是丰富多彩的，是无法用计算机来直接处理的。要想使用计算机来处理现实世界的具体事物，就必须通过模型对其进行模拟和抽象。模型可分为两类，一类是概念模型，另一类是数据模型。概念模型是对概念世界的管理对象、属性及其信息的描述形式。概念模型不依赖计算机及数据库管理系统，它是现实世界的真实全面反映，是现实世界到信息世界的一个中间层次。

概念模型用于信息世界的建模，是现实世界到信息世界的第一层抽象，是数据库设计人员进行数据库设计的有力工具，也是数据库设计人员和用户之间进行交流的语言。因此，概念模型一方面应该具有较强的语义表达能力，能够方便、直接地表达应用中的各种语义知识，另一方面它还应该简单、清晰，易于为用户理解。

信息世界涉及的概念主要有：

① 实体：客观存在并可相互区别的事物称为实体。实体可以是具体的人、事、物，也可以是抽象的概念或联系。例如，一个职工、一个学生、一个部门、一门课、学生的一次选课、部门的一次订货、老师与系的工作关系（即某位老师在某系工作）等都是实体。

② 属性：实体所具有的某一特性称为属性。一个实体可以由若干个属性来刻画。例如，学生实体可以由学号、姓名、性别、出生年份、系、入学时间等属性组成。

（94002268，张山，男，1976，计算机系，1994）这些属性组合起来表征了一个学生。

③ 码：唯一标识实体的属性集称为码。例如，学号是学生实体的码。

④ 域：属性的取值范围称为该属性的域。例如，学号的域为 8 位整数，姓名的域为字符串集合，年龄的域为小于 38 的整数，性别的域为（男，女）。

⑤ 实体型：具有相同属性的实体必然具有共同的特征和性质。用实体名及其属性名集合来抽象和刻画同类实体，称为实体型。例如，学生（学号，姓名，性别，出生年份，系，入学时间）就是一个实体型。

⑥ 实体集：同型实体的集合称为实体集。例如，全体学生就是一个实体集。

⑦ 联系：在现实世界中，事物内部以及事物之间是有联系的，这些联系在信息世界中反映为实体（型）内部的联系和实体（型）之间的联系。实体内部的联系通常是指组成实体的各属性之间的联系。实体之间的联系通常是指不同实体集之间的联系。

（2）E-R 模型　概念模型是对信息世界建模，所以概念模型应该能够方便、准确地表示上述信息世界中的常用概念。概念模型的表示方法很多，其中最为著名、最为常用的是实体-联系方法（Entity - Relationship Approach）。该方法用 E-R 图来描述现实世界的概念模型，E-R 方法也称为 E-R 模型。

E-R 图提供了表示实体、属性和联系的方法。

- 实体：用矩形表示，矩形框内写明实体名。
- 属性：用椭圆形表示，并用无方向实线将其与相应的实体连接起来。

例如，学生实体具有学号、姓名、性别、出生年份、系别、入学时间等属性，用 E-R 图表示，如图 12-1 所示。

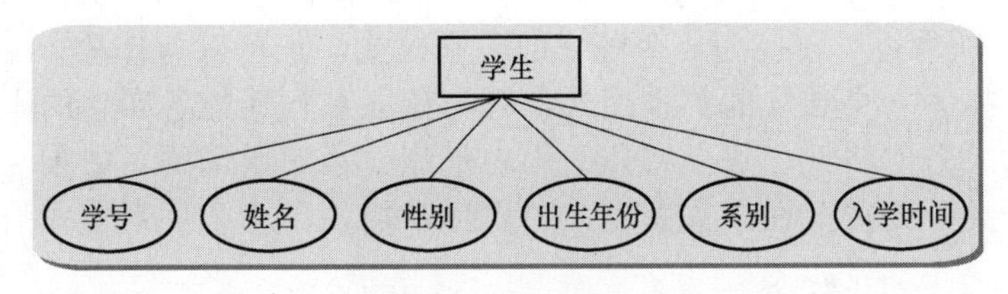

图 12-1　学生实体及属性

● 联系：用菱形表示，菱形框内写明联系名，并用无方向实线分别与有关实体连接起来，同时在无方向实线旁标上联系的类型（1:1、1: n 或 m: n）。

2．关系数据库的关系

（1）关系的分类　前面已经谈到，模型分为概念模型和数据模型两类。数据模型是对客观事物及其联系的数据描述，是实体联系模型的数据化。我们现在研究的数据模型主要是关系模型，它是目前最重要的一种数据模型。关系模型用关系表示实体及其之间的联系，关系模式则是对关系的描述，它通常包括关系名和组成该关系的多个属性名、域名、属性向域的映射 4 个部分，可简单记为 R（$D_1, D_2, \cdots, D_n$），其中 R 为关系名，$D_1, D_2, \cdots, D_n$ 为属性名。关系模型是所有的关系模式、属性名和关键字的集合。

在关系数据库中，两个实体型之间的关系可以分为三类：

① 一对一关系：如果对于实体集 A 中的每一个实体，实体集 B 中至多有一个（也可以没有）实体与之联系，反之亦然，则称实体集 A 与实体集 B 具有一对一联系，记为 1:1。

例如，学校里面一个班级只有一个正班长，而一个班长只在一个班中任职，则班级与班长之间具有一对一关系。

② 一对多关系：如果对于实体集 A 中的每一个实体，实体集 B 中有 n 个实体（$n \geqslant 0$）与之联系；反之，对于实体集 B 中的每一个实体，实体集 A 中至多只有一个实体与之联系，则称实体集 A 与实体集 B 有一对多关系，记为 1: n。

例如，一个班级中有若干名学生，而每个学生只在一个班级中学习，则班级与学生之间具有一对多关系。

③ 多对多关系：如果对于实体集 A 中的每一个实体，实体集 B 中有 n 个实体（$n \geqslant 0$）与之联系；反之，对于实体集 B 中的每一个实体，实体集 A 中也有 m 个实体（$m \geqslant 0$）与之联系，则称实体集 A 与实体集 B 具有多对多关系，记为 m: n。

例如，一门课程同时有若干个学生选修，而一个学生可以同时选修多门课程，则课程与学生之间具有多对多关系。

实际上，一对一关系是一对多关系的特例，而一对多关系又是多对多关系的特例。

（2）将概念模型转换为关系模型　在关系数据库的设计中，将概念模型转换为关系模式实际上就是将 E-R 模型转换为关系模型的过程。E-R 模型向关系模型的转换不仅要解决实体型转换为关系模式的问题，更要解决如何将实体和实体间的联系转换为关系模式，以及如何确定这些关系模式的属性和码。

关系模型的逻辑结构是一组关系模式的集合。E-R 模型则是由实体、实体属性和实体之间的联系三个要素组成的。所以，将 E-R 模型转换为关系模型实际上就是要将实体、实体的属性和实体之间的联系转换为关系模式，这种转换一般遵循如下原则：

① 一个实体型转换为一个关系模式。实体的属性就是关系的属性，实体的码就是关系的码。

② 一个 1:1 联系可以转换为一个独立的关系模式，也可以与任意一端对应的关系模式合并。如果转换为一个独立的关系模式，则与该联系相连的各实体的码以及联系本身的属性均转换为关系的属性，每个实体的码均是该关系的候选码。如果与某一端实体对应的关系模式合并，则需要在该关系模式的属性中加入另一个关系模式的码和联系本身的属性。

③ 一个 1:n 联系可以转换为一个独立的关系模式，也可以与 n 端对应的关系模式合并。如果转换为一个独立的关系模式，则与该联系相连的各实体的码以及联系本身的属性均转换为关系的属性，而关系的码为 n 端实体的码。

④ 一个 m:n 联系转换为一个关系模式。与该联系相连的各实体的码以及联系本身的属性均转换为关系的属性，而关系的码为各实体码的组合。

⑤ 三个或三个以上实体间的一个多元联系可以转换为一个关系模式。

与该多元联系相连的各实体的码以及联系本身的属性均转换为关系的属性，而关系的码为各实体码的组合。

二、关系模型的规范化

关系数据库范式理论是在数据库设计过程中需要依据的准则，数据库结构必须满足这些准则，才能确保数据的准确性和可靠性。这些准则被称为规范化形式，即范式。在数据库设计过程中，对数据库进行检查和修改并使它符合范式的过程叫作规范化。

范式按照规范化的级别分为 5 种：第一范式（1NF）、第二范式（2NF）、第三范式（3NF）、第四范式（4NF）和第五范式（5NF）。在实际的数据库设计过程中，通常需要用到的是前三类范式。

1．第一范式

第一范式要求每一个数据项都不能拆分成两个或两个以上的数据项。

2．第二范式

如果一个数据表已经满足第一范式，而且该数据表中任何一个非主键字段的数值都依赖于该数据表的主键字段，那么该数据表就满足第二范式，即 2NF。

3．第三范式

如果一个数据表已经满足第二范式，而且该数据表中的任何两个非主键字段的数值之间不存在函数依赖关系，那么该数据表就满足第三范式，即 3NF。

实际上，第三范式就是要求不要在数据库中存储可以通过简单计算得出的数据。这样不但可以节省存储空间，而且在拥有函数依赖的一方发生变动时，避免了修改成倍数据的麻烦，同时，也避免了在这种修改过程中可能造成的人为错误。

三、数据库的一般设计方法

按照规范设计的方法，考虑数据库及其应用系统开发阶段全过程，将数据库设计分为以下 6 个阶段：

- 需求分析阶段。
- 概念结构设计阶段。
- 逻辑结构设计阶段。
- 数据库物理结构设计阶段。
- 数据库实施阶段。
- 数据库运行和维护阶段。

数据库设计开始之前，首先必须选定参加设计的人员，包括系统分析人员、数据库设

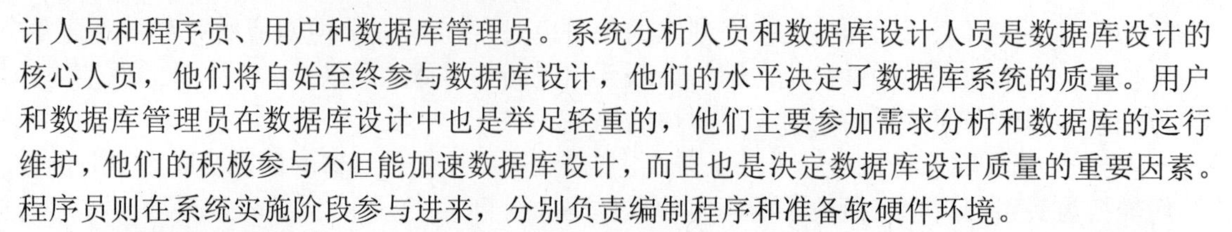

计人员和程序员、用户和数据库管理员。系统分析人员和数据库设计人员是数据库设计的核心人员，他们将自始至终参与数据库设计，他们的水平决定了数据库系统的质量。用户和数据库管理员在数据库设计中也是举足轻重的，他们主要参加需求分析和数据库的运行维护，他们的积极参与不但能加速数据库设计，而且也是决定数据库设计质量的重要因素。程序员则在系统实施阶段参与进来，分别负责编制程序和准备软硬件环境。

1. 需求分析阶段

进行数据库设计首先必须准确了解与分析用户需求（包括数据与处理）。

需求分析是整个设计过程的基础，是最困难、最耗费时间的一步。作为地基的需求分析是否做得充分与准确，决定了在其上构建数据库大厦的速度与质量。需求分析做得不好，甚至会导致整个数据库设计返工重做。

2. 概念结构设计阶段

概念结构设计是整个数据库设计的关键，它通过对用户需求进行综合、归纳与抽象，形成一个独立于具体 DBMS 的概念模型。

3. 逻辑结构设计阶段

逻辑结构设计是将概念结构转换为某个 DBMS 所支持的数据模型，并对其进行优化。

4. 数据库物理结构设计阶段

数据库物理结构设计是为逻辑数据模型选取一个最适合应用环境的物理结构（包括存储结构和存取方法）。

5. 数据库实施阶段

在数据库实施阶段，设计人员运用 DBMS 提供的数据语言及其宿主语言，根据逻辑设计和物理设计的结果建立数据库，编制与调试应用程序，组织数据入库，并进行试运行。

6. 数据库运行和维护阶段

数据库应用系统经过试运行后即可投入正式运行。在数据库系统运行过程中必须不断地对其进行评价、调整与修改。

设计一个完善的数据库应用系统是不可能一蹴而就的，它往往是上述 6 个阶段的不断反复进行。

任务实施

设计图书管理数据库的步骤如下：

1. 需求分析

在这个阶段中，将对需要存储的数据进行收集和整理，并组织建立完整的数据集。可以使用多种方法进行数据的收集，例如，相关人员调查、历史数据查阅、观摩实际的运作流程以及转换各种实用表单等。图书管理数据库系统通过观摩实际的运作流程进行需求分析，从而得出该图书借阅的实际运作过程。

2. 概念设计

在需求分析的基础上，用 E-R 模型表示数据及其相互间的联系，产生反映用户信息需求的概念模型。概念设计的目的是准确地描述应用领域的信息模式，支持用户的各种应用。

概念设计的成果是绘制出图书管理数据库系统的 E-R 图。

通过对图书管理数据库的概念设计，可获得以下两方面的成果。

（1）图书管理数据库需要表述的信息有以下几种：

- 图书信息。
- 读者信息。
- 借阅信息。
- 图书类别信息。
- 部门信息。

（2）图书管理数据库系统的 E-R 图，如图 12-2 所示。

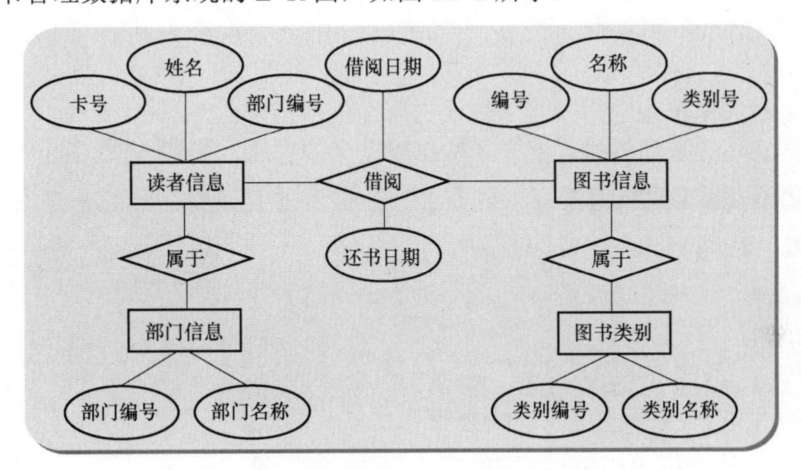

图 12-2　图书管理数据库系统的 E-R 图

3．逻辑设计

（1）利用从 E-R 图到关系模式转换的有关知识，将图书管理数据库的 E-R 图转换为系统的关系模型。

部门信息（部门编号，部门名称）。

读者借阅卡信息（借阅卡编号，姓名，部门编号，电话，E-mail，借阅数量）。

图书类别信息（类别编号，类别名称）。

图书信息（图书编号，图书名称，类别编号，出版社，作者，单价）。

借阅信息（借阅卡编号，图书编号，借阅日期，还书日期）。

其中部门信息、读者借阅卡信息、图书信息和图书类别信息分别对应一个实体，而借阅信息对应一个多对多的关系。

（2）将逻辑模式规范化和性能优化。由于 E-R 图转换的数据库逻辑模型还只是逻辑模式的雏形，要成为逻辑模式，还需要进行以下几个方面的处理：

- 对数据库的性能、存储空间等优化。
- 数据库逻辑模型的规范化。

对图书管理关系模型的规范化表示如下：

- department (deptID, dept)。
- readers (reraderID, name, deptID, tel, email, borrownum)。
- type (typeID, typename)。

- books (bookID, bookname, typeID, publisher, author, price) 。
- borrow (readerID, bookID, borrowdate, returndate)。

（3）确定数据表和表中的字段。根据所给出的实体得到图书借阅的数据表结构，需要为这些字段添加一些简单的描述，包括每个字段应该使用什么样的数据类型，以及有什么特殊限制等。

（4）建立约束，以保证数据的完整性和一致性。

- 建立主键约束，以唯一标识数据表的各条记录。
- 建立数据表之间的关联，并根据建立的关联实现表之间的参照完整性。
- 对表中一些字段建立检查约束。

例如，为借阅信息表中的借阅日期字段创建一个检查约束，使借阅日期不大于“2018-12-31”。

主键约束在关系模式中用带有下划线的属性标示出来。

通过前面实体关系的转换，建立了数据表之间的关联，如图 12-3 所示。

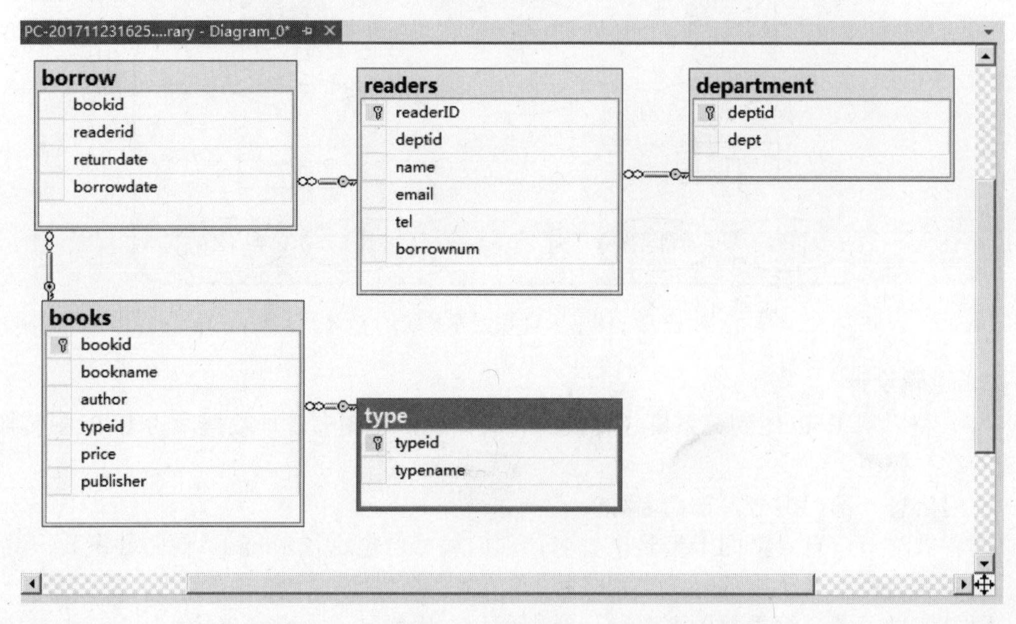

图 12-3　完整的图书管理数据库系统的逻辑模式

4. 物理设计

数据库物理设计的任务是在数据库逻辑设计的基础上，为每个关系模式选择合适的存储结构和存取路径的过程。

（1）选择存储结构。设计物理存储结构的目的是确定如何在磁盘上存储关系、索引等数据库文件，使得空间利用率最大而数据操作的开销最小。

（2）选择存储方法。选择存取方法的目的是能快速存取数据库中的数据。任何数据库管理系统都提供多种存取方法，其中最常用的是索引方法。

在前面工作的基础上，选择 SQL Server 2016 数据库管理系统建立数据库并设计相应的数据表，完成后数据表如下所示。

① 读者部门信息表 department，部门编号为主键，其结构如表 12-1 所示。

表 12-1 department 表结构

列 名	数据库类型	长 度	允 许 空 值	说 明	列 名 含 义
deptID	char	4	×	主键	部门编号
dept	varchar	20	×		部门名称

② 读者借阅卡信息表 readers，借阅卡编号为主键，其结构如表 12-2 所示。

表 12-2 readers 表结构

列 名	数据库类型	长 度	允 许 空 值	说 明	列 名 含 义
readerID	char	10	×	主键	借阅卡编号
deptID	char	4	×		部门编号
name	varchar	10	×		读者姓名
email	varchar	20	√		E-mail
tel	char	20	√		电话
borrownum	smallInt		√	默认值为 0	借书数量

③ 书刊类型信息表 type，类型编号为主键，其结构如表 12-3 所示。

表 12-3 type 表结构

列 名	数据库类型	长 度	允 许 空 值	说 明	列 名 含 义
typeID	char	4	×	主键	类别编号
typename	varchar	20	×		类别名称

④ 书刊信息表 books，书刊编号为主键，其结构如表 12-4 所示。

表 12-4 books 表结构

列 名	数据库类型	长 度	允 许 空 值	说 明	列 名 含 义
bookid	char	10	×	主键	图书编号
bookname	varchar	50	×		图书名称
author	char	10	√		作者
typeID	char	4	√		类别编号
price	money		√		单价
publisher	varchar	20	√		出版社

⑤ 书刊借阅信息表 borrow，书刊编号和借阅卡编号为主键，其结构如表 12-5 所示。

表 12-5 borrow 表结构

列 名	数据库类型	长 度	允 许 空 值	说 明	列 名 含 义
bookID	char	10	×	主键	图书编号
readerID	char	10	×	主键	借阅卡编号
returndate	smallDatatime	4	√		还书日期
borrowdate	smallDatatime	4	√		借书日期

至此，一个完整的图书管理数据库已经设计完成。

能力拓展

创建图书销售管理数据库

1．需求分析

收集和整理与图书销售管理相关的数据，了解图书销售的实际运作过程。

2．概念设计

绘制出图书销售管理数据库的 E-R 图。

3．逻辑设计

将图书销售管理数据库的E-R图转换为系统的数据模型，并对数据模型进行优化处理，最后建立数据表之间的关联。

4．物理设计

物理设计是关系模式选择合适的存储结构和存取路径的过程。

工作评价与思考

一、选择题

1．数据库逻辑结构设计阶段的主要功能是（　　）。

A．明确用户需求，确定新系统的功能

B．建立数据库的 E-R 模型

C．将数据库的 E-R 模型转换为关系模型

D．选择合适的存储结构和存储路径

2．用二维表结构表示实体以及实体间联系的数据模型称为（　　）。

A．网状模型　　B．层次模型　　C．关系模型　　D．面向对象模型

3．下列各选项不属于数据库设计阶段的是（　　）。

A．需求分析　　B．系统设计　　C．概念结构设计　D．物理结构设计

4．设 R 是一个关系模式，如果 R 中的每个属性都是不可分解的，则称 R 满足（　　）。

A．第一范式　　B．第二范式　　C．第三范式　　D．第四范式

5．在 E-R 模型中，实体间的联系用（　　）图标来表示。

A．矩形　　B．直线　　C．菱形　　D．椭圆

二、填空题

1．SQL Server 2016 采用的数据模型是________________。

2．一种数据模型的特点是：有且仅有一个根节点，根节点没有父节点；其他节点有且仅有一个父节点，则这种数据模型是________________。

三、简答题

1．简述数据库设计的过程。

2．请举出一对一、一对多、多对多三种关系的实例，并用 E-R 图描述。

13

任务十三

在 Web 中访问图书管理数据库

能力目标

- 能够在 Visual Studio 中创建数据库。
- 能够建立数据库连接。
- 能够在 ASP.NET 中配置数据源，实现对数据库的访问。

知识目标

- 熟悉 Visual Studio 集成开发环境。
- 了解在 Visual Studio 集成开发环境中创建动态网页的基本操作。

任务导入

一般的计算机用户并不熟悉数据库，不可能直接使用数据库管理系统操作数据库，应该由专业的应用开发人员根据应用需求开发界面友好的前台应用程序。一般数据库用户不需要了解复杂的数据库概念和学习数据库管理系统的操作，他们面对的是像一般应用程序一样的操作界面。

ASP.NET 是微软公司最新推出的基于.NET 框架的新一代网络编程语言，是一种将各种 Web 元素组合在一起的服务器技术，是一个统一的 Web 平台。它提供了生成一个完整的 Web 应用程序所必需的各种服务。使用该技术，能够有效地开发数据库应用程序。

微软的 Visual Studio 是开发 ASP.NET 应用程序最好用的集成开发环境，是一套完整的开发工具集合，对于后台数据库的连接、用户界面的生成等都有强大的支持作用。

本项目的主要任务有:

（1）配置 ASP.NET 的运行环境和开发环境。

（2）创建 ASP.NET 网站。

（3）在 Visual Studio 中连接图书管理数据库。

（4）利用数据控件创建管理数据动态网页。

（5）创建添加数据动态网页。

相关知识

一、Visual Studio 集成开发环境

1. .NET Framework 框架

ASP.NET 的全称为"Active Server Pages.NET"，它将软件设计和 Web 设计融为一体，同时与 Visual Basic.NET、Visual C++.NET 和 Visual C#等程序设计语言紧密结合，从而为 Web 开发人员提供了一个更为强大的编程空间。

ASP.NET 是一种建立在公共语言运行时（Common Language Runtime，CLR）基础之上的程序开发架构。它几乎是完全基于组件和模块化的，开发人员可以借助这个开发环境来开发更加模块化、功能更强大的 Web 应用程序。

.NET 包含了一种使用开放标准的 XML 格式交换信息的标准化格式。可扩展标记语言（Extensible Markup Language，XML）不需要请求者具备任何有关数据存储、如何保存信息的专门知识—— 数据都以自描述的 XML 格式取出。同样的，目前几乎所有的数据存储都可以用 XML 来提供信息，这对于所有的.NET 数据客户都具有吸引力。

.NET 支持软件的 Web Services 标准，可请求在使用了开放平台标准的简单对象访问协议（Simple Object Access Protocol，SOAP）和 XML 的远程软件上运行代码。.NET 网站可以从另外一个网站上找到该网站所提供的服务，并使用这些服务。这样可以使得网站从其他的网站上获得 HTML、计算后的结果或者数据集。

作为.NET 开端的一部分，Microsoft 发布了一套运行时编程工具和应用编程接口（API），称为.NET Framework，让开发团队能够创建.NET 应用程序和 XML Web Services。.NET Framework 由公共语言运行时（Common Language Runtime，CLR）和一套统一的类库组成。

CLR 为运行的应用程序提供了一个完全管理的执行环境，其中包括几个服务，例如，程序集装载和卸载、进程和内存的管理、安全实施以及即时编译等。CLR 这个名称的意思就是指能够用多种语言编写应用程序，并且将源代码编译成 CLR 能够读懂并运行的中间语言，而无须考虑原来所使用的语言。这种"语言独立性"就是 CLR 的关键特性（也是 ASP.NET 的特性），它允许开发人员使用自己喜欢的语言工作，如 C#、VB，都能够获得.NET Framework 的常用特性。

2. Visual Studio.NET

微软的 Visual Studio 是开发 ASP.NET 应用程序最好用的集成开发环境（Integrated Development Environment，IDE），是一套完整的开发工具集合，可用于生成 ASP.NET 网站、ASP Web 应用程序、XML Web services、桌面应用程序和移动应用程序。Visual Basic.NET、Visual C++.NET、Visual C#.NET 和 Visual J#.NET 全都使用相同的集成开发环境，该环境允许它们共享工具并有助于创建混合语言解决方案。

进行.NET 开发的工具并非只有 Visual Studio，最常见的如 Windows 自带的记事本实用程序也可以实现.NET 程序开发。事实上，Visual Studio 已成为.NET 开发的首选工具。

在 Visual Studio 的集成开发环境中，为开发人员提供了大量的实用工具以提高工作效率。这些工具包括自动编译、项目创建向导、创建部署工程等。

Visual Studio 界面主要包括以下内容：

（1）菜单栏：位于上方。它和 VB、Office 等普通软件一样，几乎所有功能都可以在其中找到。

（2）按钮栏：位于菜单栏下方。请大家尤其要注意中间的【运行】按钮和右侧的几个显示子窗口按钮。前者用来测试运行程序，后者用来显示或隐藏下方的【工具箱】等窗格。

（3）工具箱：位于左侧，提供开发 ASP.NET 程序所需的各种控件。要注意它分为很多栏，包括标准控件、数据控件、登录控件、验证控件、WebParts 控件、站点导航控件、HTML 控件等。

① 标准控件：主要是指传统的 Web 窗体控件，例如，TextBox、Button、Panel 等控件。它们有一组标准化的属性、事件和方法，因此能够使开发工作变得简单易行。

② 数据控件：该类控件可细分为两种类型，即数据源控件和数据绑定控件。数据源控件主要实现数据源连接、SQL 语句/存储过程执行、返回数据集合等功能。具体包括 SqlDataSource、AccessDataSource、XmlDataSource、SiteMapDataSource、ObjectDataSource 等。数据绑定控件包括 Repeater、DataList、GridView、DetailsView、FormView 等。这类控件主要实现数据显示，提供编辑、删除等相关用户界面等。通常情况下，首先需要使用数据源控件连接数据库，并返回数据集合，然后利用数据绑定控件实现数据显示、更新、删除等功能。

③ 验证控件：它们是一组特殊的控件，控件中包含验证逻辑以测试用户输入。具体包括 RequiredFieldValidator、RangeValidator、RegularExpressionValidator、CompareValidator 等。开发人员可以将验证控件附加到输入控件，测试用户对该输入控件输入的内容。验证控件可用于检查输入字段，对照字符的特定值或模式进行测试，其目的是验证某个值是否在限定范围之内或者其他逻辑。

④ 站点导航控件：该类控件可与站点导航数据结合，实现站点导航功能。具体包括 Menu、SiteMapPath、TreeView。对于大型站点，站点导航控件都有着广泛的应用前景。

⑤ WebParts 控件：利用 Web 部件能够创建具备高度个性化特征的 Web 应用程序。实现 Web 部件功能需要 WebParts 控件支持，ASP.NET 提供了以下相关控件，例如，WebPartManager、WebPartZone、EditorZone、CatalogZone、PageCatalogPart、AppearanceEditorPart 等。

⑥ 登录控件：这类控件可快速实现用户登录及相关功能，例如，显示登录状态、密码恢复、创建新用户等。具体包括 LoginView、Login、CreateUserWizard、LoginStatus 等。

⑦ HTML 控件：它们代表普通的 HTML 元素，不具备服务器端编程能力，不过可以很方便地将普通 HTML 控件转换为 HTML 服务器控件。只需要在普通 HTML 控件特性中添加 Runat="Server"属性即可。

（4）服务器资源管理器：位于左侧，用来建立或删除数据库连接。

（5）解决方案资源管理器：位于右上方，用来管理本应用程序内的所有文件，对准项目名称单击右键，就可以在其中添加新的文件。

（6）属性栏：位于右下方，用来给控件设置属性。例如，从左侧工具箱中将控件拖放到主工作区后，就可以在右侧的属性栏给该控件设置各种属性。

（7）主工作区：位于中央，用来设计页面和书写有关代码，是主要的操作窗格。所有打开的文件都会放在该窗格中，单击工作区上方的标签，就会显示相应的文件；单击主工作区右侧的关闭按钮，就可以关闭相应的文件。如果想重新打开文件，在右侧的【解决方案资源管理器】中双击文件名称即可。

（8）错误列表：位于左下方，用来显示编译错误等提示信息。

除了以上主要窗格外，还有类视图、动态帮助等窗格。

二、ADO.NET 数据模型

1. 数据访问的层次结构

ADO.NET（ActiveX Data Object.NET）是 Microsoft 公司开发的与数据库访问操作有关的类库，它基于 Microsoft 的.NET Framework，不仅包含对 XML 标准的完全支持，而且在与数据源连接或断开的环境下都能工作。程序员使用 ADO.NET 类库，可以方便高效地连接和访问数据库。

ADO.NET 访问数据采用的层次结构，其逻辑关系如图 13-1 所示。

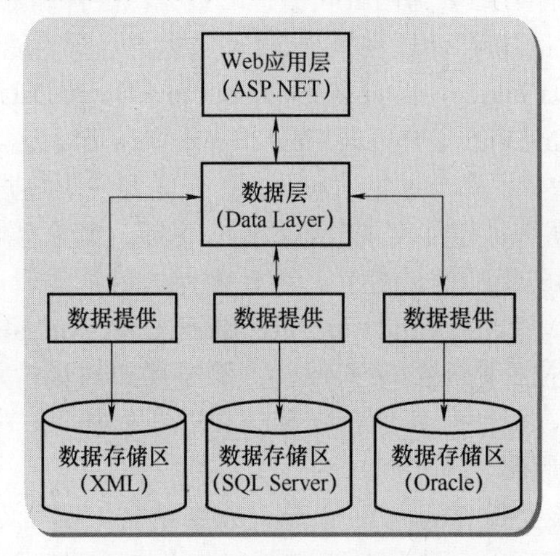

图 13-1　ADO.NET 的层次结构

顶层代表网站，底层代表各种类型的数据源，包括不同类型的数据库、XML 文档等。中间是数据层（Data Layer），下面是数据提供程序（Provider）。在这个层次结构中，数据提供程序起到了关键的作用。

数据提供程序相当于 ADO.NET 的通用接口。各种不同的数据提供程序对应不同类型的数据源。每个数据提供程序相当于一个容器，包括一组类以及相关的命令，它是数据源与数据集（DataSet）之间的桥梁。它可以根据需要将相关的数据读入内存中的数据集，也可以将数据集中的数据返回到数据源。

2. 数据集与数据提供程序

ADO.NET 类库拥有两个核心组件：DataSet（数据集）和 Data Provider（数据提供程序）对象。

（1）数据集　数据集相当于驻留在内存中的数据库，不仅可以包括多张数据表，而且可以包括数据表之间的关系和约束。数据集从数据源中获取数据以后就断开了与数据源之间的连接。数据集允许在其中定义数据约束和表关系，增添、删除和编辑记录，还可以对数据集中的数据进行查询、统计等。当完成了各项数据操作后，还可以将数据集中的数据送回数据源。

在数据集中包括以下几种子类。

① 数据表（DataTable）：数据表用来存储数据。一个数据集可以包含多张表，每张表

又可包含多个行和列。

② 数据行（DataRow）：数据行是给定数据表中的一行数据，或者说是数据表中的一条记录。

③ 数据列（DataColumn）：数据表中的数据列（又称字段）定义了表的数据结构，例如，可以用它确定列中的数据类型和大小，还可以对其他属性进行设置。

④ 关系（DataRelation）：表之间的关系由相关的列定义。

（2）数据提供程序　Data Provider 作为数据集与数据源之间的桥梁，主要任务是建立两者之间的联系，包括在应用程序里连接数据源，连接 SQL Server 数据库服务器；通过 SQL 语句的形式执行数据库操作，并能以多种形式把查询到的结果集填充到 DataSet 里。

Data Provider 包括 Connection、Command、DataReader 和 DataAdapter 四大类对象，它们的作用如下：

① Connection（连接）类：Connection 类提供了对数据源连接的封装，用于建立与数据源的连接。类中包含连接方法，以及描述当前连接状态的属性。在 Connection 类中最重要的属性是 ConnectionString，该属性用来指定服务器名称、数据源信息以及其他登录信息。

② Command（命令）类：Command 类是对数据源操作命令的封装，用于设置适合数据源的操作命令，以便执行检索、编辑或输出参数等数据操作。由 Command 类生成的对象只能在连接的基础上，对连接的数据源指定相应的操作。

③ DataAdapter（数据适配器）类：数据适配器利用连接对象（Connection）连接的数据源，使用命令对象（Command）规定的操作从数据源中检索出数据送往数据集，或者将数据集中经过编辑后的数据送回数据源。每张表对应一个数据适配器，用来向数据集中输入数据，或者从数据集中读取数据。

④ DataReader（数据读取）类：Data Reader 类用于以只读方式从数据源向应用程序读取数据。使用 DataReader 类可以实现对特定数据源中的数据进行高速、只读、只向前的数据访问。与数据集不同，DataReader 是一个依赖连接的对象。也就是说，它只能在与数据源保持连接的状态下工作。

针对不同的数据源，ADO.NET 提供不同的数据提供程序。SQL Server 数据库使用 SQL Server.NET Provider 数据提供程序，它所位于的命名空间是 System.Data.SqlClient。它包括下列类：SqlConnection、SqlCommand、SqlDataReader 和 SqlDataAdapter。

而对于 Access 数据库则有 ODBC .NET Data Provider 数据提供程序。它所位于的命名空间是 System.Data.Odbc。它也有对应的 4 个类，即 OdbcConnection、OdbcCommand、OdbcDataReader 和 OdbcDataAdapter。

对于不同的数据提供程序，上述 4 种对象的类名是不同的，而它们连接访问数据库的过程却大同小异。这是因为它们以接口的形式，封装了不同数据库的连接访问动作。正是因为这两种数据提供者使用数据库访问驱动程序屏蔽了底层数据库的差异，所以从用户的角度来看，它们的差别仅仅体现在命名上。

3．使用 ADO.NET 连接和操作数据库

ADO.NET 使用 DataAdapter 和 DataSet 访问数据库的典型步骤如下：

① 建立数据库连接。

② 创建 DataAdapter 对象。

③ 从 DataAdapter 对象填充 DataSet。

④ 操作和处理 DataSet。

⑤使用 DataAdapter 对象更新数据源。

⑥ 关闭数据库连接。

具体的编程示例语句如下：

```
SqlConnection Conn = new SqlConnection ("server=locallhost; uid=sa; pwd= ;
                    database = northwind");
String str = "select * from customers";
SqlDataAdapter da = new SqlDataAdapter (str,Conn);
DataSet ds = new DataSet();
Da.Fill (ds,  "customers");
dgProducts.Datasource = ds.Tables["customers"].DefaultView;
dgProducts.DataBind () ;
Conn.Close () ;
```

三、ASP.NET 的数据控件

1．数据源控件

数据访问是 Web 开发中不可缺少的部分。ASP.NET 具备强大的数据库连接、数据绑定、数据管理等功能。

ASP.NET 在数据连接方面做了很大改进，新增的 DataSource（数据源）控件即是其中之一。该控件是 ASP.NET 中数据访问系统的一个重要核心，代表的是一个数据存储，能够在 Web 页面上以声明的方式表示出来。通常，页面上并不显示 DataSource 控件，但它可以为任何数据绑定的 UI 控件提供数据访问。同时，该控件还提供了包括排序、分页、更新、删除和插入在内的多项功能，这些功能在设计时即可实现，而无须任何附加的代码。

DataSource 控件并不是一个单独的控件，而是一个系列的控件，它包含以下 6 种具体的控件：

（1）SQLDataSource 控件　该控件用于连接 SQL 数据库，允许以声明方式将 SQL Server 中的数据绑定到指定的对象中。

（2）AccessDataSource 控件　该控件用于连接 Access 数据库，允许以声明方式将 Access 数据库中的数据绑定到指定的对象中。

（3）ObjectDataSource 控件　该控件用于连接自定义对象，允许以声明方式将对象绑定到由自定义对象公开的数据，以用于多层 Web 应用程序结构。

（4）DataSetDataSource 控件　该控件可将 XML 文件作为 DataSet，并进行相关处理。

（5）XMLDataSource 控件　该控件可装载 XML 文件作为数据源，并将其绑定到指定的对象中。

（6）SiteMapDataSource 控件　该控件装载一个预先定义好的站点文件作为数据源，Web 服务器控件和其他控件可通过该控件绑定到分层站点地图数据，以便制作站点的页面导航功能。

DataSource 控件往往不是单独存在的，而是和其他要绑定的服务器控件相关联使用。任何具有数据绑定能力的服务器控件都可以使用 DataSource 控件。

2．数据绑定控件

数据源控件和数据绑定控件是密不可分的，有了数据源控件，数据绑定控件就可以很方便地显示数据了。能够绑定数据源控件的服务器控件很多，如 GridView 等。

（1）GridView 数据控件　GridView 控件非常适合用来显示处理表格数据，使用它可以完成大部分数据处理工作，包含增加、删除、修改、选择、排序和分页等功能。

① 创建 GridView 控件。在 Visual Studio 中，创建 GridView 控件可以采用两种方法。一种是将【工具箱】→【数据控件】→【GridView 控件】拖曳到页面，这时页面将产生 GridView 控件，然后配置数据源，就可以用列表的方式显示数据了。另一种方法是将【服务器资源管理器】中的表或字段直接拖曳到页面，即可生成 GridView 控件与 SqlDataSource 控件。

② GridView 控件属性设置。GridView 控件的属性很多，可以分为行为属性、外观属性、排列属性和只读属性等。

③ GridView 分页功能。当用 GridView 控件显示表时，如果表的数据行数超过页面所能显示的行数，此时就需要使用分页功能。

使用 GridView 控件添加分页功能非常简单，只需在智能标记中选中【启用分页】复选框即可。

在 GridView 属性中有很多属性可设置分页的功能及外观，如表 13-1 所示。

表 13-1　分页的相关属性

属　性	说　明
AllowPaging	是否允许分页
PageIndex	分页索引
FirstPageImageUrl	切换第一页图片
FirstPageText	切换第一页文字
LastPageImageUrl	切换最后一页图片
LastPageText	切换最后一页文字
Mode	设置分页模式
NextPageImageUrl	下一页图片
NextPageText	下一页文字
PageButtonCount	显示分页按钮的个数
Position	分页按钮的位置
PreviousPageImageUrl	上一页图片
PreviousPageText	上一页文字
Visible	是否显示分页
PageSize	每一页包含的条数
HorizontalAlign	设置分页按钮的水平对齐方式
VerticalAlign	设置分页按钮的垂直对齐方式

④ GridView 排序功能。GridView 排序功能可以让用户单击 GridView 字段标题，以便进行数据排序。要在 GridView 中添加排序功能同样简单，只需选中智能标记中的【启用排序】即可。此时，系统自动将 AllowSorting 属性设置为【True】，并将 GridView 中的每个列绑定的字段设置为排序字段，对应的属性为 SortExpression。

在 GridView 处理 Sorting 事件之前，当单击【排序】按钮时会触发 Sorting 事件；在

GridView 处理 Sorted 事件之后，当单击【排序】按钮时会触发 Sorted 事件。

⑤ GridView 选择功能。在 GridView 中添加选择按钮后，GridView 的每一行都会出现【选择】按钮，用户单击行的【选择】按钮后会触发事件，可以添加事件代码响应用户的选择。

要对 GridView 添加选择功能，只需在智能标记上选中【启用选定内容】复选框即可。

GridView 选择功能也有两个事件。

SelectIndexChanging 事件：在 GridView 处理该事件之前，当用户单击【选择】按钮时触发。

SelectIndexChanged 事件：在 GridView 处理该事件之后，当用户单击【选择】按钮时触发。

⑥ GridView 编辑功能。GridView 编辑功能可以让用户编辑行，并且更新数据库的数据。在智能标记内选中【启用编辑】复选框就能添加编辑功能。此时，系统会自动在 CommandField 字段中添加 ShowEditButton="True"。

与编辑相关的事件有 4 个，分别处理用户编辑的每个阶段，可以使用 e.Cancel 或 e.KeepInEditMode 来控制编辑的流程，如表 13-2 所示。

表 13-2　GridView 控件的事件与参数

事件与参数	说　明
RowEditing e.Cancel	当单击【编辑】按钮时触发 在 GridView 处理该事件之前取消该事件
RowUpdating e.Cancel	当单击【更新】按钮时触发 在 GridView 处理该事件写入数据库之前取消该事件
RowUpdated e. KeepInEditMode	当单击【更新】按钮时触发 在 GridView 处理该事件写入数据库之后取消该事件
RowCancelingEdit e.Cancel	当单击【取消编辑】按钮时触发 当单击【取消编辑】按钮时触发该事件

⑦ GridView 删除功能。GridView 删除功能可以让用户单击【删除】按钮时删除数据。要对 GridView 添加删除功能，只需在智能标记处选中【启用删除】复选框即可。此时，系统会自动在 CommandField 字段中加入 ShowDeleteButton="True"。

当用户单击【删除】按钮时会触发 RowDeleting 事件，可以编写程序判断是否允许用户删除数据。在 GridView 处理 RowDeleting 事件之前，单击【更新】按钮时触发该事件。

（2）DataList 控件　DataList 控件是 Web 服务器端控件。DataList 控件以可自定义的格式显示数据库行的信息，显示数据的格式在创建的模板中定义。可以为项、交替项、选定项和编辑项创建模板。标头、脚注和分隔符模板也用于自定义 DataList 的整体外观。在模板中添加 Button 控件时，可将列表项连接到代码，这些代码使用户得以在显示、选择和编辑模式之间进行切换。

DataList 控件以某种格式显示数据，这种格式可以使用模板和样式进行定义。DataList 控件可用于任何重复结构中的数据，如表。DataList 控件可以以不同的布局显示行，如按列或行对数据进行排序。DataList 控件使用 HTML 表元素在列表中呈现项。

用户可以选择将 DataList 控件配置为允许用户编辑或删除信息，还可以自定义该控件以支持其他功能，如选择行。

此外，还可以使用模板通过包括 HTML 文本和控件来定义数据项的布局。例如，可以在某项中使用 Label Web 服务器控件来显示数据源中的字段。

（3）FormView 控件　FormView 控件是一个数据绑定用户页面的控件，它一次只从其关联的数据源中显示一条记录，并提供分页功能以切换记录。FormView 控件要求用户使用模板定义每项的显示，而不是使用数据控件。

在 FormView 控件的模板中可以添加 Image、HyperLink 等控件，并可绑定数据源中的字段。FormView 控件还有一个 DefaultMode 属性，用于设置该控件的默认模式，并且在执行取消、插入和更新命令后恢复为该模式。

FormView 控件除了与 DataList 控件有相同的模板外，还有 InsertItemTemplate、EmptyDataTemplate 和 PagerTemplate 模板，如表 13-3 所示。

表 13-3　FormView 控件模板

模板属性	说明
InsertItemTemplate	新增项目模板
EmptyDataTemplate	没有任何数据时显示的模板
PagerTemplate	分页按钮的模板

（4）Repeater 控件　Repeater 控件是一个数据绑定列表控件，与 DataList 控件相似，但 Repeater 控件中列表项的内容和布局是使用模板定义的。

Repeater 控件没有内置的布局和样式，因此，必须在此控件的模板中声明所需要的 HTML 布局、格式设置和样式标记等。

Repeater 控件是唯一允许开发人员在模板间拆分 HTML 标记的控件。例如，如果需要将 Repeater 控件显示成 table 的样式，可以在 HeaderTemplate 中放置开始标记<table>，在 ItemTemplate 中放置<tr>标记来显示实际数据，然后在 FooterTemplate 中放置结束标记</table>。与 DataList 控件不同，Repeater 控件没有内置的选择和编辑支持。

如果要让 Repeater 控件能够处理事件，可以在 ItemCommand 事件中编写处理程序。Repeater 控件提供了 5 种不同类型的模板，功能与 DataList 控件相似。

每个 Repeater 控件必须至少定义一个 ItemTemplate 模板项，以控制如何格式化显示的第 *n* 个条目。

（5）DetailsView 数据控件　DetailsView 控件与 GridView 控件功能非常相似，同样具有编辑、删除、分页等功能，区别在于 DetailsView 控件每次仅显示一条记录，而 GridView 控件每次显示多条记录。而且，DetailsView 控件还具备 GridView 控件所没有的新建数据功能。

DetailsView 控件的模板字段相对于 GridView 控件而言，多了一个“新建模板”（InsertTemplate），但少了“表尾模板”（FooterTemplate）。

DetailsView 控件的样式比 GridView 少了行样式，但多了“命令行样式”“空数据样式”和“字段表头样式”。

四、ASP.NET 配置和管理工具

1．网站服务器的配置

配置服务器的步骤如下：

（1）进入 Internet 信息服务器　不同的操作系统进入服务器的操作可能有所不同。现在以 Windows 8 的默认安装为例。先单击 Windows 窗口左下角的【开始】按钮，再选择【控

制面板】→【管理工具】，并在弹出的菜单中选择【Internet 信息服务（IIS）管理器】，以进入 IIS 的管理窗口。展开左侧的树形目录，然后右击【Default Web Site】（默认网站），在弹出的快捷菜单中选择【添加虚拟目录】命令，如图 13-2 所示。

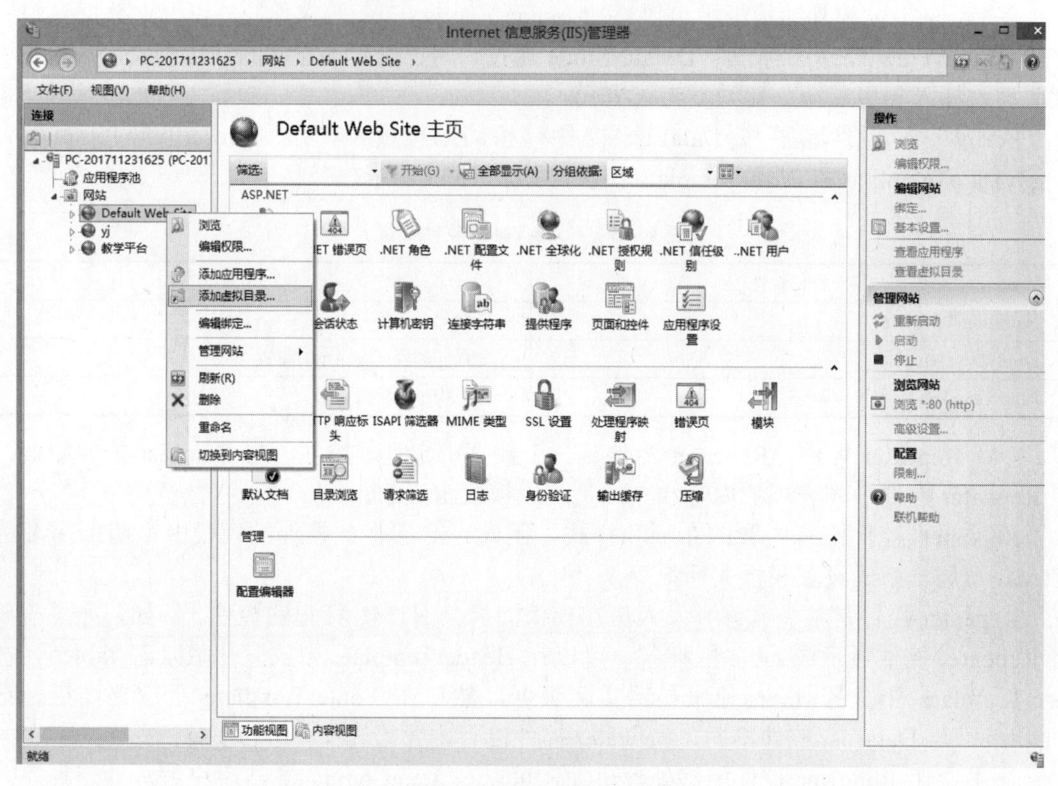

图 13-2　添加虚拟目录

（2）在打开的【添加虚拟目录】对话框中输入如图 13-3 所示的名称，选择网站的目录路径。

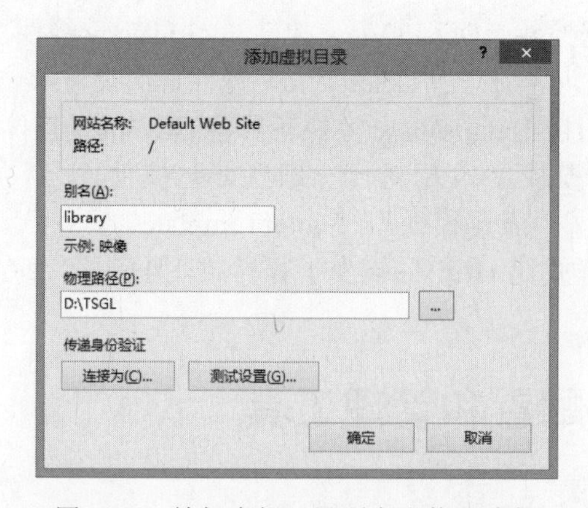

图 13-3　填加虚拟目录别名和物理路径

本地 IIS 网站虽然提供服务器的全套服务，但还不能向外发送信息，因为网站还不具备其他一些必要的条件，还没有获得唯一的 URL 认可等。

2. 网站配置文件

ASP.NET 使用以层次结构组织的 XML 文本文件，存放于应用程序目录下，统一用 Web.config 命名。它决定了文件所在目录及子目录的基本配置信息，且子目录下的配置信息优先于父目录的配置信息。

该文件主要包括 appSettings 和 system.web 两个方面的配置，如图 13-4 所示。appSettings 用于设定站点变量，参数可以根据自己的需要增加、修改。system.web 部分用于设定网站的运行环境，包括数据库连接、身份认证等配置项。

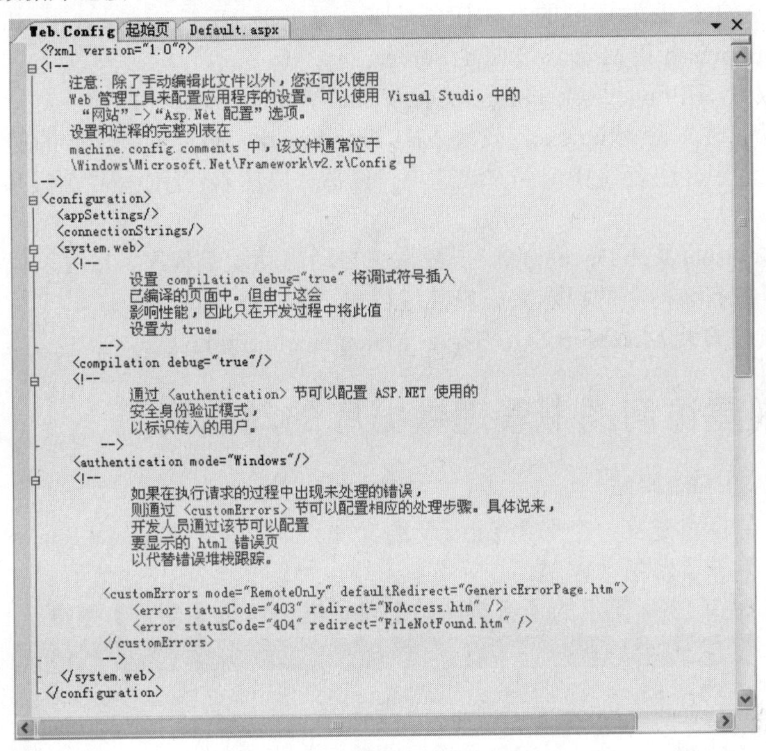

图 13-4 配置文件代码

3. ASP.NET 配置

不同身份的用户在商务网站中所能进行的访问是不一样的。一般而言，商务网站的前台应允许任何用户访问，而后台只能由具有管理员身份的用户进行访问。这些信息都存放在一个称为“aspnetdb”的数据库中，该数据库由系统自动产生。

在 Visual Studio 系统中单击【网站】→【ASP.NET 配置】命令，可以打开 ASP.NET 网站管理工具。

进入【安全】选项卡，能看到数据库连接正确的界面。

在【安全】选项卡中，选中【启用角色】后，可以开始创建和管理角色和用户，并给这些角色和用户分配不同的访问权限。

返回 Visual Studio ，刷新后，App_Data 文件夹中应该自动生成了 ASPNETDB.MDF 数据库，如图 13-5 所示。如果看不见该数据库，则该数据库被创建到了默认路径。请在 SQL Server 中分离该数据库，再将默认路径中的 ASPNETDB.MDF 文件和 ASPNETDB_LOG.LDF

图 13-5 自动生成 ASPNETDB.MDF 数据库

文件剪切到 App_Data 文件夹中来，然后在 SQL Server 中重新附加该数据库。

任务实施

一、建立 ASP. NET 的开发环境

建立 ASP.NET 开发环境的具体任务是下载并安装.NET Framework SDK、Microsoft Visual Studio Expresss 和 Microsoft SQL Server。

（1）下载.NET Framework 和 Microsoft Visual Web Developer。

（2）运行安装文件 setup.exe，安装.NET Framework，根据安装向导的提示完成安装过程。在安装过程中，注意选择全部安装选项，包括“快速入门示例”“工具和调试器”以及“产品文档”。

（3）安装 Visual Web Developer。一般系统自动启动安装程序，也可以双击 autorun.exe 进行安装，根据安装向导的提示完成安装过程。

（4）下载并安装 Microsoft SQL Server Management Studio。

二、创建访问图书管理数据库的动态网页

1. 创建 ASP. NET 网站

（1）首先在 D 盘建立一个名为 Library 的文件夹，然后打开 Visual Studio。在【起始页】中选择【创建】→【网站（W)】。

（2）打开如图 13-6 所示的【新建网站】对话框。单击【浏览】按钮。

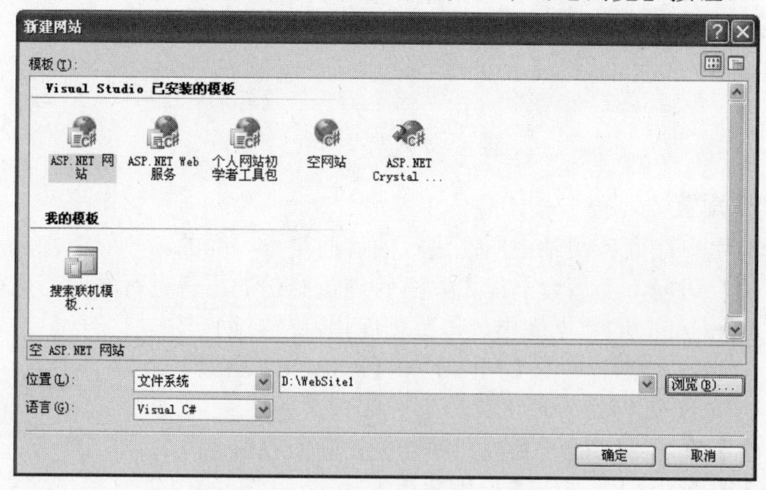

图 13-6 【新建网站】对话框

（3）系统弹出如图 13-7 所示的【选择位置】对话框。选择刚刚创建的文件夹。

确定后，就创建了一个“Library”网站。在【我的电脑】中打开 Library 文件夹，里面会多出一个 default.aspx 文件、一个 default.aspx.cs 文件和一个 App_Data 文件夹。将前面完成的 Library 数据库复制到该文件夹中，并打开 SQL Server 软件，附加该数据库。

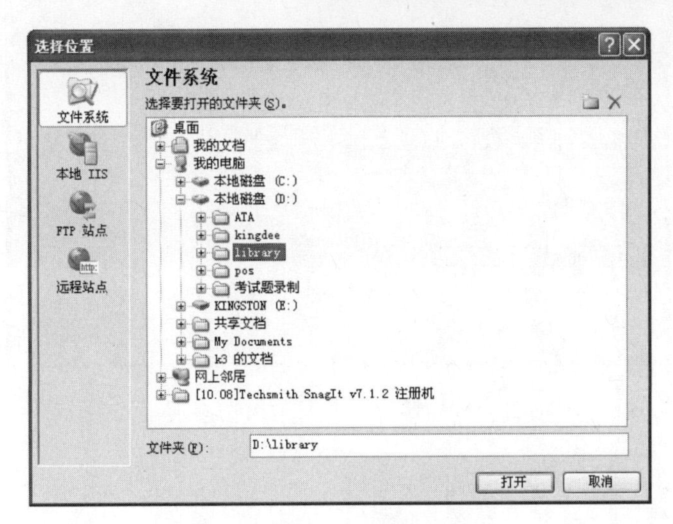

图 13-7 【选择位置】对话框

2. 在 Visual Studio 中连接图书管理数据库

（1）首先显示出【服务器资源管理器】。单击【视图】下的【服务器资源管理器】命令，如图 13-8 所示。

（2）在【服务器资源管理器】窗格中检查是否已正确连接 Library 数据库。如果连接不正常，则将其删除，然后右击，在弹出的快捷菜单中选择【添加连接】命令，如图 13-9 所示。

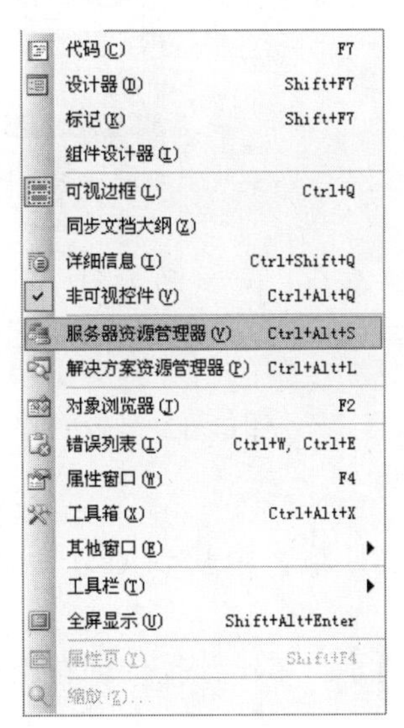

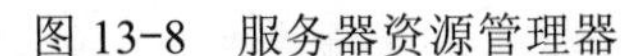
图 13-8　服务器资源管理器

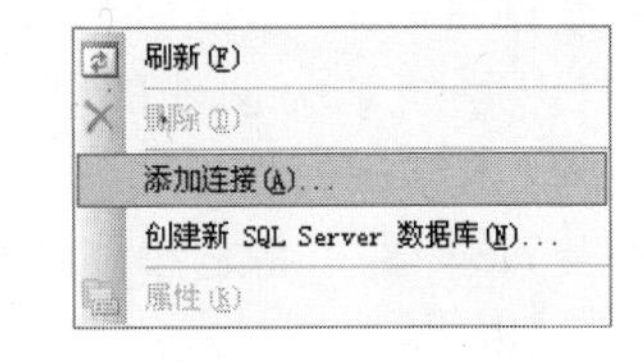

图 13-9　添加连接

（3）选择数据源。我们使用的数据库是在 SQL Server 中创建的，这里应该选择 Microsoft SQL Server 数据源，如图 13-10 所示。

（4）如图 13-11 所示，选择本机为服务器，并选择 Library 数据库。

（5）确定后，便建立好了连接。返回【服务器资源管理器】窗格，如图 13-12 所示，展开新建的连接，可以发现前面创建成功的表等对象。

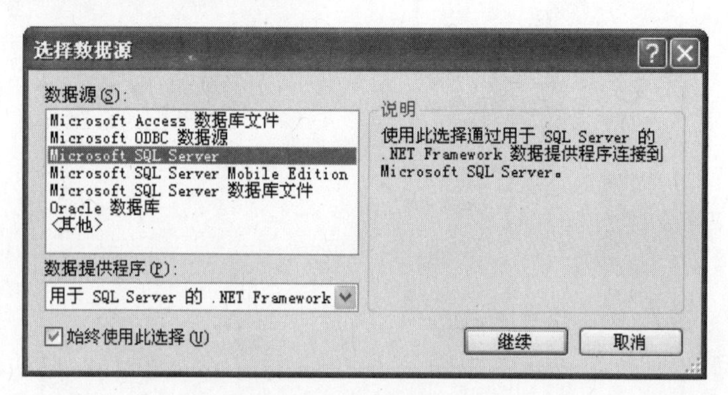

图 13-10　选择数据源

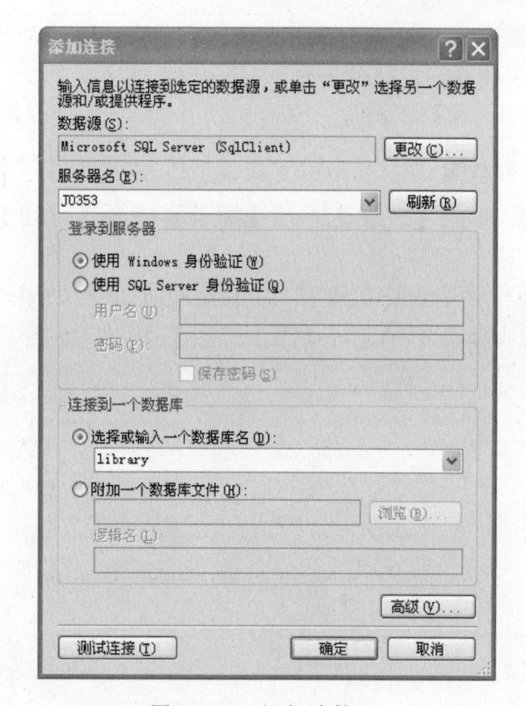

图 13-11　添加连接

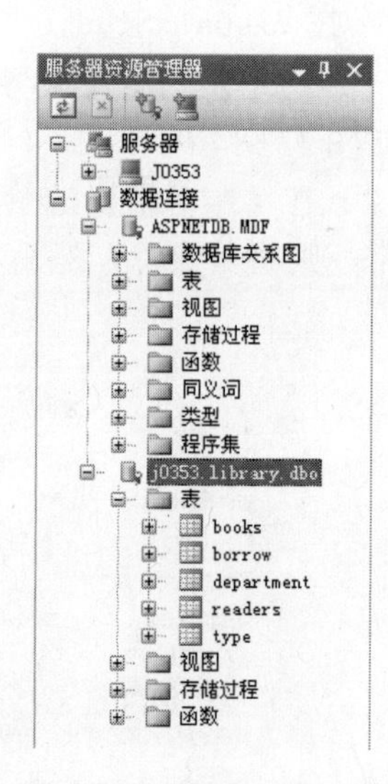

图 13-12　创建后的连接

3. 配置数据源

（1）打开系统，为创建的页面 default.aspx 在【工具箱】中找到图 13-13 所示的 SqlDataSource 数据源控件。

（2）双击该控件，将它添加到页面中。如图 13-14 所示，单击该控件的智能标记，选择【配置数据源】。

（3）选择数据连接方式，如图 13-15 所示。如果前面没有建立数据连接，此处可以单击【新建连接】按钮。我们已经建立了 Library 的连接，因此单击下拉菜单按钮。

（4）数据连接字符串需要写入应用程序配置文件 web.config 中，如图 13-16 所示，使用默认的名称。

（5）配置 Select 语句时，如果数据来源于某一张表，可以选择【指定来自表或视图的列】，设置如图 13-17 所示。

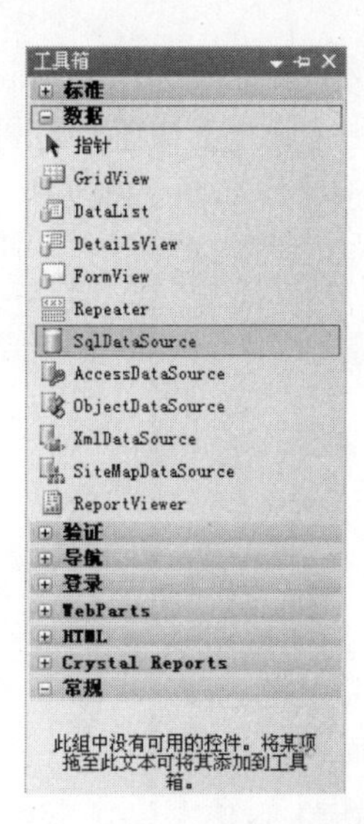

图 13-13　SqlDataSource 数据源控件

图 13-14　选择【配置数据源】

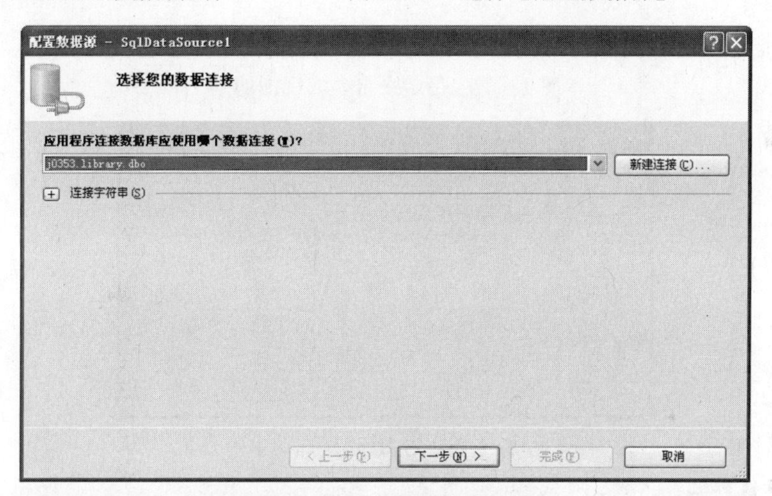

图 13-15　选择数据连接方式

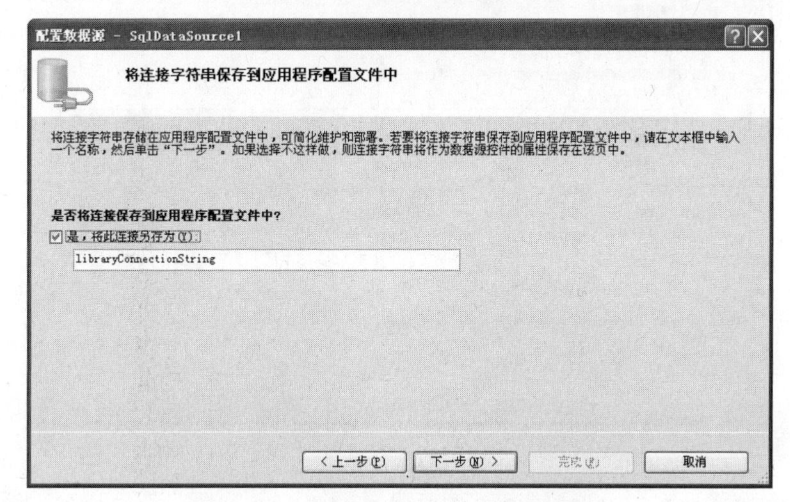

图 13-16　将连接字符串保存到配置文件

（6）然后单击【高级】按钮，弹出如图 13-18 所示的【高级 SQL 生成选项】对话框。

（7）勾选【生成 INSERT、UPDATE 和 DELETE 语句】后，单击【确定】按钮，返回【配置数据源】对话框，单击【下一步】按钮，然后单击【测试查询】按钮，如图 13-19 所示。

图 13-17　指定来自表或视图的列

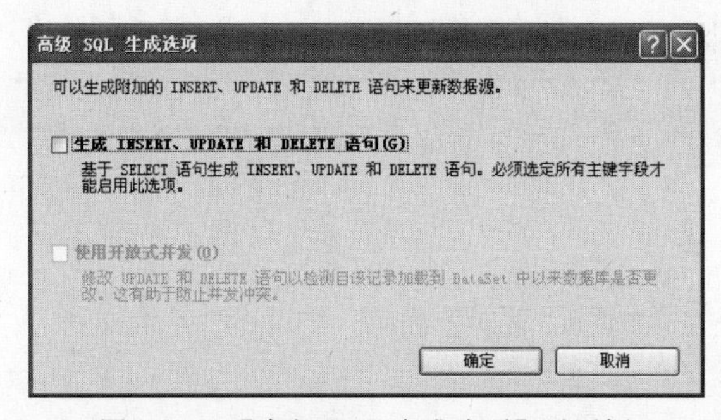

图 13-18　【高级 SQL 生成选项】对话框

图 13-19　测试查询

单击【确定】按钮后，便配置好了数据源。打开 web.config 配置文件，如图 13-20 所

示，可以发现数据源的配置语句。如本机的计算名是 J0353，所以连接时 Data Source 的值为 J0353，可以将其值修改为“.”，即一个小数点，表示“当前计算机”。

```
Web.Config  起始页  Default.aspx
<?xml version="1.0"?>
<!--
    注意: 除了手动编辑此文件以外，您还可以使用
    Web 管理工具来配置应用程序的设置。可以使用 Visual Studio 中的
      “网站”->“Asp.Net 配置”选项。
    设置和注释的完整列表在
    machine.config.comments 中，该文件通常位于
    \Windows\Microsoft.Net\Framework\v2.x\Config 中
-->
<configuration>
  <appSettings/>
  <connectionStrings>
  <add name="libraryConnectionString" connectionString="Data Source=J0353;Initial Catalog=library;Integrated Security=True"
   providerName="System.Data.SqlClient" />
 </connectionStrings>
  <system.web>
    <!--
          设置 compilation debug="true" 将调试符号插入
          已编译的页面中。但由于这会
          影响性能，因此只在开发过程中将此值
          设置为 true。
      -->
    <compilation debug="true"/>
    <!--
          通过 <authentication> 节可以配置 ASP.NET 使用的
          安全身份验证模式，
          以标识传入的用户。
      -->
    <authentication mode="Windows"/>
    <!--
          如果在执行请求的过程中出现未处理的错误，
          则通过 <customErrors> 节可以配置相应的处理步骤。具体说来，
          开发人员通过该节可以配置
          要显示的 html 错误页
          以代替错误堆栈跟踪。

      <customErrors mode="RemoteOnly" defaultRedirect="GenericErrorPage.htm">
          <error statusCode="403" redirect="NoAccess.htm" />
          <error statusCode="404" redirect="FileNotFound.htm" />
      </customErrors>
      -->
  </system.web>
</configuration>
```

图 13-20　web.config 文件

4. 利用数据控件创建管理数据动态网页

（1）在【工具箱】中找到 GridView 数据控件，双击到 Default.aspx 页面中。单击其智能标记，如图 13-21 所示，选择前面创建的数据源。

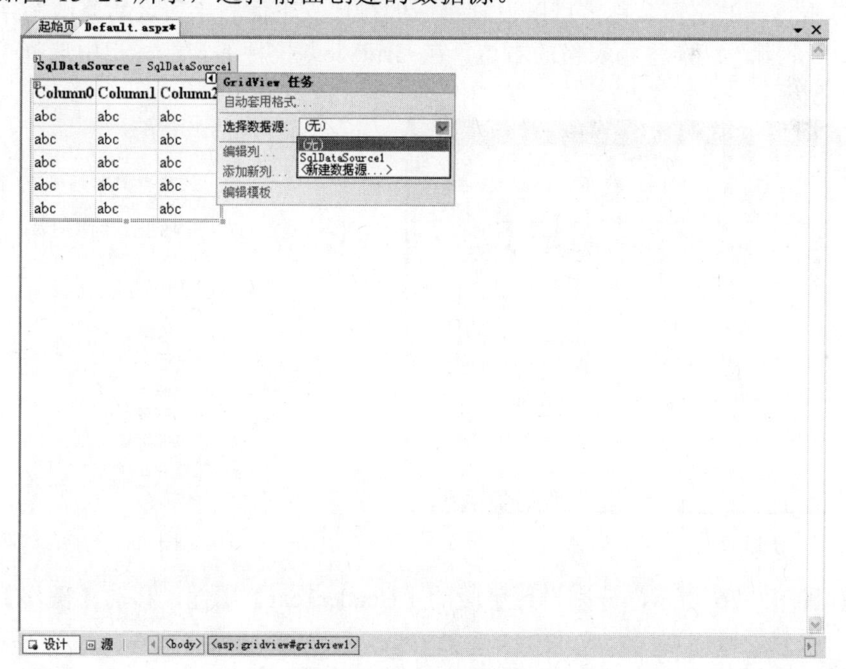

图 13-21　选择数据源

（2）如图 13-22 所示，勾选【启用分页】、【启用排序】、【启用编辑】、【启用删除】，该数据控件便具备了分页、排序、更改和删除功能。

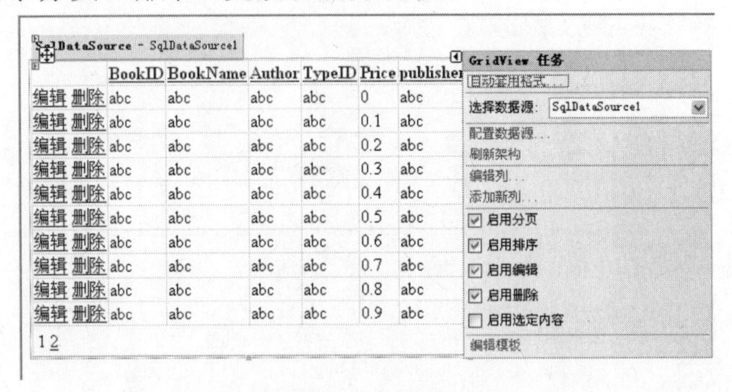

图 13-22　设置分页

（3）保存后，单击工具栏中的【启动调试】按钮，便会打开如图 13-23 所示的提示信息，表示系统会为当前网站创建 web.config 配置文件。单击【确定】按钮。

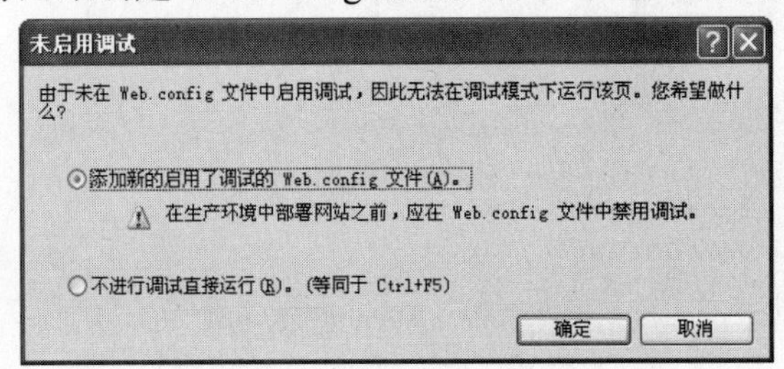

图 13-23　创建 web.config 配置文件

（4）启动后页面如图 13-24 所示。

（5）单击该表的字段名称，可以设置相应的排序。下面将字段名称修改为中文，并将“编辑”和“删除”功能移到表格的右边。在 GridView 控件的智能标记中选择【编辑列】，如图 13-25 所示。

图 13-24　浏览数据页

图 13-25　添加新列

（6）如图 13-26 所示，分别设置字段的【HeaderText】属性，移动【操作】列到最下方，并适当调整表格的宽度。

保存后，重新启动调试，显示如图 13-27 所示的页面效果。

图 13-26　修改 HeaderText 属性

图书编号	图书名称	作者姓名	图书类型	图书价格	出版社	操作
7030101431	计算机基础	谭浩强	TP	32.0000	科学出版社	编辑 删除
7030197632	电子商务应用	王浩实	F12	27.0000	科学出版社	编辑 删除
7107029872	红楼梦	曹雪芹	I3	35.0000	人民教育出版社	编辑 删除
7107102253	市场营销	李迪	G4	19.5000	人民教育出版社	编辑 删除
7107103692	经济数学	郭瑞军	G4	30.0000	人民教育出版社	编辑 删除
7111024356	会计电算化教程	梁峰	G4	27.0000	机械工业出版社	编辑 删除
7111072049	VB程序设计	刘成勇	TP	25.0000	机械工业出版社	编辑 删除
7115030246	物流与电子商务	何子军	F12	23.0000	人民邮电出版社	编辑 删除
7121125581	经济研究	孙力	F0	25.0000	电子工业出版社	编辑 删除
7121154911	数据库教程	何文华	TP	28.0000	电子工业出版社	编辑 删除

1 2

图 13-27　修改字段名称后的页面效果

（7）单击【编辑】链接，可以对该行数据进行修改，如图 13-28 所示，将“计算机基础”图书的价格由“32”修改为“28”后，单击【更新】按钮。

图书编号	图书名称	作者姓名	图书类型	图书价格	出版社	操作
7030101431	计算机基础	谭浩强	TP	28.0000	科学出版社	更新 取消
7030197632	电子商务应用	王浩实	F12	27.0000	科学出版社	编辑 删除
7107029872	红楼梦	曹雪芹	I3	35.0000	人民教育出版社	编辑 删除
7107102253	市场营销	李迪	G4	19.5000	人民教育出版社	编辑 删除
7107103692	经济数学	郭瑞军	G4	30.0000	人民教育出版社	编辑 删除
7111024356	会计电算化教程	梁峰	G4	27.0000	机械工业出版社	编辑 删除
7111072049	VB程序设计	刘成勇	TP	25.0000	机械工业出版社	编辑 删除
7115030246	物流与电子商务	何子军	F12	23.0000	人民邮电出版社	编辑 删除
7121125581	经济研究	孙力	F0	25.0000	电子工业出版社	编辑 删除
7121154911	数据库教程	何文华	TP	28.0000	电子工业出版社	编辑 删除

1 2

图 13-28　更新数据

（8）如图 13-29 所示，该数据已修改成功。采用同样的方法可以对其他字段值进行修改，也可以将某行数据删除。

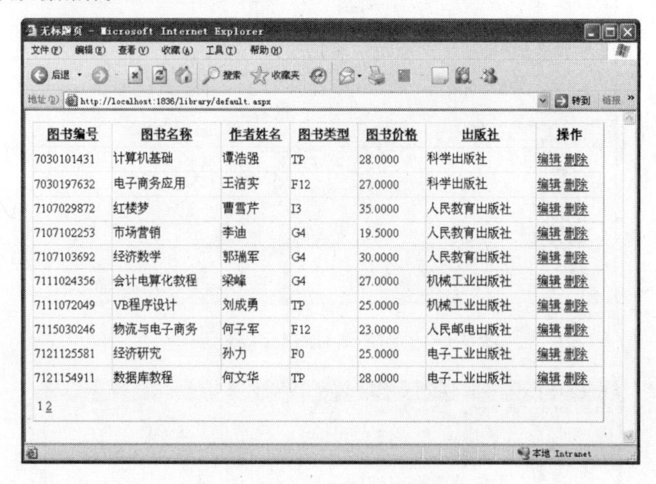

图书编号	图书名称	作者姓名	图书类型	图书价格	出版社	操作
7030101431	计算机基础	谭浩强	TP	28.0000	科学出版社	编辑 删除
7030197632	电子商务应用	王浩实	F12	27.0000	科学出版社	编辑 删除
7107029872	红楼梦	曹雪芹	I3	35.0000	人民教育出版社	编辑 删除
7107102253	市场营销	李迪	G4	19.5000	人民教育出版社	编辑 删除
7107103692	经济数学	郭瑞军	G4	30.0000	人民教育出版社	编辑 删除
7111024356	会计电算化教程	梁峰	G4	27.0000	机械工业出版社	编辑 删除
7111072049	VB程序设计	刘成勇	TP	25.0000	机械工业出版社	编辑 删除
7115030246	物流与电子商务	何子军	F12	23.0000	人民邮电出版社	编辑 删除
7121125581	经济研究	孙力	F0	25.0000	电子工业出版社	编辑 删除
7121154911	数据库教程	何文华	TP	28.0000	电子工业出版社	编辑 删除

图 13-29　更新后的数据

5．创建添加数据动态网页

（1）在【解决方案资源管理器】窗格的站点文件夹中单击右键，在弹出的快捷菜单中选择【添加新项（W）...】命令，如图 13-30 所示。

（2）在弹出的【添加新项】对话框中，将名称修改为“add.aspx”，然后单击【添加】按钮，如图 13-31 所示。此时，add.aspx 文件已打开。

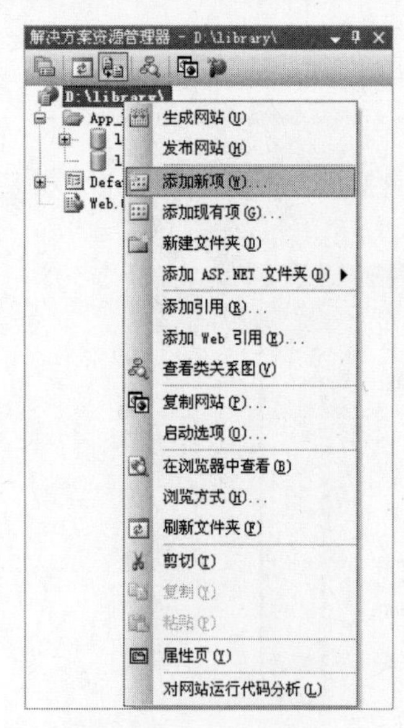

图 13-30　添加新项

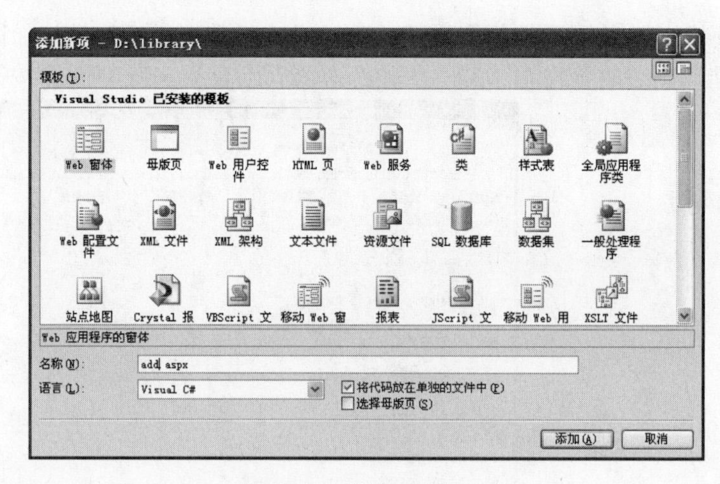

图 13-31　添加 add.aspx

（3）设计如图 13-32 所示的页面。

（4）输入文字“添加图书信息”，并设置如图 13-33 所示的对齐属性。

（5）在页面插入如图 13-34 所示的表格。在表格中输入相应的文字，第二列表格顺次插入 6 个 TextBox 控件。最后一行两个单元格合并，然后添加一个 Button 控件。

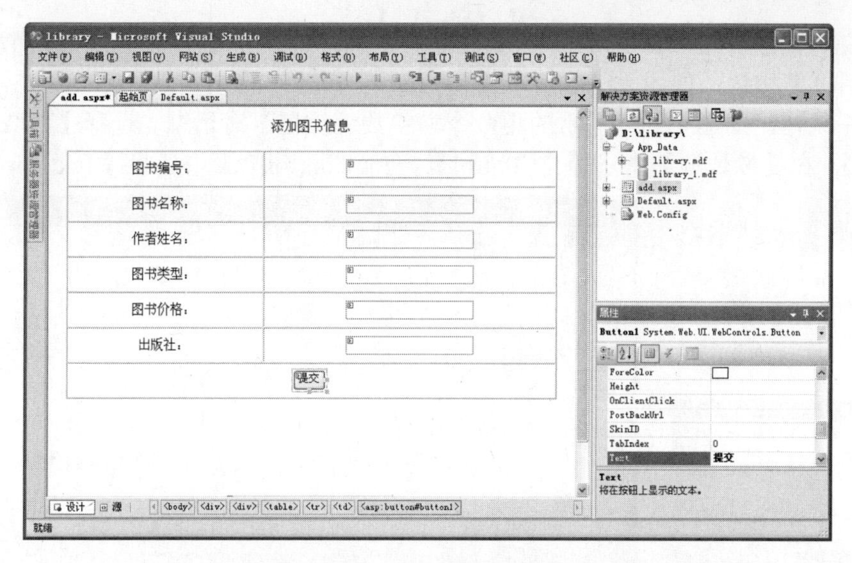

图 13-32　add.aspx 页面效果

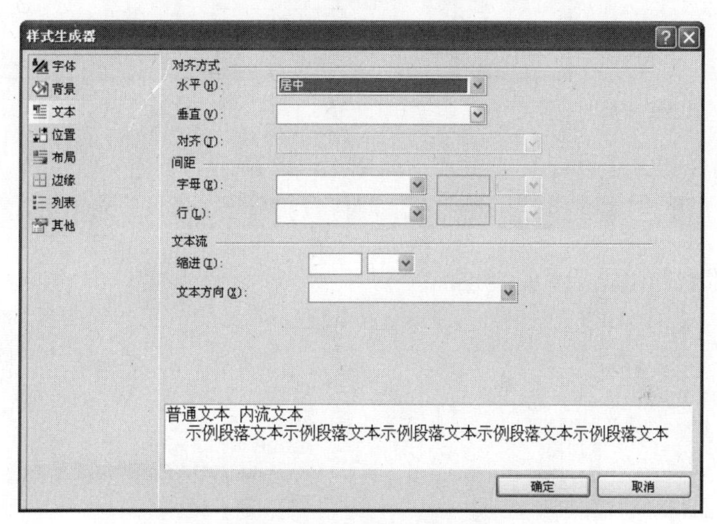

图 13-33　设置文字属性

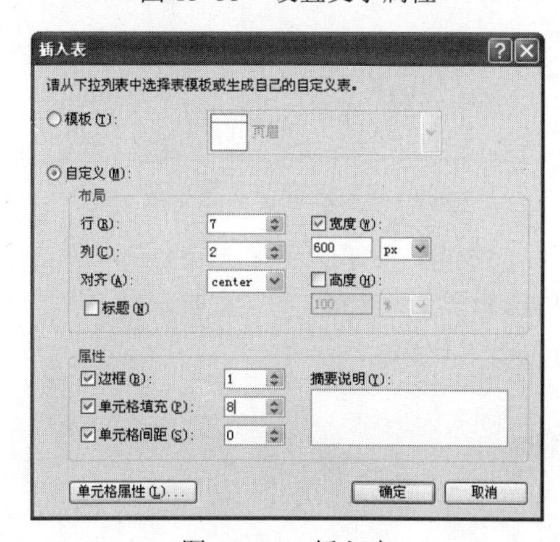

图 13-34　插入表

（6）在页面选择【SqlDataSource1】控件，在属性中找到【InsertQuery】，单击右边的【打开对话框】按钮，如图 13-35 所示。

（7）系统弹出如图 13-36 所示的【命令和参数编辑器】对话框。选择【参数】框中的【BookID】，在【参数源】中选择【Control】，在【ControlID】中选择【TextBox1】。

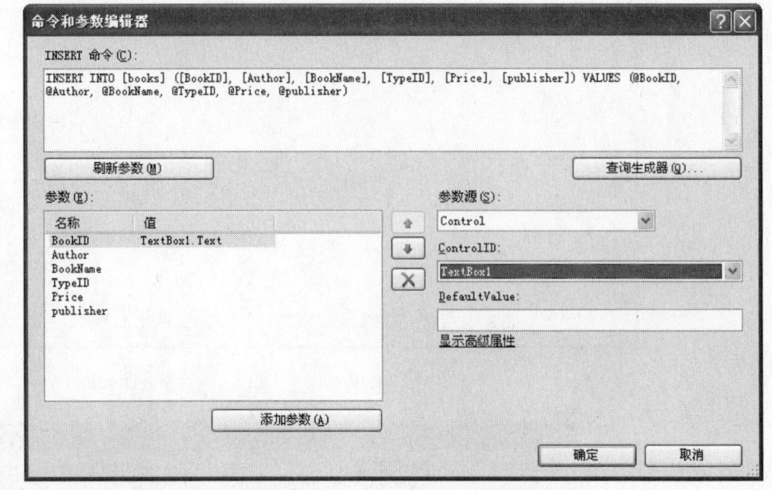

图 13-35　选择 InsertQuery 属性　　　　图 13-36　[命令和参数编辑器]对话框

（8）采用同样的方法设置其他参数，如图 13-37 所示。

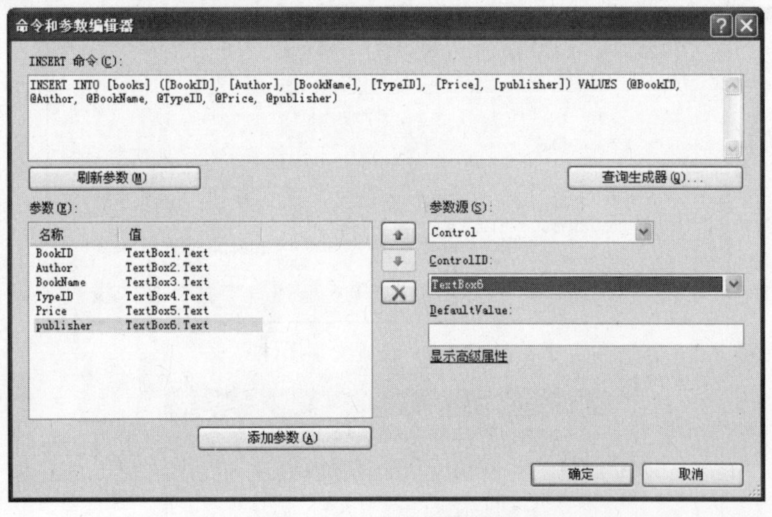

图 13-37　设置其他参数

（9）设置完成后，单击【确定】按钮，关闭【命令和参数编辑器】对话框。在页面双击【提交】按钮，进入代码编辑界面，如图 13-38 所示。

在 Button1_Click 中输入以下代码：

```
SqlDataSource1.Insert();
Response.Redirect("index.html");
```

（10）保存。add.aspx 页面设置完成，启动该页面，如图 13-39 所示，输入某图书信息，并单击【提交】按钮。

（11）系统显示如图 13-40 所示的出错信息，表示刚才的图书信息已添加到数据库，但找不到“index.html”网页。

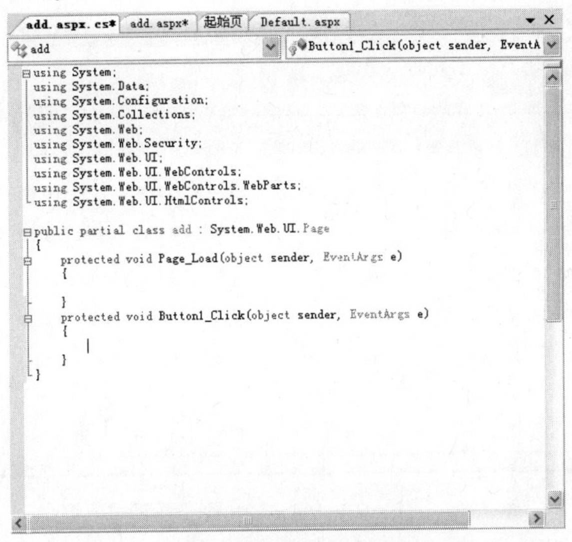

图 13-38　代码编辑界面

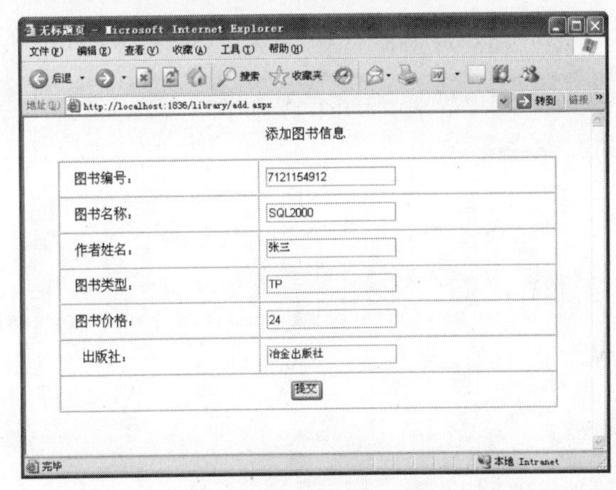

图 13-39　测试效果

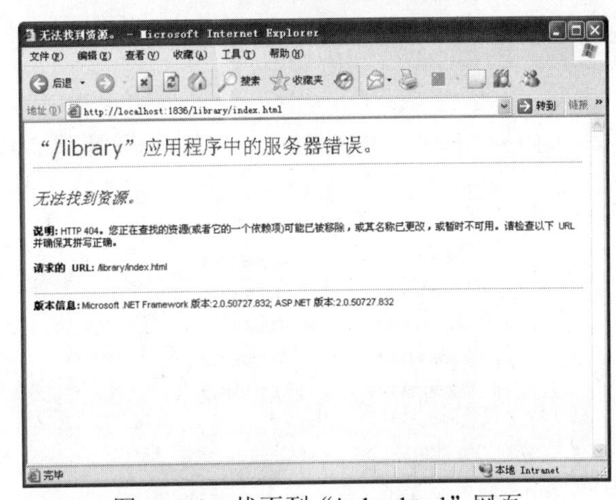

图 13-40　找不到“index.html”网页

（12）此时，如果启动 default.aspx 页面，便会发现刚才添加的信息已保存到数据库中，如图 13-41 所示。

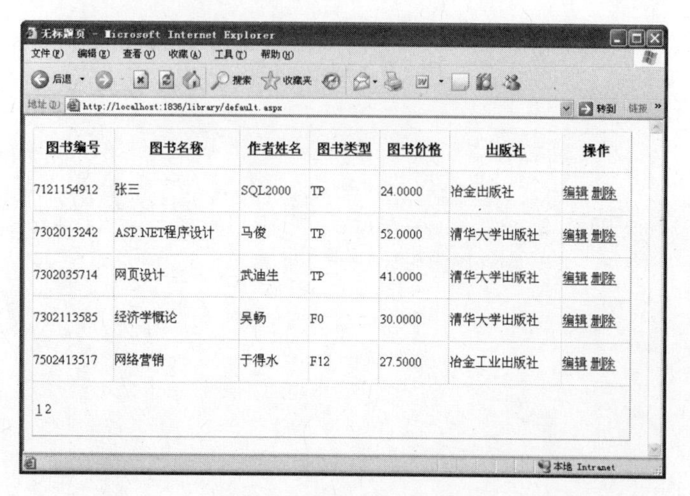

图 13-41　在 default.aspx 中显示更新的数据

（13）设计首页文件 index.html。选择【添加新项（W）...】命令，打开【添加新项】对话框，如图 13-42 所示，然后选择【HTML 页】，并输入页面名称。

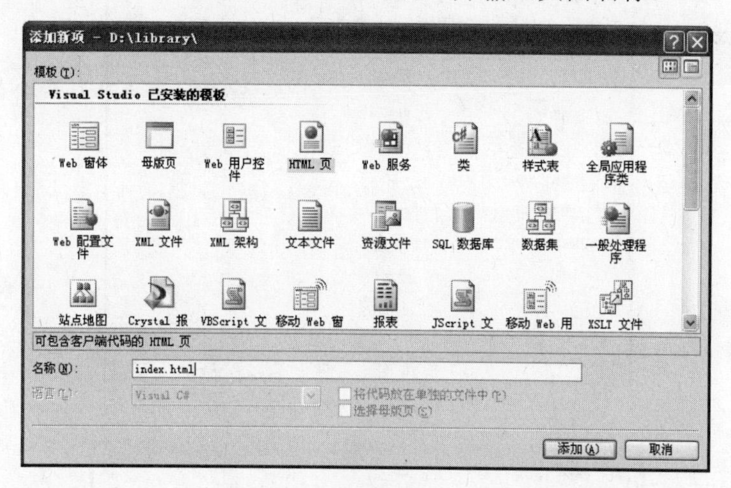

图 13-42　添加新项 index.html

（14）该页面效果如图 13-43 所示。只需输入文字，插入表格，操作简单。

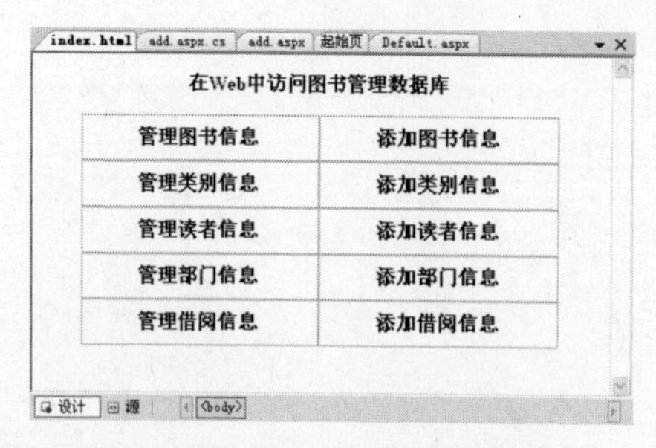

图 13-43　index.html 页面效果

（15）给【管理图书信息】文字添加链接，链接到【default.aspx】文件；给【添加图书信息】文字添加链接，链接到【add.aspx】文件，如图 13-44 所示。

（16）页面效果显示如图 13-45 所示。其他 4 张表的管理和添加方法与之完全相同，请读者模仿完成。

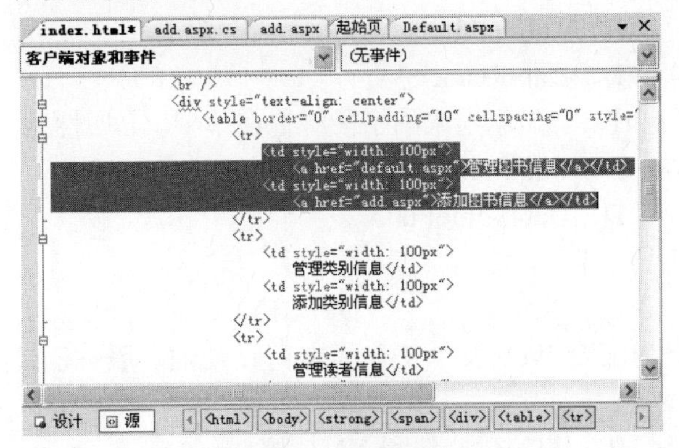

图 13-44　添加链接

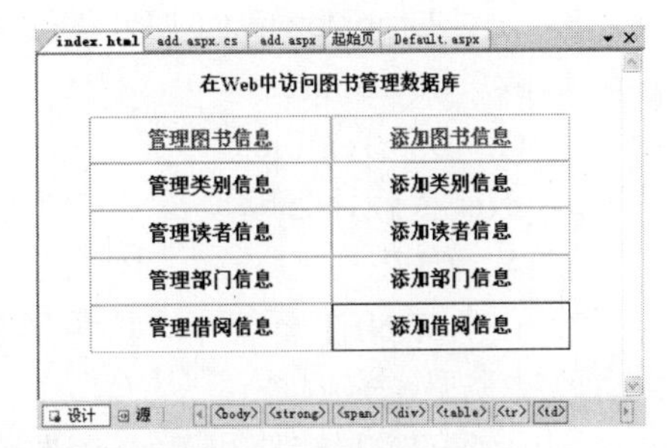

图 13-45　添加链接效果

能力拓展

在 Web 中访问图书销售管理数据库

操作提示：

（1）在 SQL Server 中附加图书销售管理数据库。

（2）在 Visual Studio 中创建网站。

（3）设计首页，添加链接。

（4）通过【服务器资源管理器】连接数据。

（5）设计数据浏览、数据更新、数据删除页面。

（6）设计数据插入页面。

工作评价与思考

一、选择题

1．在对 SQL Server 数据库操作时应选用（　　）。

A．SQL Server .NET Framework 数据提供程序

B．OLE DB .NET Framework 数据提供程序

C．ODBC .NET Framework 数据提供程序

D．Oracle .NET Framework 数据提供程序

2．NET 编程架构称为（　　）。

A．.NET Framework　　B．VS.NET

C．XML Web Service　　D．开发工具

3．ADO.NET 数据集在（　　）创建数据缓冲。

A．数据库服务器内存　　B．Web 服务器内存

C．客户端内存　　D．客户端磁盘

4．下面哪一个是 ASP.NET 的核心组件（　　）。

A．DataSet　　B．Connection

C．Command　　D．DataReader

5．在对 DropDownList 控件进行数据绑定时，要显示出来的字段绑定在（　　）属性上。

A．DataSource　　B．DataMember

C．DataTextField　　D．DataValueField

6．.Net 依赖以下哪项技术实现跨语言互用性？（　　）

A．CLR　　B．CTS　　C．CLS　　D．CTT

7．在 ASP.NET 框架中，服务器控件是为配合 Web 表单工作而专门设计的。服务器控件有两种类型，它们是（　　）。

A．HTML 控件和 Web 控件　　B．HTML 控件和 XML 控件

C．XML 控件和 Web 控件　　D．HTML 控件和 IIS 控件

二、简答题

1．写出一条 Sql 语句：取出表 A 中第 31～40 条记录（SQL Server，以自动增长的 ID 作为主键，注意：ID 可能不是连续的）。

2．ASP.NET 与 ASP 相比，主要有哪些进步？

3．ADO.NET 中常用的对象有哪些？分别描述一下。

4．简述.NET 框架的主要思想。

5．简述 ASP.NET 的运行环境。

6．怎样把一台计算机变成 Web 服务器？

7．简述 ADO.NET 技术。

参 考 文 献

[1] 杨洋．SQL SERVER 2008 数据库实训教程[M]．北京：清华大学出版社，2016．

[2] 孙亚男．SQL Server 2016 从入门到实战[M]．北京：清华大学出版社，2018．

[3] 贾铁军．数据库原理及应用 SQL Server 2016[M]．北京：机械工业出版社，2017．

[4] 霍红颖，谭旭．项目引领式 SQL Server 数据库开发实战[M]．2 版．北京：机械工业出版社，2017．

[5] 王雪梅．SQL Server 数据库实用案例教程[M]．北京：清华大学出版社，2017．

[6] 夏既胜，李进讷，杨克诚等．数据库原理实验指导：SQL Server 2016[M]．北京：科学出版社，2017．